高等职业教育高水平专业群创新系列教材·机电类

液压气动系统安装与调试

主　编　孙在松　刘加利　高　健
副主编　厉成龙　贾祥云　王　宁
　　　　张海军　焦锋利　任海霞
主　审　杨　强

北京理工大学出版社
BEIJING INSTITUTE OF TECHNOLOGY PRESS

版权专有　侵权必究

图书在版编目（CIP）数据

液压气动系统安装与调试／孙在松，刘加利，高健主编．—北京：北京理工大学出版社，2020.12（2023.8重印）

ISBN 978－7－5682－9325－9

Ⅰ.①液…　Ⅱ.①孙…②刘…③高…　Ⅲ.①液压传动－安装－教材②液压传动－调试方法－教材③气压传动－安装－教材④气压传动－调试方法－教材　Ⅳ.①TH137②TH138

中国版本图书馆 CIP 数据核字（2020）第 248287 号

出版发行／	北京理工大学出版社有限责任公司
社　　址／	北京市海淀区中关村南大街 5 号
邮　　编／	100081
电　　话／	（010）68914775（总编室）
	（010）82562903（教材售后服务热线）
	（010）68944723（其他图书服务热线）
网　　址／	http：//www.bitpress.com.cn
经　　销／	全国各地新华书店
印　　刷／	廊坊市印艺阁数字科技有限公司
开　　本／	787 毫米×1092 毫米　1/16
印　　张／	19.5
字　　数／	445 千字
版　　次／	2020 年 12 月第 1 版　2023 年 8 月第 3 次印刷
定　　价／	56.00 元

责任编辑／多海鹏
文案编辑／多海鹏
责任校对／周瑞红
责任印制／李志强

图书出现印装质量问题，请拨打售后服务热线，本社负责调换

前言

本书为高职机电类专业一体化教材，由一批长期从事液压气动技术教学的一线教师组成的编写团队共同编写成。书中所列项目均是由企业典型工作任务提炼的教学项目，可操作性强。本书不仅可以作为高职机电一体化、电气自动化、机械制造及自动化等专业的教材，也可以作为相关专业工程技术人员的参考用书。

本教材对一般的理论进行了较为详尽地阐述，对较深的理论知识进行了适当删减，注重实际中常用技术的分析与应用；突出了教学研究中的一些成果与特色，特别是一些内容的新提法。强化学生的工程意识，培养学生掌握专业理论与解决实际问题的能力。

本书在内容取材及安排上具有以下特点：

（1）思政引领，践行社会主义核心价值观

教材贯彻落实党的二十大精神，知识储备部分穿插"科教兴国、大国工匠"等专业案例，激发学生爱国学习热情，在潜移默化中将"自信自强、守正创新、踔厉奋发、勇毅前行"精神品质融入学生心里。

（2）校企共建，以企业典型项目为依托打造精品教学项目

学校与合作企业共同开发针对性强的教学项目，每个项目均由项目引入、知识储备、项目实施、习题巩固四个模块构成，可操作性强。

（3）资源丰富，立体化数字资源与新形态教材无缝融合

本书配有丰富的视频与动画资源，还配套精品资源共享课（含教学设计、视频、动画、案例、课件、挂图、试题等），与基于工作过程的项目实施形成无缝融合，共筑新形态一体化教材。

（4）标准对接，教材内容与"1+X证书"考核标准相互融通

教学内容、考核标准与液压气动职业技能鉴定接轨，符合"1+X"证书课证融通式评价体系要求。

本书由日照职业技术学院孙在松任第一主编，并设计了所有项目，编写了项目一；日照职业技术学院刘加利任第二主编，编写了项目二；青岛职业技术学院高健任第三主编，编写了项目三；项目四~六由日照职业技术学院厉成龙、贾祥云、王宁、张海军、焦锋利和青岛职业技术学院任海霞共同完成。全书由孙在松统稿并定稿。

限于编者水平，书中难免存在不妥之处，恳请读者提出宝贵意见，以便今后修订和完善。

编 者

《液压气动系统安装与调试》数字化资源列表

项目一 资源列表

序号	资源名称	二维码	页数	备注
1-1	液压弯管机的组装及使用		P1	微课视频
1-2	液压弯管机的三维仿真		P2	演示动画
1-3	液压弯管机的千斤顶拆卸		P3	微课视频
1-4	液压弯管机的千斤顶组装		P3	微课视频
1-5	国之重器之液压盾构机领跑全球		P5	课程思政案例
1-6	液体粘性示意图		P6	演示动画
1-7	定常流动		P16	演示动画
1-8	非定常流动		P16	演示动画

项目二 资源列表

序号	资源名称	二维码	页数	备注
2-1	液压元件的崛起		P31	课程思政案例
2-2	单柱塞泵		P34	演示动画
2-3	齿轮泵		P36	演示动画
2-4	外啮合齿轮泵的拆装		P38	微课视频
2-5	双螺杆泵		P40	演示动画
2-6	单作用叶片泵		P42	演示动画
2-7	单作用叶片泵拆装		P44	微课视频
2-8	径向柱塞泵		P47	演示动画
2-9	轴向柱塞泵		P48	演示动画
2-10	单杆活塞缸		P53	演示动画

续表

序号	资源名称	二维码	页数	备注
2-11	双作用液压缸拆卸		P54	微课视频
2-12	双作用液压缸安装		P54	微课视频
2-13	柱塞缸		P57	演示动画
2-14	多级缸		P58	演示动画
2-15	叶片式液压马达		P60	演示动画
2-16	直通单向阀		P64	演示动画
2-17	液控单向阀		P65	演示动画
2-18	二位二通换向阀		P67	演示动画
2-19	二位四通换向阀		P67	演示动画
2-20	三位四通换向阀		P67	演示动画

续表

序号	资源名称	二维码	页数	备注
2-21	三位五通换向阀		P67	演示动画
2-22	手动换向阀		P69	演示动画
2-23	机动换向阀		P69	演示动画
2-24	液动换向阀		P71	演示动画
2-25	直动型溢流阀		P76	演示动画
2-26	先导型溢流阀		P76	演示动画
2-27	先导型减压阀		P80	演示动画
2-28	顺序阀		P81	演示动画
2-29	调速阀		P88	演示动画
2-30	水冷却器		P104	演示动画
2-31	滤油器		P109	演示动画

项目三　资源列表

序号	资源名称	二维码	页数	备注
3-1	匠心传承，为技能中国加速		P117	课程思政案例
3-2	单级调压回路		P118	演示动画
3-3	二级调压回路		P119	演示动画
3-4	三级调压回路		P119	演示动画
3-5	一级减压回路		P120	演示动画
3-6	二级减压回路		P120	演示动画
3-7	单作用增压缸增压回路		P120	演示动画
3-8	双作用增压缸增压回路		P120	演示动画
3-9	溢流阀远控口卸荷		P121	演示动画
3-10	单向顺序阀平衡回路		P122	演示动画

续表

序号	资源名称	二维码	页数	备注
3-11	蓄能保压回路		P123	演示动画
3-12	节流阀进油调速回路		P126	演示动画
3-13	节流阀出口节流调速回路		P127	演示动画
3-14	节流阀旁路节流调速回路		P128	演示动画
3-15	调速阀进口调速回路		P129	演示动画
3-16	差压式容积节流调速回路		P134	演示动画
3-17	差动连接快速回路		P136	演示动画
3-18	双泵快速回路		P136	演示动画
3-19	增速缸快速回路		P137	演示动画
3-20	蓄能器快速回路		P137	演示动画
3-21	行程阀速度换接回路		P137	演示动画

续表

序号	资源名称	二维码	页数	备注
3-22	调速阀并联的速度换接回路		P138	演示动画
3-23	调速阀串联速度换接回路		P138	演示动画
3-24	手动换向阀控制双作用液压缸		P140	微课视频
3-25	换向回路		P140	演示动画
3-26	锁紧回路		P141	演示动画
3-27	行程阀和电磁阀控制的顺序回路		P143	演示动画
3-28	液压缸串联同步回路		P144	演示动画
3-29	分流阀同步回路		P145	演示动画
3-30	快进工进快退回路		P147	演示动画
3-31	快进—工进二工进回路		P147	演示动画
3-32	典型双泵回路		P152	演示动画

项目四 资源列表

序号	资源名称	二维码	页数	备注
4-1	"一带一路"带动液压系统设计大发展		P170	课程思政案例
4-2	奋斗的青春之液压技术能手先进事迹		P170	课程思政案例
4-3	以工匠之心 铸液压之魂		P172	课程思政案例
4-4	走向全球的中国液压技术		P174	课程思政案例
4-5	把握液压技术发展方向，助力我国液压技术发展		P174	课程思政案例
4-6	抓住机遇，努力拼搏，液压领域大展宏图		P176	课程思政案例
4-7	为民族液压品牌而战		P177	课程思政案例
4-8	筑梦前行-液压成套设备领域的践行者		P178	课程思政案例

项目五 资源列表

序号	资源名称	二维码	页数	备注
5-1	匠心成就梦想之向先进人物学习		P185	课程思政案例

续表

序号	资源名称	二维码	页数	备注
5-2	空气压缩机1		P189	演示动画
5-3	空气压缩机2		P189	演示动画
5-4	油水分离器		P193	演示动画
5-5	单叶片摆动气动马达		P201	演示动画
5-6	气动马达		P201	演示动画
5-7	冲压折边机气动系统		P202	微课视频
5-8	用或阀控制单作用气缸		P206	微课视频
5-9	用与阀控制单作用气缸		P206	微课视频
5-10	用二位三通手用换向阀控制单作用气缸		P207	微课视频
5-11	双作用气缸单往复运动控制		P210	微课视频

续表

序号	资源名称	二维码	页数	备注
5-12	双作用气缸双往复运动控制		P211	微课视频
5-13	用二位五通手用换向阀控制双作用气缸		P211	微课视频
5-14	中国气动技术领军人		P215	课程思政案例
5-15	气动技术为中国产业转型升级保驾护航		P215	课程思政案例
5-16	我国气动技术的智能发展		P215	课程思政案例

项目六 资源列表

序号	资源名称	二维码	页数	备注
6-1	我国自动线控制系统企业逐步做大做强		P219	课程思政案例
6-2	自动化线助力先进制造事业部扬帆起航		P219	课程思政案例
6-3	不懈进取的电气维修工匠		P221	课程思政案例
6-4	气缸快速往复回路		P220	演示动画

续表

序号	资源名称	二维码	页数	备注
6-5	行程开关控制的快慢速速度换接回路		P220	演示动画
6-6	用单电控换向阀控制双作用气缸		P220	微课视频
6-7	用二位五通双电控换向阀控制双作用气缸		P221	微课视频
6-8	中专生成了自动化"专家"		P238	课程思政案例

三、精品资源网站： http://course.rzpt.cn/front/kcjs.php?course_id=100

目 录

项目一　液压弯管机使用

- 一、项目引入 1
  - (一) 项目介绍 1
  - (二) 项目任务 1
  - (三) 项目目标 2
- 二、知识储备 2
  - (一) 弯管与液压弯管机 2
  - (二) 液压传动系统的认识 3
  - (三) 了解液压油 5
  - (四) 了解流体力学基础知识 12
  - (五) 液压系统运行中常见问题分析与处理 22
  - (六) 孔口及缝隙流量分析 25
- 三、项目实施 28
- 四、习题巩固 29

项目二　压力机液压系统的安装与调试

- 一、项目引入 31
  - (一) 项目介绍 31
  - (二) 项目任务 31
  - (三) 项目目标 31
- 二、知识储备 32
  - (一) 液压系统组成及图形符号的认识 32
  - (二) 液压动力元件的认识 34
  - (三) 液压执行元件的认识 51
  - (四) 液压控制元件的认识 62
  - (五) 液压辅助元件的认识 100
- 三、项目实施 113
  - (一) 分工，知识点讨论 113
  - (二) 记录液压泵铭牌参数，并对齿轮泵进行拆装 113
  - (三) 泵的类型及参数的选用 114

（四）分析阀体的类型和作用 ··· 114
　　（五）分析各元件的动作 ··· 114
　　（六）组装调试回路 ·· 114
　　（七）压力机液液压系统装调注意事项 ·· 115
四、习题巩固 ·· 115

项目三　锅炉门液压启闭系统的安装与调试

一、项目引入 ·· 117
　　（一）项目介绍 ··· 117
　　（二）项目任务 ··· 117
　　（三）项目目标 ··· 118
二、知识储备 ·· 118
　　（一）液压基本回路的分析与组建 ·· 118
　　（二）典型液压系统分析 ··· 147
　　（三）FluidSIM – H 软件认知 ··· 156
三、项目实施 ·· 168
　　（一）理解系统原理图，熟悉元件 ·· 168
　　（二）回路仿真连接 ·· 169
四、习题巩固 ·· 170

项目四　动力滑台液压系统设计

一、项目引入 ·· 171
　　（一）项目介绍 ··· 171
　　（二）项目任务 ··· 171
　　（三）项目目标 ··· 172
二、知识储备 ·· 172
　　（一）卧式钻、镗组合机床动力滑台液压系统设计 ·························· 172
　　（二）卧式钻、镗组合机床动力滑台液压系统计算 ·························· 173
三、项目实施 ·· 179
　　（一）负载分析 ··· 179
　　（二）确定液压缸的工作压力和尺寸 ·· 180
　　（三）拟订液压系统原理图 ·· 181
　　（四）计算和选择液压元件 ·· 183
四、习题巩固 ·· 185

项目五　分检装置气动系统的安装与调试

一、项目引入 ·· 186

（一）项目介绍 ………………………………………………………… 186
　　（二）项目任务 ………………………………………………………… 186
　　（三）项目目标 ………………………………………………………… 187
二、知识储备 …………………………………………………………………… 187
　　（一）气压传动基础知识的认识 ……………………………………… 187
　　（二）气压传动组成部分结构原理分析 ……………………………… 190
　　（三）气压传动常用回路分析及应用 ………………………………… 209
三、项目实施 …………………………………………………………………… 216
　　（一）气源装置的使用 ………………………………………………… 216
　　（二）气动回路设计与装调 …………………………………………… 216
四、习题巩固 …………………………………………………………………… 219

项目六　出料装置电气-气动系统调试

一、项目引入 …………………………………………………………………… 220
　　（一）项目介绍 ………………………………………………………… 220
　　（二）项目任务 ………………………………………………………… 220
　　（三）项目目标 ………………………………………………………… 220
二、知识储备 …………………………………………………………………… 221
　　（一）电控阀 …………………………………………………………… 221
　　（二）Automation Studio 辅助设计软件应用 ……………………… 223
三、项目实施 …………………………………………………………………… 239
　　（一）系统原理图 ……………………………………………………… 239
　　（二）实施方案 ………………………………………………………… 240
四、习题巩固 …………………………………………………………………… 243

附录　（FESTO 实训台元件库）

一、气动元件列表 ……………………………………………………………… 244
二、电动元件列表 ……………………………………………………………… 249
三、FESTO 液压系统元件柜布置图 …………………………………………… 251
四、FESTO 气动元件柜布置图 ………………………………………………… 253
五、使用须知 …………………………………………………………………… 289
六、安装技术 …………………………………………………………………… 289

参考文献 …………………………………………………………………………… 291

项目一 液压弯管机使用

液压传动是以压力油为工作介质实现各种机械的传动和控制,其利用各种元件组成基本控制回路,再由若干基本控制回路有机组合成能完成一定控制功能的传动系统,以此来进行能量的传递、转换及控制,在工业生产中得到了广泛的应用。液压系统装调与维护技能是高职机电类大学生核心岗位技能之一,努力学习液压知识与技能,"走技能成才,技能报国之路"能够凸显职业院校毕业生的人生价值,符合我国人才强国战略。为此,大家应从基础学起,脚踏实地,练就扎实的液压技能。本项目以基础载体,围绕液压弯管机的知识技能点展开。

一、项目引入

(一) 项目介绍

实训中心机加工车间接到制作一批水暖弯管的订单,弯管的直径为 20 mm,厚 1.5 mm,弯曲角度为 90°,试利用车间手动液压弯管机确定加工制作方案。检查设备并做好准备,时间紧迫,要求按规定工时完成。图 1-1 所示为手动液压弯管机外形。

液压弯管机的组装及使用

图 1-1 手动液压弯管机外形

(二) 项目任务

①使用弯管机制作工件;
②检查液压油是否缺油或污染,添加或更换;
③进行压力估算;
④管理现场机具,保证整洁有序;
⑤确定弯管制作方案。

(三) 项目目标

①掌握弯管机快慢泵使用技巧；
②了解现场管理方法；
③熟悉团队配合流程；
④掌握液压静力学知识。

二、知识储备

(一) 弯管与液压弯管机

弯管是改变管道方向的管件。在管子交叉、转弯和绕梁等处，都可以看到弯管。煨制弯管因具有伸缩性好、耐压高、阻力小等优点而被广泛应用于工程项目中，在施工现场常用液压弯管机对其进行制作。液压弯管机主要由顶胎、管托和液压缸组成，如图1-2所示。

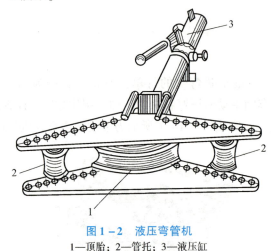

液压弯管机的三维仿真

图1-2　液压弯管机
1—顶胎；2—管托；3—液压缸

使用这种液压弯管机煨管时，先把顶胎退至管托后面，再把管子放在顶胎与管托的弧形槽中，并使管子弯曲部分的中心与顶胎的中点对齐，然后压把手，将管子弯成所需要的角度。弯曲后，开泄油阀把顶胎退回到原来位置，取出煨好的弯管，检查角度。若角度不足，则可继续进行弯曲。

这种弯管机胎具简单、轻便，动力大，可以弯曲直径较大的管子。但是，在弯曲直径较大的管子时，弯管断面往往变形比较严重。因此，一般只用于弯曲外径不超过44.5 mm 的管子。

使用这种弯管机煨管时，每次弯曲的角度不宜超过90°。操作中还需注意把两个管托间的距离调到刚好让顶胎通过，距离太小时会造成顶胎顶在管托上，损坏弯管机；太大时，则在弯曲时管托之间的管段会产生弯曲变形，影响弯管质量。

（二）液压传动系统的认识

1. 液压传动的工作原理

首先我们通过生产中经常见到的液压千斤顶来了解液压传动的工作原理，图1-3所示为该液压千斤顶的工作原理示意图。由图可知，该系统由举升液压缸和手动液压泵两部分组成，大油缸6、大活塞7、单向阀5和卸油阀9组成举升液压缸，活塞和缸体之间既保持良好的配合关系，又能实现可靠的密封；杠杆手柄1、小活塞2、小油缸3、单向阀4和5组成手动液压泵。

提起杠杆手柄1使小活塞2向上移动，小活塞2下端密封的油腔容积增大，形成局部真空，这时单向阀5关闭并阻断其所在的油路，而单向阀4打开使其所在油路畅通，油箱10中的液压油就在大气压的作用下通过吸油管道进入并充满小油缸3，完成一次吸油动作；用力压下杠杆手柄1，小活塞2下移，小活塞2下腔容积减小，腔内压力升高，这时单向阀4关闭，同时阻断其所在的油路，当压力升高到一定值时单向阀5打开，小油缸3中的油液经管道流入大油缸6的下腔，由于卸油阀9处于关闭状态，故大油缸6中的液压油增多迫使大活塞7向上移动，顶起重物。再次提起杠杆手柄1吸油时，单向阀5自动关闭，使油液不能倒流，从而保证了重物不会自行下落。不断地往复扳动杠杆手柄，就能不断地把油液压入大油缸6的下腔，使重物8逐渐地升起。如果打开卸油阀9，则大活塞7在其自重和重物8的作用下下移，大油缸6下腔的油液便通过管道流回油箱10中，重物8就向下运动。这就是液压千斤顶的工作原理。

通过对上面液压千斤顶工作过程的分析，可以初步了解到液压传动的基本工作原理：

①液压传动是以有压力的液体（液压油）作为传递运动和动力的工作介质；

②液压传动中要经过两次能量转换，即先将机械能转换成油液的压力能，再将油液的压力能转换成机械能；

③液压传动是依靠密封容器或密闭系统中密封容积的变化来实现运动和动力的传递的。

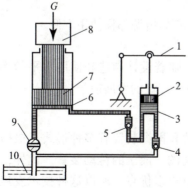

图1-3 液压千斤顶的工作原理示意

1—杠杆手柄；2—小活塞；3—小油缸；4，5—单向阀；6—大油缸；
7—大活塞；8—重物；9—卸油阀；10—油箱

液压弯管机的千斤顶拆卸

液压弯管机的千斤顶组装

2. 液压传动的优缺点

（1）优点

①液压传动装置的质量轻、结构紧凑、惯性小。例如，相同功率液压马达的体积为电动机的 12%～13%。液压泵和液压马达单位功率的重量指标，目前是发电机和电动机的 1/10，液压泵和液压马达可小至 0.002 5 N/W（牛/瓦），发电机和电动机则约为 0.03 N/W。

②利用液压传动可以方便、灵活地布置传动机构。例如，在井下抽取石油的泵可采用液压传动来驱动，由于液压传动使用油管连接，所以借助油管的连接可以方便、灵活地布置传动机构，克服长驱动轴效率低的缺点。

③可在大范围内实现无级调速。借助阀或变量泵、变量马达，可以实现无级调速，调速范围可达 1：2 000，并可在液压装置运行的过程中进行调速。

④传递运动均匀平稳，负载变化时速度较稳定。正因为此特点，金属切削机床中的磨床传动现在几乎都采用液压传动。

⑤液压装置易于实现过载保护。液压系统中采取了很多安全保护措施，能够自动防止过载，避免发生事故。例如溢流阀、蓄能器等。

⑥液压传动容易实现自动化。在液压系统中，液体的压力、流量和方向是非常容易控制的，再加上电气装置的配合，很容易实现复杂的自动工作循环。

⑦液压元件已经实现了标准化、系列化和通用化，便于设计、制造和推广使用。

（2）缺点

①液压系统中漏油、液压油的可压缩性等因素会影响运动的平稳性和正确性，使得液压传动不能保证严格的传动比。

②液压传动对油温的变化比较敏感，温度变化时，液体黏性发生变化，引起运动特性的变化，使得工作的稳定性受到影响，所以它不宜在温度变化很大的环境条件下工作。

③为了减少泄漏，以及满足某些性能上的要求，对液压元件的配合件制造精度要求较高，加工工艺较复杂。

④液压传动要求有单独的动力源，不像电源那样使用方便。

⑤液压系统故障不易检查和排除。

总之，液压传动的优点是主要的，随着设计制造和使用水平的不断提高，有些缺点正在逐步被加以克服，故液压传动有着广泛的发展前景。

3. 液压传动的应用

驱动机械运动的机构以及各种传动和操纵装置有多种形式。根据所用的部件和零件分类，可分为机械的、电气的、气动的、液压的传动装置。此外，经常还将不同的形式组合起来运用。由于液压传动具有很多优点，所以这种技术发展得很快。液压传动应用于金属切削机床也不过四五十年的历史，航空工业在 1930 年以后才开始采用，特别是最近二三十年液压技术在各种工业中的应用越来越广泛。

液压传动在各类机械工业部门的应用情况如表 1-1 所示。

表 1-1　液压传动在各类机械行业中的应用

行业名称	应用场所举例
工程机械	挖掘机、装载机、推土机、压路机、铲运机等
起重运输机械	汽车吊、港口龙门吊、叉车、装卸机械、传送带运输机械等
矿山机械	凿岩机、开掘机、开采机、破碎机、提升机、液压支架等
建筑机械	打桩机、液压千斤顶、平地机等
农业机械	联合收割机、拖拉机、农具悬挂系统等
冶金机械	电炉炉顶及升降机、轧钢机、压力机等
轻工机械	打包机、注塑机、校直机、橡胶硫化机、造纸机等
汽车工业	自卸式汽车、平板车、高空作业车、汽车中的转向器、减震器等
智能机械	折臂式小汽车装卸器、数字式体育锻炼机、模拟驾驶舱、机器人等

4. 液压传动的发展

从 18 世纪末英国制成世界上第一台水压机算起，液压传动技术已有二三百年的历史。直到 20 世纪 30 年代它才较普遍地用于起重机、机床及工程机械。在第二次世界大战期间，由于战争需要，出现了由响应迅速、精度高的液压控制机构所装备的各种军事武器。第二次世界大战结束后，液压技术迅速转向民用工业，液压技术不断应用于各种自动机及自动生产线。

20 世纪 60 年代以后，液压技术随着原子能、空间技术、计算机技术的发展而迅速发展。因此，液压传动真正的发展也只是近五六十年的事。当前液压技术正向高速、高压、大功率、高效、低噪声、经久耐用、高度集成化的方向发展。同时，新型液压元件和液压系统的计算机辅助设计（CAD）、计算机辅助测试（CAT）、计算机直接控制（CDC）、机电一体化技术和可靠性技术等也是当前液压传动及控制技术发展和研究的方向。

我国的液压技术最初应用于机床和锻压设备上，后来又用于拖拉机和工程机械。现在，我国已经从国外引进了一些液压元件、生产技术并且进行自行设计，形成了系列，在各种机械设备上得到了广泛的使用。

（三）了解液压油

液压油是液压传动系统中的工作介质，用来实现能力的传递，并且还对液压装置的机构、零件起着润滑、冷却和防锈的作用。液压油质量的优劣直接影响着液压系统的工作性能，因此合理地选用液压油也是很重要的。

国之重器之液压
盾构机领跑全球

1. 液压油的物理性质

（1）液压油的密度

单位体积某种液压油的质量称为该种液压油的密度，以 ρ 表示，即

$$\rho = \frac{m}{V} \quad (1-1)$$

式中：V——液压油的体积（m^3）；

m——体积为 V 的液压油质量（kg）。

液压油的密度随压力的升高而增大，而随温度的升高而减小，但在一般情况下，由压力和温度引起的这种变化都较小，可以忽略不计，故在实际应用中可认为液压油的密度不受压力和温度变化的影响。

（2）液压油的黏性

①物理意义：液体在外力作用下流动时，由于分子间的内聚力要阻碍分子之间的相对运动，因而产生了一种内摩擦力，这一特性称为液体的黏性。液体黏性的大小用黏度表示，黏性是液体重要的物理特性，也是选择液压油的重要依据之一。

液体粘性示意图

液体流动时，由于液体的黏性及液体和固体壁面间附着力的作用，流动液体内部各层间的流速不等。如图 1-4 所示，设两平行平板间充满液体，下平板不动，而上平板以速度 v_0 向右平动。由于液体的黏性作用，紧贴于下平板的液体层速度为零，紧贴于上平板的液体层速度为 v_0，而中间各层液体的速度则根据该层到下平板的距离大小近似呈线性规律分布。因此，不同速度流层相互制约而产生内摩擦。

实验测定结果指出，液体流动时相邻液层之间的内摩擦力 F 与液层间的接触面积 A 和液层间的相对速度 dv 成正比，而与液层间的距离 dy 成反比，即

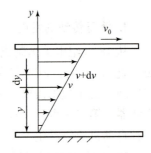

图 1-4 液体黏性示意

$$F = \mu A \frac{dv}{dy} \quad (1-2)$$

式中：μ——比例常数，即液体的黏性系数或黏度；

$\frac{dv}{dy}$——速度梯度。

若以 τ 来表示单位接触面积上的内摩擦力，即切应力，则由式（1-2）可得

$$\tau = \frac{F}{A} = \mu \frac{dv}{dy} \quad (1-3)$$

式（1-3）表达的是牛顿的液体内摩擦定律。

在液体静止时，由于 $dv/dy = 0$，液体内摩擦力 F 为零，因此静止的液体不呈现黏性。

②黏度：流体黏性的大小用黏度来表示。常用的黏度有动力黏度、运动黏度和相对黏度。

a. 动力黏度 μ：动力黏度又称绝对黏度，可由式（1-2）导出，即

$$\mu = \frac{F}{A \frac{dv}{dy}} = \frac{\tau}{\frac{dv}{dy}} \quad (1-4)$$

由式（1-4）可知动力黏度 μ 的物理意义是：液体在单位速度梯度 $\left(\dfrac{\mathrm{d}v}{\mathrm{d}y}=1\right)$ 下流动时，单位接触面积上的内摩擦力的大小。

动力黏度的国际单位制（SI）计量单位为牛·秒/米²，符号为 $N \cdot s/m^2$；或帕·秒，符号为 $Pa \cdot s$。

b. 运动黏度 ν：某种液体的运动黏度是该液体的动力黏度 μ 与其密度 ρ 的比值，即

$$\nu = \dfrac{\mu}{\rho} \tag{1-5}$$

在国际单位制中，液体运动黏度的单位为米²/秒，符号为 m^2/s，由于该单位偏大，故实际上常用 cm^2/s、mm^2/s 以及以前沿用的非法定计量单位 cSt（厘斯）来表示，它们之间的关系是 $1\ m^2/s = 10^4\ cm^2/s = 10^6\ mm^2/s = 10^6 cSt$。

运动黏度 ν 没有什么明确的物理意义，因在理论分析和计算中常遇到 μ/ρ 的比值，故为方便起见用 ν 表示。国际标准化组织 ISO 规定，各类液压油的牌号是按其在一定温度下运动黏度的平均值来标定的。我国生产的全损耗系统油和液压油采用 40℃ 时的运动黏度值（mm^2/s）为其黏度等级标号，即油的牌号。例如，牌号为 L-HL32 的液压油，就是指这种油在 40℃ 时的运动黏度的平均值为 32 mm^2/s。

c. 相对黏度：相对黏度又称条件黏度，它是采用特定的黏度计在规定条件下测出来的液体黏度。各国采用的相对黏度单位有所不同，美国采用赛氏黏度，英国采用雷氏黏度，法国采用巴氏黏度，我国采用恩氏黏度。

恩氏黏度用符号 °E 表示，被测液体温度为 t℃ 时的恩氏黏度用符号 °E_t 表示。恩氏黏度用恩氏黏度计测定，其方法是：将 200 mL 温度为 t℃ 的被测液体装入黏度计的容器，经其底部直径为 2.8 mm 的小孔流出，测出液体流尽所需时间 t_A，再测出 200 mL 温度为 20℃ 的蒸馏水用同一黏度计流尽所需时间 t_B（通常 $t_B = 51$ s），这两个时间的比值即为被测液体在温度 t℃ 下的恩氏黏度，即

$$°E_t = \dfrac{t_A}{t_B} = \dfrac{t_A}{51\ s} \tag{1-6}$$

工业上一般以 20℃、50℃ 和 100℃ 作为测定恩氏黏度的标准温度，相应地以符号 °E_{20}、°E_{50}、°E_{100} 来表示。

恩氏黏度与运动黏度（mm^2/s）的换算关系为

当 $1.3 \leqslant °E \leqslant 3.2$ 时 $\qquad \nu = 8°E - \dfrac{8.64}{°E} \tag{1-7}$

当 $°E > 3.2$ 时 $\qquad \nu = 7.6°E - \dfrac{4}{°E} \tag{1-8}$

③黏度与压力、温度的关系：当液体所受压力升高时，其分子间的距离减小，内聚力增大，黏度也随之增大。但对于一般的液压系统，当压力在 10 MPa 以下时，油液的黏度受压力变化的影响很小，可以忽略不计。

油液的黏度对温度变化十分敏感，温度升高，黏度将显著降低。油液的黏度随温度变化的性质称为油液的黏温特性。不同种类的液压油具有不同的黏温特性。油液黏温特性的好坏常用黏度指数 VI（黏温变化程度与标准油相比较所得的相对数

值）来表示，黏度指数 VI 值越大，说明其黏度随温度变化越小，黏温特性越好。一般液压油的 VI 值要求在 90 以上，优质的在 100 以上。几种常用油液的黏度指数如表 1-2 所示。

表 1-2 几种常用油液的黏度指数

油液种类	黏度指数	油液种类	黏度指数
通用液压油 L-HL	90	高含水液压油 L-HFA	130
抗磨液压油 L-HM	95	油包水乳化液 L-HFB	130~170
低温液压油 L-HV	130	水-乙二醇液 L-HFC	140~170
高黏度指数液压油 L-HR	160	磷酸酯液 L-HFDR	130~180

（3）液体的可压缩性

液体受压力增大而发生体积减小的特性称为液体的可压缩性。可压缩性用体积压缩系数 k 表示，并定义为单位压力变化下的液体体积的相对变化量。设体积为 V 的液体，当压力增大 Δp、液体体积减小 ΔV 时，则

$$k = -\frac{1}{\Delta p}\frac{\Delta V}{V} \tag{1-9}$$

由于压力增加时液体的体积减小（$\Delta V < 0$），因此式（1-9）中等号右边加一负号，以使 k 为正值。

液体压缩系数 k 的倒数称为液体的体积弹性模数，用 K 表示，即

$$K = \frac{1}{k} = -\Delta p\frac{V}{\Delta V} \tag{1-10}$$

K 表示产生单位体积的相对变化量时所需要的压力增量。在实际应用中，常用 K 值说明液体抵抗压缩能力的大小。在常温下，纯净油液的体积模量 $K = (1.4 \sim 2) \times 10^9$ MPa，其可压缩性是钢的 100~150 倍（钢的弹性模量为 2.1×10^5 MPa）。

在中、低压系统中，液体的可压缩性对液压系统的性能影响很小，故可将液压油看成不可压缩的，但在高压系统中或研究液压系统的动态特性时，就必须考虑液压油的可压缩性。另外，由于空气的可压缩性很大，所以当液压油中混有空气时，其抗压缩能力会大大降低，这会严重影响液压系统的工作性能。在有较高要求或压力变化较大的液压系统中，应采取措施尽量减少工作介质中混入的空气及其他易挥发物质（如汽油、煤油和乙醇等）的含量。

2. 对液压油的要求及选用

（1）液压传动工作介质的要求

液压油是液压传动系统的重要组成部分，是用来传递能量的工作介质。除了传递能量外，它还起着润滑运动部件和保护金属不被锈蚀的作用。液压油的质量及其各种性能将直接影响液压系统的工作。一般来说，液压油应具备以下性能：

①合适的黏度，较好的黏温特性；

②良好的润滑性能及防锈能力；
③质地纯净，杂质少；
④对金属和密封件有良好的相容性；
⑤氧化稳定性好，长期工作不易变质；
⑥抗泡沫性和抗乳化性好；
⑦比热大，体积膨胀系数小；
⑧燃点高，凝固点低。

此外，还对其有无毒性、价格便宜等要求。对于具体的液压系统，则需根据情况突出某些方面的性能要求。

（2）液压传动工作介质的选用

各种液压油都有其特性，对应一定的适用范围。正确而合理地选用液压油，可提高液压传动系统工作的可靠性，延长液压元件的使用寿命。

①液压油品种的选择：液压油的品种很多，主要可分为矿油型、乳化型和合成型。液压油的主要品种及其特性和用途如表1-3所示。

表1-3 液压油的主要品种及其特性和用途

类型	名称	ISO代号	特性和用途
矿油型	普通液压油	L-HL	精制矿油加添加剂，提高抗氧化和防锈性能，适用于室内一般的中、低压系统
	抗磨型液压油	L-HM	L-HL油加添加剂，可改善抗磨性能，适用于工程机械、车辆液压系统
	低温液压油	L-HV	L-HM油加添加剂，可改善黏温特性，用于环境温度在-40~-20℃的高压系统
	高黏度指数液压油	L-HR	L-HL油加添加剂，可改善黏温特性，VI值达175以上，适用于对黏温特性有特殊要求的低压系统，如数控机床液压系统
	液压导轨油	L-HG	L-HM油加添加剂，可改善黏滑性能，适用于机床中液压和导轨润滑合用的系统
	全损耗系统用油	L-HH	浅度精制矿油，抗氧化性、抗泡沫性较差，主要用于机械润滑，可作液压代用油，用于要求不高的低压系统
	汽轮机油	L-TSA	深度精制矿油加添加剂，可改善抗氧化、抗泡沫等性能，为汽轮机专用油，可作液压代用油，用于一般液压系统

续表

类 型	名 称	ISO代号	特性和用途
乳化型	水包油乳化液	L－HFA	水包油乳化液，又称高水基液，难燃，黏温特性好，有一定的防锈能力，润滑性差，易泄漏，适用于有抗燃要求、油液用量大且泄漏严重的系统
	油包水乳化液	L－HFB	既具有矿油型的抗磨、防锈性能，又具有抗燃性，适用于有抗燃要求的中、低压系统
合成型	水－乙二醇液	L－HFC	难燃，黏温特性和抗蚀性好，能在 －54~60℃温度下使用，适用于有抗燃要求的中、低压系统
	磷酸酯液	L－HFDR	难燃，润滑性能、抗磨性能和抗氧化性能良好，能在 －54~135℃温度范围内使用；缺点是有毒。适用于有抗燃要求的高压精密液压系统

液压油品种的选择应根据液压传动系统所处的工况条件，主要是温度、压力和液压泵类型等来确定。

a. 工作温度：工作温度主要对液压油的黏温特性和热稳定性提出要求，选用时可参照表1－4。

表1－4 按工作温度选择液压油的品种

液压油工作温度/℃	<－10	－10~80	>80
液压油品种	L－HR、L－HV、L－HS	L－HH、L－HL、L－HM	优等 L－HM、L－HV、L－HS

b. 工作压力：工作压力主要对液压油的润滑性（抗磨性）提出要求，选用时可参照表1－5。

c. 液压泵类型：液压泵类型较多，常见的有齿轮泵、叶片泵和柱塞泵。一般而言，齿轮泵对液压油的抗磨性要求比叶片泵和柱塞泵低，因此齿轮泵可选用 L－HL 或 L－HM 液压油，而叶片泵和柱塞泵一般选择 L－HM 液压油。

表1－5 按工作压力选择液压油的品种

工作环境	工 况		
	$p \leq 7.0$ MPa $t < 50℃$	$7.0 < p \leq 14.0$ MPa $t < 50℃$	$p > 14.0$ MPa $50℃ \leq t \leq 100℃$
室内固定液压设备	HL	HL、HM	HM
露天寒冷区和严寒区	HV	HV、HS	HV、HS
高温热源或明火附近	HFAE	HFB、HFC	HFDR

②黏度等级的选择：液压油的品种选定之后，还必须确定其黏度等级。黏度对液

压系统工作稳定性、可靠性、效率、温升及磨损都有影响。黏度过高对系统润滑有利，但会增加系统的阻力，使得系统压力损失增大、效率降低；黏度过低会增加设备的外泄漏，导致系统工作压力不稳定，严重时会使泵的磨损加剧。在选择黏度等级时应注意以下几个方面：

  a. 工作压力：工作压力较高的液压系统宜选用黏度较高的液压油，以减少泄漏；反之，选用黏度较低的液压油。

  b. 环境温度：环境温度较高的液压系统宜选用黏度较高的液压油，以减少泄漏；反之，选用黏度较低的液压油。

  c. 运动速度：当液压系统运动部件的运动速度较高时，宜选用黏度较低的液压油，以减少液流的摩擦损失；反之，选用黏度较高的液压油。

在液压系统的所有元件中，以液压泵对液压油的性能最为敏感，因为其转速最高、工作压力最大、温度也较高，因此液压系统常根据液压泵的类型及其要求来选择液压油的黏度。各类液压泵适用的黏度范围如表1-6所示。

表1-6 各种液压泵适用的黏度范围

液压泵类型		黏度/(mm²·s⁻¹) (40℃)		液压泵类型	黏度/(mm²·s⁻¹) (40℃)	
		系统温度为 5~40℃	系统温度为 40~80℃		系统温度为 5~40℃	系统温度为 40~80℃
叶片泵	$p<7.0$ MPa	30~50	40~75	齿轮泵	30~70	95~165
	$p\geq7.0$ MPa	50~70	50~90	径向柱塞泵	30~50	65~240
螺杆泵		30~50	40~80	轴向柱塞泵	30~70	70~150

3. 液压油的污染及控制

要使液压系统高效而可靠地长时间工作，不仅要正确选择液压油，还要合理使用和正确维护液压油。据统计，液压油受到污染是系统发生故障的主要原因，因此，控制液压油的污染十分重要。

（1）液压油污染的原因

①残留物污染：这主要是指液压元件在制造、储存、运输、安装及维修过程中残留下来的铁屑、铁锈、砂粒、磨料、焊渣、清洗液等对液压油造成的污染。

②侵入物污染：这主要是指周围环境中空气、尘埃、水滴等通过一切可能的侵入点，如外露的往复运动塞杆、油箱的进气孔和注油孔等进入系统对液压油造成的污染。

③生成物污染：这主要是指液压系统在工作过程中产生的金属微粒、密封材料磨损颗粒、涂料剥离片、水分气泡及油液变质后的胶状生成物等对液压油造成的污染。

（2）油液污染的危害

油液的污染直接影响着液压系统的工作可靠性和元件的使用寿命。液压系统故障的70%是由于油液污染造成的。工作介质被污染后，对液压系统和液压元件产生的危害主要表现在下述几个方面：

①磨损和擦伤元件：固体颗粒会加速元件的磨损，使元件不能正常工作；同时也会擦伤密封元件，使泄漏增加。

②堵塞和卡紧元件：固体颗粒物、胶状物、棉纱等杂物堵塞阀类件的小孔和缝隙，致使阀的动作失灵，系统性能下降；堵塞滤油器使泵吸油困难，产生噪声。

③液压油的性能劣化：水分、空气、清洗液、涂料、漆屑等混入，会降低油的润滑性能并使油液氧化变质。

④系统工作不稳定：水分、空气的混入使系统产生振动、噪声、低速爬行及启动时突然前冲的现象；还会使管路狭窄处产生气泡，加速元件的氧化腐蚀。

(3) 油液污染的控制措施

①严格清洗元件和系统：液压元件、油箱和各种管件在组装前应严格清洗，且在组装后还应对系统进行全面彻底地冲洗，并将清洗后的介质换掉。

②防止污染物侵入：在设备运输、安装、加注和使用中，都应防止工作介质被污染。介质被注入后，必须经过滤油器；油箱通大气处要加空气滤清器；采用密闭油箱，防止尘土、磨料和冷却液侵入等；维修拆卸元件应在无尘区进行。

③控制工作介质的温度：应采取适当措施（如水冷、风冷等）控制系统的工作温度，以防止温度过高，造成工作介质氧化变质，产生各种生成物。一般液压系统的温度应控制在65℃以下，机床的液压系统应更低一些。

④采用高性能的过滤器：研究表明，液压元件相对运动表面间隙较小，如果采用高精度的过滤器，则可以有效地控制1～5 μm 的污染颗粒，使液压泵、液压马达、各种液压阀及液压油的使用寿命大大延长，液压故障亦会明显减小。

⑤定期检查和更换工作介质：每隔一定时间，要对系统中的各种介质进行抽样检查，分析其污染程度是否还在系统允许使用的范围内，如不符合要求，则应及时更换。在更换新的工作介质前，必须对整个液压系统进行彻底清洗。

（四）了解流体力学基础知识

液压系统是利用液体来传递运动和动力的，故了解流体力学的知识是很有必要的。流体力学主要研究流体（液体或气体）处于相对平衡、运动、流体与固体相互作用时的力学规律，以及这些规律在实际工程中的应用。它包括两个基本部分：一部分是液体静力学；另一部分是液体动力学。

1. 液体静力学基础

液体静力学主要研究液体处于相对平衡时的规律。所谓相对平衡，是指液体内部各个质点之间没有相对运动，液体整体完全可以像刚体一样做各种运动。

(1) 液体的压力

静止液体单位面积上所受的法向力称为压力。这一定义在物理中称为压强，但在液压传动中习惯称为压力。压力通常以 p 表示，即

$$p = \frac{F}{A} \tag{1-11}$$

压力的法定计量单位为 Pa（帕，N/m²），但由于 Pa 单位太小，工程上使用不便，

因而常用 MPa（兆帕）。它们的换算关系是 1 MPa = 10⁶ Pa。

（2）液体静压力的性质

① 液体的压力沿着内法线方向作用于承压面，即静止液体只承受法向压力，不承受剪切力（因为静止液体内部切向剪应力为零）和拉力，否则就会破坏液体静止的条件。

② 静止液体内任意点处所受到的静压力各个方向都相等。如果液体中某点受到的各个方向的压力不相等，那么液体就会产生运动，也就破坏了液体静止的条件。

由上述性质可知，静止液体总是处于受压状态，并且其内部的任何质点都受平衡压力的作用。

（3）液体静力学基本方程

如图 1-5（a）所示，密度为 ρ 的液体在外力作用下处于静止状态。若要求液体离液面深度为 h 处的压力，可以假想从液面往下切取一个高为 h、底面积为 ΔA 的垂直小液柱，如图 1-5（b）所示。这个小液柱在重力 $G(G = mg = \rho V g = \rho g h \Delta A)$ 及周围液体压力的作用下处于平衡状态，于是有

$$p\Delta A = p_0 \Delta A + \rho g h \Delta A$$

即

$$p = p_0 + \rho g h \qquad (1-12)$$

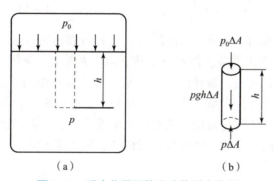

图 1-5 重力作用下静止液体受力分析

式（1-12）即为液体静压力基本方程，由此式可知，重力作用下的静止液体，其压力分布有以下特征：

① 静止液体内任一点处的压力由两部分组成，一部分是液面上的压力 p_0，另一部分是 ρg 与该点液面深度 h 的乘积。当液面上只受大气压力 p_a 的作用时，液体内任一点的静压力为 $p = p_a + \rho g h$。

② 液体内的静压力随液体深度的增加而线性地增加。

③ 液体内深度相同处的压力都相等。由压力相等的点组成的面称为等压面。在重力作用下，静止液体中的等压面是一个水平面。

【例1.1】 如图 1-6 所示，容器内盛有油液，已知油的密度（体积质量）$\rho = 900 \text{ kg/m}^3$，活塞上的作用力 $F = 1\ 000$ N，活塞面积 $A = 1 \times 10^{-3}$ m²，忽略活塞的质量，问活塞下方深度 $h = 0.5$ m 处的压力为多少？

解：活塞与液体接触面上的压力

$$p_0 = \frac{F}{A} = \frac{1\ 000\ \text{N}}{1 \times 10^{-3}\ \text{m}^2} = 10^6\ \text{Pa}$$

根据液体静压力基本方程，深度为 h 处的液体压力为

$$p = p_0 + \rho gh = 10^6\ \text{Pa} + 900 \times 9.8 \times 0.5\ \text{Pa}$$
$$= 1.004\ 4 \times 10^6\ \text{Pa} \approx 10^6\ \text{Pa}$$

从本例可以看出，液体在受外界压力作用下，由液体自重所形成的那部分压力 ρgh 相对很小，在液压系统中常可忽略不计，因而可近似地认为整个液体内部的压力是处处相等的。我们在分析液压系统的压力时，一般都采用这个结论。

（4）静压传递原理

如图1-5（a）所示盛放在密闭容器内的液体，当其外加压力 p_0 发生变化时，只要液体仍保持其原来的静止状态不变，液体中任一点的压力将发生同样大小的变化。也就是说，在密闭容器内，施加于静止液体上的压力将等值地同时传递到液体内各点。这就是静压传递原理，或称为帕斯卡（Pascal）原理。

如图1-6所示活塞上的作用力 F 对液面产生外加压力，A 为活塞横截面面积，根据静压传递原理，容器内液体的压力 p 与负载 F 的关系是

$$p = \frac{F}{A} \tag{1-13}$$

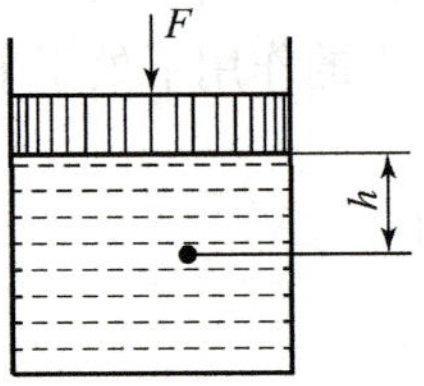

当活塞横截面面积 A 一定时，由式（1-13）可知压力 p 与负载 F 之间总保持着正比关系。若 $F=0$，则 $p=0$，F 越大，液体内的压力也越大。由此可见，液体内的压力是由外界负载作用所形成的，则液压系统内工作压力的高低取决于外负载的大小，这是液压传动中的一个重要的基本概念。

图1-6 静止液体内的压力

【例1.2】 图1-7所示为相互连通的两个液压缸，大缸的直径 $D = 30$ cm，小缸的直径 $d = 3$ cm，若在小活塞上加的力 $F = 200$ N，问大活塞能举起重物的质量 G 为多少？

解：根据帕斯卡原理，由外力产生的压力在两缸中的数值应相等，即

$$p = \frac{4F}{\pi d^2} = \frac{4G}{\pi D^2}$$

故大活塞能顶起重物的质量 G 为

$$G = \frac{D^2}{d^2}F = \left(\frac{30^2}{3^2} \times 200\right)\ \text{N} = 20\ 000\ \text{N}$$

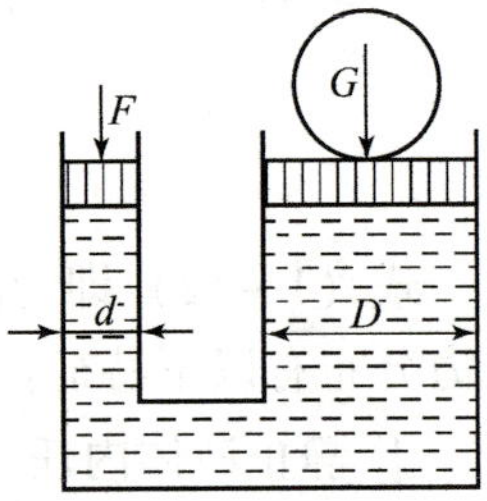

图1-7 帕斯卡原理的应用实例

由本例可知，液压装置具有力的放大作用。液压压力机、液压千斤顶和万吨水压机等，都是利用该原理工作的。

（5）压力的表示方法

根据度量基准的不同，液体压力的表示方法有两种：一种是以绝对真空作为基准所表示的压力，称为绝对压力；一种是以大气压力作为基准所表示的压力，称为相对压力。在地球表面上，一切受大气笼罩的物体，大气压力的作用都是自相平衡的，因此大多数测压仪表所测的压力都是相对压力，所以相对压力也称为表压力。在液压技

术中，若不特别指明，压力均指相对压力。

绝对压力和相对压力的关系如下：

$$相对压力 = 绝对压力 - 大气压力$$

当绝对压力小于大气压力时，习惯上称为出现真空，绝对压力比大气压力小的那部分压力数值称为真空度，即

$$真空度 = 大气压力 - 绝对压力$$

绝对压力、相对压力和真空度的相对关系如图 1-8 所示，由图可知，以大气压力为基准计算压力时，基准以上的正值是相对压力，基准以下负值的绝对值就是真空度。

（6）液体对固体壁面的作用力

具有一定压力的液体与固体壁面相接触时，固体壁面将受到总的液压力的作用。当不计液体的自重对压力的影响时，可认为作用于固体壁面上的压力是均匀分布的。

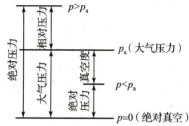

图 1-8　绝对压力、相对压力和真空度的关系

当固体壁面是一个平面时，液体压力在该平面上的总作用力 F 等于液体压力 p 与该平面面积 A 的乘积，其作用力方向与该平面垂直，即

$$F = pA \tag{1-14}$$

如图 1-9（a）所示，液压油作用在活塞（活塞直径为 D、面积为 A）上的力 F 为

$$F = pA = p \frac{\pi D^2}{4}$$

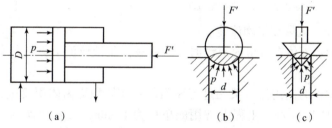

图 1-9　液压力作用在固体壁面上的力

当固体壁面是一个曲面时，液体压力在该曲面某方向上的总作用力等于液体压力与曲面在该方向上的投影面积的乘积，比如求 x 方向总作用力 F_x 的表达式为

$$F_x = pA_x \tag{1-15}$$

式中：A_x——曲面在 x 方向上的投影面积。

如图 1-9（b）、（c）所示的球面和圆锥面，若要求液压力 p 沿垂直方向（y 方向）作用在球面和圆锥面上的力，其力 F_y（与图中 F' 方向相反）就等于压力作用在该部分曲面在垂直方向的投影面积 A_y 与压力 p 的乘积，其作用点通过投影圆的圆心，方向向上，即

$$F_y = pA_y = p \frac{\pi d^2}{4}$$

式中：d——承压部分曲面投影圆的直径。

2. 液体动力学基础

液体动力学主要研究液体的流动状态、液体在外力作用下流动时的运动规律及液体流动时的能量转换关系。

（1）基本概念

① 理想液体和恒定流动。由于实际液体在流动时具有黏性和可压缩性，故研究流动液体运动规律时非常困难。为简化起见，在讨论该问题前，先假定液体没有黏性且不可压缩，然后再根据实验结果对所得到的液体运动的基本规律、能量转换关系等进行修正和补充，使之更加符合实际液体流动时的情况。一般把既无黏性又不可压缩的假想液体称为理想液体。

液体流动时，若液体中任一点处的压力、流速和密度不随时间变化而变化，则称为恒定流动（亦称稳定流动或定常流动）；反之，若液体中任一点处的压力、流速或密度中有一个参数随时间变化而变化，则称为非恒定流动。同样，为使问题讨论简便，也常先假定液体在做恒定流动。图 1 – 10（a）所示水平管内液流为恒定流动，图 1 – 10（b）所示为非恒定流动。

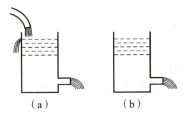

图 1 – 10　恒定流动和非恒定流动

（a）恒定流动；（b）非恒定流动

② 通流截面、流量和平均流速。

a. 通流截面：液体在管道内流动时，常将垂直于液体流动方向的截面称为通流截面或过流断面。

b. 流量：单位时间内流过某一过流断面的液体体积称为体积流量，简称流量，用 q 表示，法定单位为 m^3/s，工程上常用的单位为 L/min，二者的换算关系为 $1\ m^3/s = 6 \times 10^4$ L/min。

假设理想液体在一个直管内做恒定流动，如图 1 – 11 所示，液流的通流截面面积即为管道截面面积 A，液流在通流截面上各点的流速（指液流质点在单位时间内流过的距离）皆相等，以 u 表示，流过截面 1 – 1 的液体经时间 t 后到达截面 2 – 2 处，所流过的距离为 l，则流过的液体体积为 $V = Al$，因此可得流量为

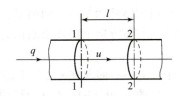

图 1 – 11　理想液体在直管中流动

$$q = \frac{V}{t} = \frac{Al}{t} = Au \qquad (1-16)$$

式（1 – 16）表明，液体的流量可以用通流截面的面积与流速的乘积来计算。

c. 平均流速：由于液体具有黏性，故液体在管道中流动时，在同一截面内各点的流速是不相同的，其分布规律为抛物线形，如图 1 – 12（a）所示，管道中心线处流速

最高，而边缘处流速为零。所以，对于实际液体，当液流通过微小的通流截面 dA 时[见图 1-12（b）]，液体在该截面各点的流速可以认为是相等的，所以流过该微小断面的流量为 d$q = u$dA，而流过整个通流截面 A 的流量为

$$q = \int_A u dA \qquad (1-17)$$

式（1-17）计算和使用起来都很不方便，因此，常假定通流截面上各点的流速均匀分布，从而引入平均流速的概念。平均流速 v 是指通流截面通过的流量 q 与该通流截面面积 A 的比值，即

$$v = \frac{q}{A} \qquad (1-18)$$

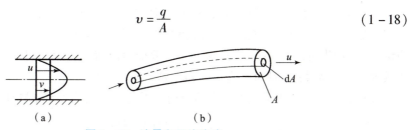

图 1-12 流量和平均流速

在实际工程中平均流速才具有应用价值。在液压缸工作时，液流的流速可以认为是均匀分布的，即活塞的运动速度与液压缸中液流的平均流速相同，活塞运动速度 v 等于进入液压缸的流量 q 与液压缸有效作用面积 A 的比值。当液压缸的有效面积一定时，活塞运动速度的大小取决于进入液压缸流量的多少。

③ 层流、紊流和雷诺数：液体流动有层流和紊流两种基本状态，这两种流动状态的物理现象可以通过雷诺实验来观察。

雷诺实验装置如图 1-13（a）所示，图中水箱 4 有一隔板 1，当向水箱中连续注入清水时，隔板可保持水位不变。先微微打开开关 7 使箱内清水缓缓流出，然后打开开关 3，这时可看到水杯 2 内的颜色水经细导管 5 呈一条直线流束流动［见图 1-13（b）］。这表明，水管中的水流是分层的，而且层与层之间互不干扰，这种流动状态称为层流。逐渐开大开关 7，管内液体的流速随之增大，颜色水的流束逐渐开始振荡而呈波纹状［见图 1-13（c）］，这表明液流开始紊乱。当流速超过一定值后，颜色水流到玻璃管 6 中便立即与清水完全混杂，水流的质点运动呈极其紊乱的状态，这种流动状态称为紊流［见图 1-13（d）］。如果再将阀门 7 逐渐关小，就会看到相反的过程。

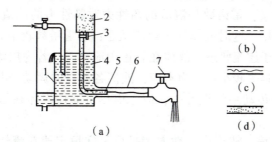

图 1-13 雷诺实验装置
（a）实验装置；（b）层流；（c）过渡；（d）紊流
1—隔板；2—水杯；3，7—开关；4—水箱；5—导管；6—玻璃管

实验证明,液体在圆管中的流动状态不仅与液体在管中的流速 u 有关,还与管径 d 和液体的运动黏度 ν 有关。以上三个参数组成一个量纲为1的数就称为雷诺数,用 Re 表示,即

$$Re = \frac{ud}{\nu} \qquad (1-19)$$

式中:u——液体在管中的流速(m/s);
   d——管道的内径(m);
   ν——液体的运动黏度(m^2/s)。

管中液体的流动状态随雷诺数的不同而改变,因而可以用雷诺数作为判别液体在管道中流动状态的依据。液流由层流转变为紊流时的雷诺数和由紊流转变为层流时的雷诺数是不相同的,后者的数值较小。一般把紊流转变为层流时的雷诺数称为临界雷诺数 Re_L。当 $Re \leq Re_L$ 时为层流,当 $Re > Re_L$ 时为紊流。

各种管道的临界雷诺数可由实验求得。常见管道的临界雷诺数如表1-7所示。

表1-7 常见管道的临界雷诺数

管道形状	临界雷诺数 Re_L	管道形状	临界雷诺数 Re_L
光滑金属管	2 300	带沉割槽的同心环状缝隙	700
橡胶软管	1 600~2 000	带沉割槽的偏心环状缝隙	400
光滑同心环状缝隙	1 100	圆柱形滑阀阀口	260
光滑偏心环状缝隙	1 000	锥阀阀口	20~100

对于非圆截面的管道,Re 可用下式计算:

$$Re = \frac{ud_H}{\nu} \qquad (1-20)$$

式中:d_H——通流截面的水力直径,即

$$d_H = \frac{4A}{x} \qquad (1-21)$$

式中:A——通流截面面积;
   x——湿周,即通流截面与液体相接触的管壁周长。

雷诺数的物理意义:雷诺数是液流的惯性力对黏性力的比值。当雷诺数较大时,说明惯性力起主导作用,这时液体处于紊流状态;当雷诺数较小时,说明黏性力起主导作用,这时液体处于层流状态。液体在管道中流动时,若为层流,液流各质点的运动有规律,则其能量损失较小;若为紊流,液流各质点的运动极其紊乱,则能量损失较大。所以,在液压传动系统设计时,应考虑尽可能使液体在管道中流动时为层流状态。

④液流连续性方程:液流连续性方程是质量守恒定律在流体力学中的一种表达形式。

如图1-14所示,理想液体在管道中恒定流动时,由于它不可压缩(密度 ρ 不

变），在压力作用下液体中间也不可能有空隙，故在单位时间内流过截面 1-1 和截面 2-2 处的液体的质量应相等，故有 $\rho A_1 v_1 = \rho A_2 v_2$，即

$$A_1 v_1 = A_2 v_2 \qquad (1-22)$$

或写成
$$q = vA = 常量$$

式中：A_1，A_2——截面 1-1、2-2 处的通流截面面积；

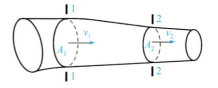

图 1-14 液流的连续性原理推导示意图

v_1，v_2——截面 1-1、2-2 处的平均流速。

式（1-22）即为液流连续性方程，它说明液体在管道中流动时，流经管道每一个截面的流量是相等的（这就是液流连续性原理），并且同一管道中各个截面的平均流速与通流截面面积成反比，管径细的地方流速大，管径粗的地方流速小。

（2）伯努利方程

伯努利方程是能量守恒定律在流体力学中的一种表达形式，分为以下两种：

① 理想液体的伯努利方程：假定理想液体在如图 1-15 所示的管道中做恒定流动，任取该管两个截面面积分别为 A_1、A_2 的截面 1-1、2-2。设两截面处的液流的平均流速分别为 v_1、v_2，压力为 p_1、p_2，到基准面 $O-O$ 的中心高度为 h_1、h_2。若在很短时间 Δt 内，液体通过两截面的距离为 Δl_1、Δl_2，则液体在两截面处时所具有的能量为

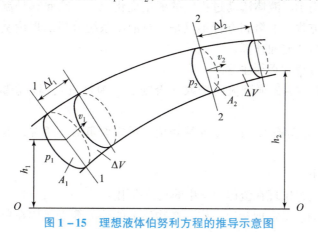

图 1-15 理想液体伯努利方程的推导示意图

	1-1 截面	2-2 截面
动能	$\frac{1}{2}\rho A_1 v_1 \Delta t v_1^2 = \frac{1}{2}\rho q \Delta t v_1^2 = \frac{1}{2}\rho \Delta V v_1^2$	$\frac{1}{2}\rho A_2 v_2 \Delta t v_2^2 = \frac{1}{2}\rho q \Delta t v_2^2 = \frac{1}{2}\rho \Delta V v_2^2$
位能	$\rho A_1 v_1 \Delta t g h_1 = \rho q \Delta t g h_1 = \rho \Delta V g h_1$	$\rho A_2 v_2 \Delta t g h_2 = \rho q \Delta t g h_2 = \rho \Delta V g h_2$
压力能	$p_1 A_1 v_1 \Delta t = p_1 q \Delta t = p_1 \Delta V$	$p_2 A_2 v_2 \Delta t = p_2 q \Delta t = p_2 \Delta V$

根据能量守恒定律，在同一管道内各个截面处的能量相等，因此可得

$$\frac{1}{2}\rho \Delta V v_1^2 + \rho \Delta V g h_1 + p_1 \Delta V = \frac{1}{2}\rho \Delta V v_2^2 + \rho \Delta V g h_2 + p_2 \Delta V$$

简化后得

$$\frac{1}{2}\rho v_1^2 + \rho g h_1 + p_1 = \frac{1}{2}\rho v_2^2 + \rho g h_2 + p_2 \qquad (1-23)$$

或写成
$$\frac{1}{2}\rho v^2 + \rho gh + p = 常量$$

式（1-23）称为理想液体的伯努利方程，也称为理想液体的能量方程，式中各项分别是单位体积液体所具有的动能、位能和压力能。其物理意义是：在密闭的管道中做恒定流动的理想液体具有三种形式的能量（动能、位能、压力能），在沿管道流动的过程中，三种能量之间可以互相转化，但是在管道任一截面上三种能量的总和是一常量。

②实际液体的伯努利方程：实际液体在管道内流动时，由于液体黏性的存在，会产生内摩擦力，实际液体在流动时要克服这些摩擦力而消耗能量；同时管路中管道的尺寸和局部形状骤然变化使液流产生扰动，也会引起能量消耗。因此实际液体在流动时存在能量损失，设单位质量液体在管道中流动时的压力损失为 Δp_w。另外，由于实际液体在管道中流动时，管道通流截面上的流速分布是不均匀的，若用平均流速计算动能，必然会产生误差。为了修正这个误差，需要引入动能修整系数 α。因此，实际液体的伯努利方程为

$$p_1 + \rho gh_1 + \frac{1}{2}\rho \alpha_1 v_1^2 = p_2 + \rho gh_2 + \frac{1}{2}\rho \alpha_2 v_2^2 + \Delta p_w \tag{1-24}$$

式中：α_1、α_2——动能修正系数，紊流时取 $\alpha = 1$，层流时取 $\alpha = 2$。

伯努利方程揭示了液体流动过程中的能量变化规律，因此它是流体力学中的一个特别重要的基本方程。伯努利方程不仅是进行液压系统分析的理论基础，还可用来对多种液压问题进行研究和计算。

应用伯努利方程时必须注意：

a. 截面 1-1、2-2 须顺流向选取（否则 Δp_w 为负值），且应选在缓变的通流截面上；

b. 截面中心在基准面以上时，h 取正值，反之取负值。通常选取特殊位置的水平面作为基准面。

（3）动量方程

动量方程是动量定理在流体力学中的具体应用。

刚体力学中的动量定理指出，作用在物体上的外力等于物体在单位时间内动量的变化，即

$$\sum \boldsymbol{F} = \frac{m\boldsymbol{v}_2 - m\boldsymbol{v}_1}{\Delta t} \tag{1-25}$$

对于做恒定流动的理想液体，忽略其可压缩性，则 $m = \rho q \Delta t$，代入式（1-25），并考虑以平均流速代替实际流速而产生的误差，引入动量修正系数 β，可得如下形式的动量方程

$$\sum \boldsymbol{F} = \rho q(\beta_2 \boldsymbol{v}_2 - \beta_1 \boldsymbol{v}_1) \tag{1-26}$$

式中：$\sum \boldsymbol{F}$——作用在液体上所有外力的矢量和；

$\boldsymbol{v}_1$，$\boldsymbol{v}_2$——液流在前后两个通流截面上的平均流速矢量；

β_1，β_2——动量修正系数，紊流时 $\beta = 1$，层流时 $\beta = 1.33$，为简化计算，通常均

取 $\beta = 1$；

ρ——液体的密度；

q——液体的流量。

式（1-26）为矢量方程，使用时应根据具体情况将式中的各个矢量分解到指定方向，再列出该方向的动量方程。例如在 x 指定方向的动量方程可写成以下形式：

$$\sum \boldsymbol{F}_x = \rho q (\beta_2 \boldsymbol{v}_{2x} - \beta_1 \boldsymbol{v}_{1x}) \qquad (1-27)$$

在液压系统中，液流对通道固体壁面的作用力称为稳态液动力，可根据作用力与反作用力的关系来求。例如在 x 指定方向的稳态液动力计算公式为

$$\boldsymbol{F}'_x = -\sum \boldsymbol{F}_x = \rho q (\beta_1 \boldsymbol{v}_{1x} - \beta_2 \boldsymbol{v}_{2x}) \qquad (1-28)$$

【案例1】 图 1-16 所示为液压泵的吸油过程，运用伯努利方程试分析吸油高度 h 对泵工作性能的影响。

解：设油箱的液面为基准面，对基准面 1-1 和泵进油口处的管道截面 2-2 之间列实际液体的伯努利方程：

$$p_1 + \rho g h_1 + \frac{1}{2}\rho \alpha_1 v_1^2 = p_2 + \rho g h_2 + \frac{1}{2}\rho \alpha_2 v_2^2 + \Delta p_w$$

式中：$p_1 = p_a$，$h_1 = 0$，$v_1 \approx 0$，$h_2 = H$，代入上式后可写成

$$p_a + 0 + 0 = p_2 + \rho g H + \frac{\rho \alpha_2 v_2^2}{2} + \Delta p_w$$

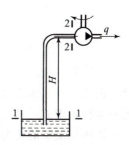

图 1-16 液压泵装置

整理得

$$p_a - p_2 = \rho g H + \frac{\rho \alpha_2 v_2^2}{2} + \Delta p_w$$

由上式可知，当泵的安装高度 $H > 0$ 时，等式右边的值均大于零，所以 $p_a - p_2 > 0$，即 $p_a > p_2$。这时，泵进油口处的绝对压力低于大气压力，形成真空，油箱中的油在其液面上大气压力的作用下被泵吸入液压系统中。

但实际工作时的真空度也不能太大，若 p_2 低于空气分离压，溶于油液中的空气就会析出；当 p_2 低于油液的饱和蒸气压时，油还会汽化，这样会形成大量气泡，产生噪声和振动，影响泵和系统的正常工作，因此等式右边的三项之和不可能太大，即其每一项的值都不能不受到限制。由上述分析可知，泵的安装高度 H 越小，泵越容易吸油，所以在一般情况下，泵的安装高度 H 不应大于 0.5 m。而为了减小液体的流动速度 v_2 和油管的压力损失 Δp_w，液压泵一般应采用直径较粗的吸油管。

【案例2】 分析图 1-17 中滑阀阀芯所受的轴向（x 方向）稳态液动力。

解：取阀芯进、出油口之间的液体为研究对象，根据式（1-28）可得 x 方向的稳态液动力为

$$\begin{aligned}\boldsymbol{F}'_x &= -\rho q (\beta_1 \boldsymbol{v}_{1x} - \beta_2 \boldsymbol{v}_{2x}) \\ &= -\rho q [\beta_1 v_1 \cos 90° - (-\beta_2 v_2 \cos \theta)] \\ &= \rho q \beta_2 v_2 \cos \theta \end{aligned}$$

当液流方向流过该阀时，同理可得相同的结果。因为两种情况下计算出的 $\boldsymbol{F}'_x$ 值均为正值，说明 $\boldsymbol{F}'_x$ 的方向始终向右，则作用在滑阀阀芯上的稳态液动力总是试图将阀口关闭。

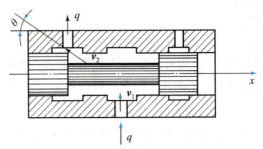

图 1-17 作用在滑阀阀芯上的稳态液动力

(五) 液压系统运行中常见问题分析与处理

1. 管路内液体流动时的压力损失

实际黏性液体在流动时存在阻力，为了克服阻力就要消耗一部分能量，这样就有能量损失。在液压传动中，能量损失主要表现为压力损失，这就是实际液体流动的伯努利方程式中 Δp_w 项的含义。

液压系统中的压力损失分为两类：一类是沿程压力损失；另一类是局部压力损失。

(1) 沿程压力损失

液体在直管中流动时由内、外摩擦力所引起的压力损失，称为沿程压力损失，它主要取决于管路的长度和内径、液流的流速和黏度等。液体的流动状态不同，沿程压力损失也不同。

① 层流时的沿程压力损失：在液压传动中，液体的流动状态多数是层流流动，此时液体质点在管中做有规则的流动，因此可以用数学工具对其流动状态进行探讨，并推导出沿程压力损失的理论计算公式。经理论推导和实验证明，层流时的沿程压力损失可用下式计算：

$$\Delta p_f = \frac{128\mu l}{\pi d^4}q = \frac{32\mu l}{d^2}v = \lambda \frac{l}{d}\frac{\rho v^2}{2} \tag{1-29}$$

式中：λ——沿程阻力系数，对于圆管层流，其理论值 $\lambda = 64/Re$，考虑到实际圆管截面可能有变形，以及靠近管壁处的液层可能冷却，阻力略有加大，故实际计算时，对金属管取 $\lambda = 75/Re$，橡胶管取 $\lambda = 80/Re$；

l——管道长度 (m)；

d——管道内径 (m)；

ρ——液流的密度 (kg/m³)；

v——管道中液流的平均流速 (m/s)。

② 紊流时的沿程压力损失：紊流时的沿程压力损失计算公式在形式上与层流时的计算公式 (1-29) 相同，但式中的阻力系数 λ 除了与雷诺数 Re 有关外，还与管壁的表面粗糙度有关。实际计算时，对于光滑管，当 $2.32 \times 10^3 \leq Re < 10^5$ 时，$\lambda = 0.316\, 4Re^{-0.25}$；对于粗糙管，$\lambda$ 的值要根据雷诺数 Re 和管壁的相对表面粗糙度从相关资料的关系曲线中查取。

（2）局部压力损失

液体流经管道的弯头、接头、突变截面以及阀口、滤网等局部装置时，由于液流方向和速度均发生变化，形成局部旋涡，使液流质点间以及质点与管壁间相互碰撞和剧烈摩擦而造成的压力损失，称为局部压力损失。当液流通过上述局部装置时，发生强烈的紊流现象，流动状态极为复杂，影响因素较多，故局部压力损失不易从理论上进行分析计算。因此，一般先通过实验来确定局部压力损失的阻力系数，再用相应公式计算局部压力损失值。局部压力损失的计算公式为

$$\Delta p_\gamma = \xi \frac{\rho v^2}{2} \qquad (1-30)$$

式中：ξ——局部阻力系数，通过实验求得，各种局部装置的 ξ 可查相关手册；

v——液体在该局部装置中的平均流速（m/s）。

（3）管路系统中的总压力损失

管路系统的总压力损失等于所有沿程压力损失和局部压力损失之和，即

$$\Delta p_w = \sum \Delta p_f + \sum \Delta p_\gamma = \sum \lambda \frac{l}{d} \frac{\rho v^2}{2} + \sum \xi \frac{\rho v^2}{2} \qquad (1-31)$$

液压系统中的压力损失大部分会转换为热能，造成系统油温升高、泄漏增大，以致影响系统的工作性能。从压力损失的计算公式可以看出，减小液流在管道中的流速、缩短管道长度、减少管道的截面突变和管道弯曲、适当增加管道内径、合理选用阀类元件等都可使压力损失减小。

2. 液压冲击

在液压系统中，常常由于某些原因而使液体压力突然急剧上升，形成很高的压力峰值，这种现象称为液压冲击。

（1）液压冲击产生的原因和危害

在阀门突然关闭或液压缸快速制动等情况下，液体在系统中的流动会突然受阻。这时由于液流的惯性作用，液体就从受阻端开始，迅速将动能转换为压力能，因而产生了压力冲击波；此后，又从另一端开始，将压力能转化为动能，液体又反向流动；然后，又再次将动能转换为压力能，如此反复地进行能量转换。由于这种压力波的迅速往复传播，便在系统内形成压力振荡。实际上，由于液体受到摩擦力以及液体和管壁的弹性作用，不断消耗能量，故会使振荡过程逐渐衰减而趋向稳定。

系统中出现液压冲击时，液体瞬时压力峰值可以比正常工作压力大好几倍。液压冲击会损坏密封装置、管道或液压元件，还会引起设备振动，产生很大噪声。有时液压冲击会使某些液压元件如压力继电器、顺序阀等产生错误动作，影响系统正常工作。

（2）冲击压力

假设系统的正常工作压力为 p，产生液压冲击时的最大压力，即压力冲击波第一波的峰值压力为

$$p_{\max} = p + \Delta p \qquad (1-32)$$

式中：Δp——冲击压力的最大升高值。

由于液压冲击流是一种非恒定流动，动态过程非常复杂，影响因素很多，故精确

计算 Δp 值是很困难的。下面介绍两种液压冲击情况下 Δp 值的近似计算公式。

① 管道阀门关闭时的液压冲击：设管道截面积为 A，产生冲击的管长为 l，压力冲击波第一波在 l 长度内传播的时间为 t_1，液体的密度为 ρ，管中液体的流速为 v，阀门关闭后的流速为零，则由动量方程得

$$\Delta p A = \rho A l \frac{v}{t_1}$$

$$\Delta p = \rho \frac{l}{t_1} v = \rho c v \tag{1-33}$$

式中：c——压力冲击波在管中的传播速度，$c = l/t_1$。

应用式（1-33）时，需先知道 c 值的大小，而 c 不仅和液体的体积模量 K 有关，而且还和管道材料的弹性模量 E、管道的内径 d 及壁厚 δ 有关，c 值可按下式计算：

$$c = \frac{\sqrt{K/\rho}}{\sqrt{1 + Kd/E\delta}} \tag{1-34}$$

在液压传动中，c 值一般为 900~1 400 m/s。

若流速 v 不是突然降为零，而是降为 v_1，则式（1-33）可写为

$$\Delta p = \rho c (v - v_1) \tag{1-35}$$

设压力冲击波在管中往复一次的时间为 t_c，$t_c = 2l/c$。当阀门关闭时间 $t < t_c$ 时，压力峰值很大，称为直接冲击，其 Δp 值可按式（1-33）或式（1-35）计算。当 $t > t_c$ 时，压力峰值较小，称为间接冲击，这时 Δp 可按下式计算

$$\Delta p = \rho c (v - v_1) \frac{t_c}{t} \tag{1-36}$$

② 运动部件制动时的液压冲击：设总质量为 $\sum m$ 的运动部件在制动时的减速时间为 Δt，速度减小值为 Δv，液压缸有效面积为 A，则根据动量定理得

$$\Delta p = \frac{\sum m \Delta v}{A \Delta t} \tag{1-37}$$

式（1-37）中因忽略了阻尼和泄漏等因素，故计算结果偏大，但比较安全。

(3) 减小液压冲击的措施

分析式（1-36）和式（1-37）中 Δp 的影响因素，可以归纳出减小液压冲击的主要措施：

① 延长阀门关闭和运动部件制动换向的时间。实践证明，运动部件制动换向时间若能大于 0.2 s，则冲击大为减轻。在液压系统中采用换向时间可调的换向阀就可做到这一点。

② 限制管道流速及运动部件速度。例如，在机床液压系统中，通常将管道流速限制在 4.5 m/s 以下，液压缸所驱动的运动部件速度一般不宜超过 10 m/min 等。

③ 适当加大管道直径，尽量缩短管路长度。加大管道直径不仅可以降低流速，而且可以减小压力冲击波速度 c 值，缩短管道长度的目的是减小压力冲击度的传播时间 t_c，必要时还可以在冲击区附近安装蓄能器等缓冲装置来达到此目的。

④ 采用软管，以增加系统的弹性。

3. 气穴现象

在液压系统中,如果某处的压力低于空气分离压,原先溶解在液体中的空气就会分离出来,导致液体中出现大量气泡,这种现象称为气穴现象。如果液体中的压力进一步降低到饱和蒸汽压,液体将迅速气化,产生大量蒸汽泡,这时的气穴现象将会更加严重。

当液压系统中出现气穴现象时,大量的气泡破坏了液流的连续性,造成流量和压力脉动,气泡随液流进入高压区时又急剧破灭,以致引起局部液压冲击,发出噪声并引起振动。当附着在金属表面上的气泡破灭时,所产生的局部高温和高压会使金属腐蚀,这种由气穴造成的腐蚀作用称为气蚀。气蚀会使液压元件的工作性能变坏,并使其寿命大大缩短。

气穴多发生在阀口和液压泵的进口处。由于阀口的通道狭窄,液流的速度增大,故压力大幅度下降,以致产生气穴。若泵的安装高度过大,吸油管直径太小,吸油阻力太大,或泵的转速过高,造成进口处真空度过大,亦会产生气穴现象。

为减少气穴现象和气蚀的危害,通常采取下列措施:

① 减小小孔或缝隙前后的压力降。一般希望小孔或缝隙前后的压力比值 $p_1/p_2 < 3.5$。

② 降低泵的吸油高度,适当加大吸油管内径,限制吸油管中液体的流速,尽量减少吸油管路中的压力损失(如及时清洗过滤器或更换滤心等)。对于自吸能力差的泵需用辅助泵供油。

③ 管路要有良好的密封,防止空气进入。

④ 提高零件的机械强度,采用抗腐蚀能力强的金属材料。

(六) 孔口及缝隙流量分析

液压传动中常利用液体流经阀的小孔或缝隙来控制流量和压力,以达到调速和调压的目的。液压元件的泄漏也属于缝隙流动,因而研究小孔和缝隙的流量计算、了解其影响因素,对于合理设计液压系统、正确分析液压元件和系统的工作性能是很有必要的。

1. 小孔流量

小孔可分为三种:当小孔的长径比 $l/d \leqslant 0.5$ 时,称为薄壁孔;当 $l/d > 4$ 时,称为细长孔;当 $0.5 < l/d \leqslant 4$ 时,称为短孔。

先研究薄壁孔的流量计算。图1-18所示为进口边做成锐缘的典型薄壁孔口。由于惯性作用,液流通过小孔时要发生收缩现象,在靠近孔口的后方出现收缩最大的通流截面。对于薄壁圆孔,当孔前通道直径与小孔直径之比 $d_1/d \geqslant 7$ 时,流束的收缩作用不受孔前通道内壁的影响,这时的收缩称为完全收缩;反之,当 $d_1/d < 7$ 时,孔前通道对液流进小孔起导向作用,这时的收缩称为不完全收缩。

现对孔前通道截面1-1和收缩截面2-2之间

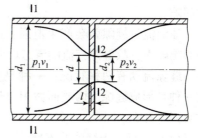

图1-18 典型薄壁孔口

利用伯努利方程，可得通过薄壁小孔的流量公式为

$$q = A_2 v_2 = C_v C_c A_T \sqrt{\frac{2}{\rho}\Delta p} = C_q A_T \sqrt{\frac{2}{\rho}\Delta p} \quad (1-38)$$

式中：C_q——流量系数，$C_q = C_v C_c$；

C_c——收缩系数，$C_c = A_2/A_1 = d_2^2/d_1^2$；

A_2——收缩截面的面积；

A_T——小孔通流截面面积，$A_T = \dfrac{\pi}{4}d^2$。

C_c、C_v、C_q 的数值可由实验确定。当液流完全收缩时，$C_c = 0.61 \sim 0.63$，$C_v = 0.97 \sim 0.98$，这时 $C_q = 0.6 \sim 0.62$；当不完全收缩时，$C_q = 0.7 \sim 0.8$。

薄壁孔由于流程很短，流量对油温的变化不敏感，因而流量稳定，宜作节流器用。但薄壁孔加工困难，故实际应用较多的是短孔。

短孔的流量公式依然是式（1-38），但流量系数 C_q 不同，一般 $C_q = 0.82$。

流经细长孔的液流，由于黏性而流动不畅，故多为层流。其流量可以应用前面推出的圆管层流流量公式进行计算，即

$$q = \frac{\pi d^4}{128\mu l}\Delta p = \frac{d^2}{32\mu l} \cdot \frac{\pi d^2}{4}\Delta p = CA_T\Delta p \quad (1-39)$$

细长孔的流量和油液的黏度有关，当油温变化时，油的黏度变化，因而流量也随之发生变化。这一点是与薄壁小孔特性大不相同的。

纵观各小孔流量公式，可以归纳出一个通用公式：

$$q = CA_T\Delta p^\varphi \quad (1-40)$$

式中：A_T、Δp——小孔的通流截面面积和两端压力差；

C——由孔的形状、尺寸和液体性质决定的系数，对于细长孔 $C = d^2/32\mu l$，对薄壁孔和短孔 $C = C_q\sqrt{2/\rho}$；

φ——由孔的长径比决定的指数，薄壁孔 $\varphi = 0.5$，细长孔 $\varphi = 1$。

从通用式（1-40）可以看出，无论是哪种小孔，其通过的流量均与小孔的通流截面面积 A_T 及两端压差 Δp 成正比，改变其中一个量即可改变通过小孔的流量，从而达到对运动部件调速的目的。

2. 缝隙流量

液压装置的各零件之间，特别是有相对运动的各零件之间，一般都存在缝隙（或称间隙）。

油液流过缝隙就会产生泄漏，这就是缝隙流量。由于缝隙通道狭窄，液流受壁面的影响较大，故缝隙液流的流态均为层流。

缝隙流动有两种状况：一种是由缝隙两端的压力差造成的流动，称为压差流动；另一种是形成缝隙的两壁面做相对运动所造成的流动，称为剪切流动。这两种流动经常会同时存在。

（1）平行平板缝隙的流量

平行平板缝隙可以由固定的两平行平板形成，也可由相对运动的两平行平板形成。

① 流过固定平行平板缝隙的流量。图1-19所示为固定平行平板缝隙的液流，设缝隙厚度为 δ，宽度为 b，长度为 l，两端的压力为 p_1 和 p_2。从缝隙中取出一微小的平行六面体 $bdxdy$，其左右两端面所受的压力分别为 p 和 $p+dp$，上下两侧面所受的摩擦切应力分别为 $\tau+d\tau$ 和 τ，则受力平衡方程为

$$pbdy+(\tau+d\tau)bdx=(p+dp)bdy+\tau bdx$$

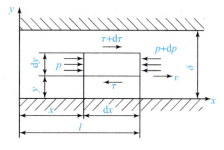

图1-19 固定平行平板缝隙的液流

对此方程进行整理积分后可得液体在固定平行平板缝隙中做压差流动的流量为

$$q_1=\int_0^\delta ubdy=b\int_0^\delta \frac{\Delta p}{2\mu l}(\delta-y)ydy=\frac{b\delta^3}{12\mu l}\Delta p \qquad (1-41)$$

从式（1-41）中可以看出，在压差作用下，流过固定平行平板缝隙的流量与缝隙厚度 δ 的三次方成正比，这说明液压元件内缝隙的大小对其泄漏量的影响是很大的。

② 流过相对运动平行平板缝隙的流量：当一平板固定，另一平板以速度 v_0 做相对运动时，由于液体存在黏性，故紧贴于动平板的油液以速度 v_0 运动，紧贴于固定平板的油液则保持静止，中间各层液体的流速呈线性分布，即液体做剪切流动。因为液体的平均流速 $v=\dfrac{v_0}{2}$，故由平板相对运动而使液体流过缝隙的流量为

$$q_2=vA=\frac{v_0}{2}b\delta \qquad (1-42)$$

式（1-42）为液体在平行平板缝隙中做剪切流动时的流量。

在一般情况下，相对运动平行平板缝隙中既有压差流动，又有剪切流动。因此，流过相对运动平行平板缝隙的流量为压差流量和剪切流量二者的代数和

$$q=\frac{b\delta^3}{12\mu l}\Delta p\pm\frac{u_0}{2}b\delta \qquad (1-43)$$

式中：u_0——平行平板间的相对运动速度。

式（1-43）中"±"号的确定方法如下：当长平板相对于短平板移动的方向和压差方向相同时取"+"号，方向相反时取"-"号。

（2）圆环缝隙的流量

在液压元件中，如液压缸的活塞和缸孔之间、液压阀的阀芯和阀孔之间都存在圆环缝隙，圆环缝隙有同心和偏心两种情况，它们的流量公式是有所不同的。

① 流过同心圆环缝隙的流量。图1-20所示为同心圆环缝隙的流量，其圆柱体直径为 d，缝隙厚度为 δ，缝隙长度为 l。如果将圆环缝隙沿圆周方向展开，就相当于一个平行平板缝隙。因此，只要用 πd 替代式（1-43）中的 b，就可得内、外表面之间有相对运动的同心圆环缝隙流量公式

$$q'=\frac{\pi d\delta^3}{12\mu l}\Delta p\pm\frac{u_0}{2}\pi d\delta \qquad (1-44)$$

当相对运动速度 $u_0=0$ 时，即为内、外表面之间无相对运动的同心圆环缝隙流量公式。

② 流过偏心圆环缝隙的流量：若圆环的内外圆不同心，偏心距为 e（见图 1-21），则形成偏心圆环缝隙，其流量公式为

$$q'' = \frac{\pi d \delta^3 \Delta p}{12 \mu l}(1 + 1.5\varepsilon^2) \pm \frac{\pi d \delta u_0}{2} \qquad (1-45)$$

式中：δ——内、外圆同心时的缝隙厚度；

ε——相对偏心率，即两圆偏心距 e 和同心环缝隙厚度 δ 的比值 $\varepsilon = e/\delta$。

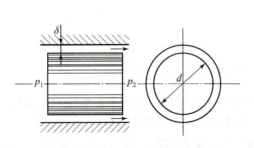

图 1-20　同心圆环缝隙的流量　　　图 1-21　偏心圆环缝隙的流量

由式（1-46）可以看到，当 $\varepsilon = 0$ 时，它就是同心圆环缝隙的流量公式；当 $\varepsilon = 1$ 时，即在最大偏心情况下，其压差流量为同心圆环缝隙压差流量的 2.5 倍。可见在液压元件中，为了减少圆环缝隙的泄漏，应使相互配合的零件尽量处于同心状态。

三、项目实施

1. 分工，知识点讨论

每组 6~8 人，设组长一名，负责过程材料的收集，具体讨论内容参照表 1-8。

表 1-8　知识点讨论

序号	知识点名称	讨论结果
1	液压弯管机工作原理	
2	液压弯管机液压油选用	
3	液压油加注事项	
4	液压油如何减少污染	
5	液压油泄漏原因分析	
6	液压弯管机压力分析	
7	液压弯管机弯管操作流程	

2. 检查弯管机

①检查外观，看有无损伤及明显漏油；

②打开放气螺塞，用干净金属丝检查油位，如果油位低，则加注液压油；

③插入压杆,分别压快泵和慢泵,看活塞杆是否顺利顶出;
④打开放油阀,看活塞杆是否顺利退回。

3. 样件试制

①将手动液压弯管机开关拧紧,支承轮和模子与被弯工件接触部位涂润滑油脂。

②根据所弯管材大小,选择相应的弯模,装在活塞杆顶端,将两个支承轮相应的尺寸槽面向着弯模,特别注意支承轮应放在翼板内侧对应尺寸孔内,最大支承轮对应最外侧孔,最小支承轮对应最内侧孔。其他以此类推。避免两支承轮位置不对称,损坏模子及机件。

③放好工件后将上翼板盖上,先用快泵使弯模压到工件外侧位置,再用慢泵将工件压到所需角度,弯好后打开放油阀,工作活塞将自动复位,翻开上翼板,将工件取出。

4. 压力分析计算

①分析慢泵和快泵的工作原理;
②分析不同弯管阶段采用慢泵或快泵的依据。

5. 制定项目建议书

①优化加工方法,并确定加工时间;
②计算加工量并提出建议。

6. 手动液压弯管机使用注意事项

①手动液压弯管机在使用前首先应检查油箱内的油是否充足,如不足应加满。

②工作前开关一定要关死,否则压力打不上,然后把加油螺塞拧松,以便油箱通气。

③所弯管材的外径一定要与弯模凹槽贴合,否则工件会产生凹瘪现象或将模子涨裂。

④焊接管的焊缝要处于弯曲处的正外侧或正内侧。弯曲过程中两支承轮要同时转动且工件在支承轮的凹槽内滑动,如单面不动应停止操作。

⑤手动液压弯管机平时要做好清洁保养工作,加油要清洁,一定要经80目以上的滤网过滤,且油滤装置要定期清洗。

⑥手动液压弯管机应使用15号机械油。

四、习题巩固

①与其他传动方式相比,液压传动有哪些主要的优点和缺点?
②试举出几个生产生活中用到的液压设备或液压装置。
③什么是液体的黏性?常用的黏度表示方法有哪几种?它们的表示符号和单位各是什么?
④试说明牌号为 L-HV-22 的液压油所表示的含义。

⑤以挖掘机液压传动系统为例,根据查阅的资料,说明如何选择液压油。

⑥液压油的污染有何危害?如何控制液压油的污染?

⑦如图 1-22 所示,液压缸直径 $D=150$ cm,活塞直径 $d=100$ cm,负载 F 为 5×10^4 N,若不计液压油自重及活塞或缸体质量,求图 1-9(a)和图 1-9(b)所示两种情况下的液压缸内的压力。

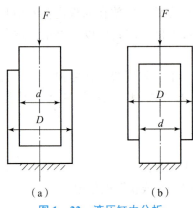

图 1-22　液压缸力分析

项目二　压力机液压系统的安装与调试

液压系统由动力元件、执行元件、控制元件以及一些必要的辅助元件组成，这些元件是组成液压系统最基本的单元。只有充分理解了各组成元件的工作原理、性能特点并正确识别其图形符号后，才能做好液压系统的设计、安装、使用、维护等工作。对液压系统而言，每个液压元件均要选好型、维护好，时刻为设备的正常运行保驾护航。同时，保障设备安全运行也是"生命重于泰山，责任担当在肩"的国家安全理念的体现，也是我国"人民群众获得感、幸福感、安全感更加充实、更有保障、更可持续，共同富裕取得新成效。"的体现。压力机是液压千斤顶在工程中应用的典型项目实例，本项目以压力机为载体引出液压系统的各组成部分，并针对常用液压元件进行了拆装与分析。

液压元件的崛起

一、项目引入

（一）项目介绍

某公司为大中型电机检修厂家，常做的工作是电机转子校直，为了节约成本与提高校直效率，公司要自制一台专用液压压力机，作为技术人员要在熟悉液压元件的基础上完成液压回路设计、液压元件选用及回路装调，要求在规定时间内完成上述任务，确保公司正常运营。

（二）项目任务

①认识液压系统组成及元件图形符号；
②常用液压泵的拆装与选用；
③常用液压阀件的选用；
④液压管件与油箱的选用；
⑤按液压回路原理图组装液压回路并进行调试。

（三）项目目标

①能够读懂液压系统原理图；
②正确识别液压原理图中图形符号所对应的液压元件；
③能合理选用泵、阀、缸、管路及油箱等常用液压元件；

④能够按液压回路图组装并调试回路；
⑤能够判别液压回路及元件的故障并进行相应处理。

二、知识储备

（一）液压系统组成及图形符号的认识

如图2－1所示，液压系统由油箱19、滤油器18、液压泵17、溢流阀13、开停阀10、节流阀7、换向阀5、液压缸2以及连接这些元件的油管和管接头等组成。其工作原理如下：液压泵由电动机驱动后，从油箱中吸油。油液经滤油器进入液压泵，油液在泵腔中由入口的低压经液压泵后在出口变为高压，在图2－1（a）所示状态下通过开停阀10、节流阀7、换向阀5进入液压缸左腔，推动活塞使工作台向右移动。这时液压缸右腔的油经换向阀5和回油管6排回油箱。如果将换向阀手柄转换成图2－1（b）所示状态，则压力管中的油将经过开停阀10、节流阀7和换向阀5进入液压缸右腔，推动活塞使工作台向左移动，并使液压缸左腔的油经换向阀5和回油管6排回油箱。工

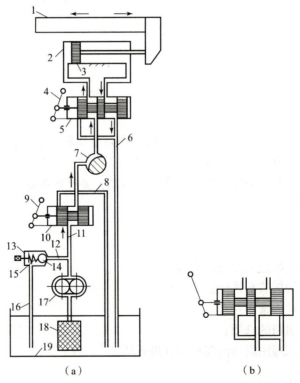

图2－1 机床工作台液压系统原理

1—工作台；2—液压缸；3—活塞；4—换向手柄；5—换向阀；6，8，16—油管；7—节流阀；
9—开停手柄；10—开停阀；11—压力管；12—压力支管；13—溢流阀；
14—钢球；15—弹簧；17—液压泵；18—滤油器；19—油箱

作台的移动速度是通过节流阀7来调节的。当节流阀7开大时，进入液压缸的油量增多，工作台的移动速度增大；当节流阀7关小时，进入液压缸的油量减小，工作台的移动速度减小。为了克服移动工作台时所受到的各种阻力，液压缸必须产生一个足够大的推力，这个推力是由液压缸中的油液压力所产生的。要克服的阻力越大，缸中的油液压力越高；反之压力就越低。

这种现象正说明了液压传动的一个基本原理——压力决定于负载。从机床工作台液压系统的工作过程可以看出，一个完整的、能够正常工作的液压系统，应该由以下几个主要部分组成：

①能源装置：它是供给液压系统压力油，把机械能转换成液压能的装置。最常见的就是液压泵。

②执行装置：它是把液压能转换成机械能的装置。通常包括做直线运动的液压缸和做回转运动的液压马达，它们又称为液压系统的执行元件。

③控制调节装置：它是对系统中的压力、流量或流动方向进行控制或调节的装置，如溢流阀、节流阀、换向阀、开停阀等。

④辅助装置：上述三部分之外的其他装置，例如油箱、滤油器、油管等。它们对保证系统正常工作是必不可少的。

⑤工作介质：传递能量的流体，即液压油等。

如图2-1所示的液压系统是一种半结构式的工作原理图，它具有直观性强、容易理解等优点，当液压系统发生故障时，根据原理图检查十分方便，但图形比较复杂，绘制比较麻烦。我国已经制定了一种用规定的图形符号来表示液压原理图中各元件和连接管路的国家标准，即"液压系统图图形符号（GB/T 786—1993~2001）"。此液压系统原理图可简化为图形符号图，如图2-2所示，使用这些图形符号可使液压系统图简单明了，且便于绘图。

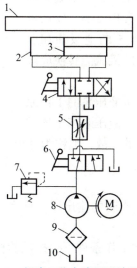

图2-2 机床工作台液压系统原理图

1—工作台；2—液压缸；3—活塞；4—换向阀；5—节流阀；6—开停阀；
7—溢流阀；8—液压泵；9—滤油器；10—油箱

对于图形符号有以下几条基本规定：

①符号只表示元件的职能及连接系统的通路，不表示元件的具体结构和参数，也不表示元件在机器中的实际安装位置。

②元件符号内的油液流动方向用箭头表示，线段两端都有箭头的，表示流动方向可逆。

③符号均以元件的静止位置或中间的零位置图表示，当系统的动作另有说明时，可例外。

（二）液压动力元件的认识

液压动力元件起着向系统提供动力的作用，是系统中不可缺少的核心元件。液压系统是以液压泵作为向系统提供一定的流量和压力的动力元件，它将原动机（电动机或内燃机）输出的机械能转换为工作液体的压力能，是一种能量转换装置。

1. 液压泵原理分析及参数的认识

（1）液压泵的工作原理

液压系统的动力元件通常为液压泵，其可为液压系统提供具有一定压力和流量的液压油。

图 2-3 所示为单柱塞液压泵的工作原理图。图中柱塞 2 安装在缸体 3 中形成一个密封容积 a，柱塞在弹簧 4 的作用下始终紧贴在偏心轮 1 上。当发动机驱动偏心轮 1 旋转时，柱塞 2 将做往复运动，使密封容积 a 的大小发生周期性的交替变化，当 a 由小变大时就形成部分真空，油箱中油液在大气压的作用下经吸油管顶开单向阀 5 进入油腔 a 而实现吸油；反之，当 a 由大变小时，a 腔中吸满的油液将顶开单向阀 6 流入系统而实现压油。发动机驱动偏心轮不断旋转，液压泵就不断地吸油和压油，这样液压泵就将发动机输入的机械能转换成液体的压力能输出。

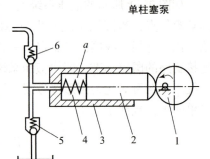

单柱塞泵

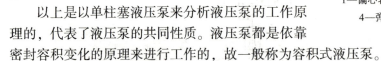

图 2-3 单柱塞液压泵工作原理图

1—偏心轮；2—柱塞；3—缸体；
4—弹簧；5，6—单向阀

以上是以单柱塞液压泵来分析液压泵的工作原理的，代表了液压泵的共同性质。液压泵都是依靠密封容积变化的原理来进行工作的，故一般称为容积式液压泵。

（2）液压泵的主要性能参数

①工作压力和额定压力。

a. 工作压力：液压泵实际工作时的输出压力称为工作压力。工作压力的大小取决于外负载。

b. 额定压力：液压泵在正常工作条件下，按试验标准规定连续运转的最高压力称为液压泵的额定压力。

c. 最高允许压力：在超过额定压力的条件下，根据试验标准规定，允许液压泵短暂运行的最高压力称为液压泵的最高允许压力。超过这个压力液压泵很容易损坏。

②排量和流量。

a. 排量 V：一般情况下，泵轴旋转一周，由其密封容积几何尺寸变化计算而得的排出液体的体积叫液压泵的排量，简称排量（m^3/r）。

b. 理论流量 q_t：在不考虑液压泵泄漏流量的情况下，在单位时间内所排出的液体体积的平均值。显然，如果液压泵的排量为 V，其主轴转速为 n，则该液压泵的理论流量 q_t 为

$$q_t = Vn \tag{2-1}$$

c. 实际流量 q：液压泵在某一具体工况下，单位时间内所排出的液体体积称为实际流量，它等于理论流量 q_t 减去泄漏流量 q_l，即

$$q = q_t - q_l \tag{2-2}$$

d. 额定流量 q_n：液压泵在正常工作条件下，按试验标准规定（如在额定压力和额定转速下）必须保证的流量。

③功率和效率。

a. 液压泵的功率损失。

● 容积损失：容积损失是指液压泵流量上的损失。液压泵的实际输出流量总是小于其理论流量，其主要原因是液压泵内部高压腔的泄漏、油液的压缩以及在吸油过程中由于吸油阻力太大、油液黏度大和液压泵转速高等而导致油液不能全部充满密封工作腔。液压泵的容积损失用容积效率来表示，它等于液压泵的实际输出流量 q 与其理论流量 q_t 之比，即

$$\eta_v = \frac{q}{q_t} = \frac{q_t - q_l}{q_t} = 1 - \frac{q_l}{q_t} \tag{2-3}$$

因此，液压泵的实际输出流量 q 为

$$q = q_t \eta_v = Vn \eta_v \tag{2-4}$$

式中：V——液压泵的排量（m^3/r）；

n——液压泵的转速（r/s）。

液压泵的容积效率随着液压泵工作压力的增大而减小，且随液压泵的结构类型不同而异，但恒小于 1。

● 机械损失：机械损失是指液压泵在转矩上的损失。液压泵的实际输入转矩 T_i 总是大于理论上所需要的转矩 T_t，其主要原因是液压泵体内相对运动部件之间因机械摩擦而引起的摩擦转矩损失，以及液体的黏性而引起的摩擦损失。液压泵的机械损失用机械效率表示，它等于液压泵的理论转矩 T_t 与实际输入转矩 T_i 之比，设转矩损失为 ΔT，则液压泵的机械效率为

$$\eta_m = \frac{T_t}{T_i} = \frac{T_t}{T_t + \Delta T} \tag{2-5}$$

b. 液压泵的功率。

● 输入功率 P_i：液压泵的输入功率是指作用在液压泵主轴上的机械功率，当输入转矩为 T_i、角速度为 ω 时，有

$$P_i = T_i \omega \tag{2-6}$$

• 输出功率 P：液压泵的输出功率是指液压泵在工作过程中的实际吸、压油口间的压差 Δp 和输出流量 q 的乘积，即

$$P = \Delta p q \qquad (2-7)$$

式中：Δp——液压泵吸、压油口之间的压力差（MPa）；

q——液压泵的实际输出流量（m³/s）；

P——液压泵的输出功率（W）。

在工程实际中，液压泵吸、压油的压力差的计量单位常用 MPa 表示，输出流量 q 用 L/min 表示，则液压泵的输出功率 P(kW) 可表示为

$$P = \frac{\Delta p q}{60} \qquad (2-8)$$

在实际的计算中，若油箱通大气，液压泵吸、压油的压力差往往用液压泵出口压力 p 代入。

c. 液压泵的总效率：液压泵的总效率是指液压泵的实际输出功率与其输入功率的比值，即

$$\eta = \frac{P}{P_i} = \frac{\Delta p q}{T_i \bar{\omega}} = \frac{\Delta p q_t \eta_V}{T_t \bar{\omega}/\eta_m} = \frac{\Delta p q_t}{T_t \bar{\omega}} \eta_V \eta_m \qquad (2-9)$$

由式（2-9）可知，液压泵的总效率等于其容积效率与机械效率的乘积，所以液压泵的输入功率也可写成

$$P_i = \frac{\Delta p q}{\eta} \qquad (2-10)$$

液压泵的各个参数和压力之间的关系如图 2-4 所示。

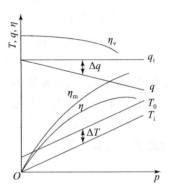

图 2-4 液压泵的特性曲线

2. 外啮合齿轮泵的结构分析

（1）齿轮泵的工作原理

齿轮泵是一种常用液压泵，其主要优点是结构简单、制造方便、价格低廉、体积小、重量轻、自吸性能好、对油液污染不敏感、工作可靠；其主要缺点是流量和压力的脉动大、噪声大、排量不可调。

外啮合齿轮泵主要由泵体、一对啮合的齿轮、泵轴和前后泵盖组成。

在图 2-5 中，齿轮泵右侧（吸油腔）齿轮脱开啮合，使密封容积增大，形成局部真空，油箱中的油液在外界大气压的作用下，经吸油管路、吸油腔进入齿间。随着齿轮的旋转，吸入齿间的油液被带到另一侧，进入压油腔。这时轮齿进入啮合，使密封容积逐渐减小，齿轮间部分的油液被挤出，形成了齿轮泵的压油过程。齿轮啮合时齿向接触线把吸油腔和压油腔分开，起到配油作用。

为了防止压力油从泵体和泵盖间泄漏到泵外，

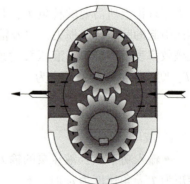

图 2-5 外啮合型齿轮泵工作原理

并减小压紧螺钉的拉力,在泵体两侧的端面上开有油封卸荷槽,使渗入泵体和泵盖间的压力油引入吸油腔。在泵盖和从动轴上的小孔的作用是将泄漏到轴承端部的压力油也引到泵的吸油腔去,防止油液外溢,同时也润滑了滚针轴承。

(2) 齿轮泵的结构特点

①齿轮泵的困油问题。

齿轮泵要连续地供油,就要求齿轮啮合的重叠系数 ε 大于1,也就是当一对齿轮尚未脱开啮合时,另一对齿轮已进入啮合,这样就出现同时有两对齿轮啮合的瞬间,在两对齿轮的齿向啮合线之间形成了一个封闭容积,一部分油液也就被困在这一封闭容积中[见图2-6(a)],齿轮连续旋转时,这一封闭容积便逐渐减小,到两啮合点处于节点两侧的对称位置时[见图2-6(b)],封闭容积为最小,齿轮再继续转动时,封闭容积又逐渐增大,直到如图2-6(c)所示位置时,容积变为最大。在封闭容积减小时,被困油液受到挤压,压力急剧上升,使轴承突然受到很大的冲击载荷,泵剧烈振动,这时高压油从一切可能泄漏的缝隙中挤出,造成功率损失,使油液发热等。当封闭容积增大时,由于没有油液补充,因此形成局部真空,使原来溶解于油液中的空气分离出来,形成了气泡,油液中产生气泡后会引起噪声、气蚀等现象。以上情况就是齿轮泵的困油现象,这种困油现象严重地影响了泵的工作平稳性和使用寿命。

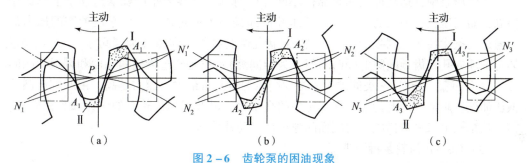

图2-6 齿轮泵的困油现象

为了消除困油现象,在CB-B型齿轮泵的泵盖上铣出两个困油卸荷凹槽,其几何关系如图2-7(a)所示。卸荷槽的位置应该使困油腔由大变小时,能通过卸荷槽与压油腔相通,而当困油腔由小变大时,能通过另一卸荷槽与吸油腔相通。两卸荷槽之间的距离为 a,必须保证在任何时候都不能使压油腔和吸油腔互通。

按上述对称开的卸荷槽,当困油封闭腔由大变至最小时,由于油液不易从即将关闭的缝隙中挤出,故封闭油压仍将高于压油腔压力;齿轮继续转动,当封闭腔和吸油腔相通的瞬间,高压油又突然和吸油腔的低压油相接触,会引起冲击和噪声。于是CB-B型齿轮泵将卸荷槽的位置整个向吸油腔侧平移了一个距离。这时封闭腔只有在由小变至最大时才和压油腔断开,油压没有突变,封闭腔和吸油腔接通时,封闭腔不会出现真空,也没有压力冲击,这样改进后使齿轮泵的振动和噪声得到了改善。

②齿轮泵的径向不平衡力。

齿轮泵工作时,齿轮和轴承承受径向液压力的作用。如图2-7(b)所示,泵的右侧为吸油腔,左侧为压油腔。在压油腔内有液压力作用于齿轮上,沿着齿顶的泄漏油具有大小不等的压力,即齿轮和轴承受到的径向不平衡力。液压力越高,这个不平衡力就越大，其不仅加速了轴承的磨损、降低了轴承的寿命，甚至使轴变形，造成齿顶和泵体内壁的摩擦等。为了解决径向力不平衡问题，在有些齿轮泵上开有压力平衡槽，以消除径向不平衡力，但这将使泄漏增多、容积效率降低等。CB－B型齿轮泵则采用缩小压油腔，以减小液压力对齿顶部分作用面积的方法来减小径向不平衡力，所以泵的压油口孔径比吸油口孔径要小。

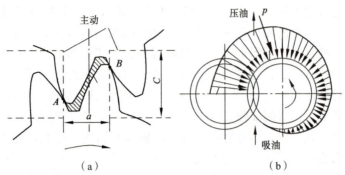

图2－7 齿轮泵的困油卸荷槽图及径向不平衡力

③齿轮泵的泄漏。

在液压泵中，运动件之间是靠微小间隙密封的，这些微小间隙从运动学上形成摩擦副，而高压腔的油液通过间隙向低压腔泄漏是不可避免的。齿轮泵压油腔的压力油可通过三条途径泄漏到吸油腔：一是通过齿轮啮合线处的间隙（齿侧间隙）；二是通过体定子环内孔和齿顶间隙的径向间隙（齿顶间隙）；三是通过齿轮两端面和侧板间的间隙（端面间隙）。在这三类间隙中，端面间隙的泄漏量最大，压力越高，由间隙泄漏的液压油液就越多，因此为了实现齿轮泵的高压化，以及提高齿轮泵的压力和容积效率，需要从结构上来采取措施，对端面间隙进行自动补偿。

(3) CB－B齿轮泵拆装训练

①齿轮泵的拆卸。

拆卸步骤：

第一步：拆卸螺栓，取出右端盖；

第二步：取出右端盖密封圈；

第三步：取出泵体；

第四步：取出被动齿轮和轴及主动齿轮和轴；

第五步：取出左端盖上的密封圈。

外啮合齿轮泵的拆装

②主要零件分析。

轻轻取出泵体，观察卸荷槽、消除困油槽及吸、压油腔等结构，弄清楚其作用。

a. 泵体：泵体的两端面开有压力卸荷槽c，由侧面泄漏的油液经卸荷槽流回吸油腔，这样可以降低泵体与端盖接合面间泄漏油的压力。从图2－8所示端盖剖切图中可以看到，左端进油口m通过孔d进入泵体的吸油腔，右端的排油腔通过孔e通到排油口n。

b. 端盖：左右端盖都铣有槽a和b，使轴向泄漏的油液经通道a和b流回吸油腔。端盖内侧还开有卸荷槽f和g，用来消除困油。端盖上吸油口大、压油口小，以减小作用在轴和轴承上的径向不平衡力。

c. 油泵齿轮：两个齿轮的齿数和模数都相等，轴向间隙直接由齿轮和泵体厚薄的公差来决定，齿轮与端盖间轴向间隙为 0.03～0.04 mm。

d. 齿轮泵轴承：齿轮泵被动轴承（短轴）承受着压油腔的液压力和两齿轮的啮合力，主动齿轮轴承（长轴）也承受着同样大小的两个力，但因被动齿轮所受两力的夹角小于主动齿轮，所以被动齿轮轴承比主动齿轮轴承容易磨损。

图 2-8　CB-B 齿轮泵的零件图

1—左端盖；2—泵体；3—右端盖；4—滚针轴承；5—密封环；6—密封座；
7—键；8—主动齿轮；9—长轴；10—短轴；11—被动齿轮

③齿轮泵的清洗。

液压元件在拆卸完成后或装配前，必须进行彻底清洗，以除去零部件表面黏附的防锈油、锈迹、铁屑、油泥等污物。不同零部件可以根据具体情况采取不同的清洗方法。比如，对于泵体等外部较粗糙的部件表面可以用钢丝刷、毛刷等工具进行刷洗，以去除黏附的铁锈、油泥等污物；对于啮合齿轮可以使用棉纱、抹布等进行擦洗；对于形状复杂的零件或者黏附的污垢比较顽固、难以用以上方法除去的零件，可采用浸洗的方法，即把零件先放在清洗液中浸泡一段时间后再进行清洗。

常用清洗液主要有汽油、煤油、柴油及氢氧化钠溶液等，因柴油不易挥发、成本低廉，故选用柴油作为清洗液。

清洗顺序：

第一步：清洗一对相互啮合的齿轮；

第二步：清洗齿轮轴；

第三步：清洗密封圈和轴承；

第四步：清洗泵体、泵盖和螺栓等。

④齿轮泵的装配。

装配步骤：

第一步：将主动齿轮（含轴）和从动齿轮（含轴）啮合后装入泵体内；

第二步：装左、右端盖的密封圈；

第三步：用螺栓将左端盖、泵体和右端盖拧紧；

第四步：用堵头将泵进、出油口密封（必须做这一步）。

拆装注意事项：

a. 拆装中应用铜棒敲打零部件，以免损坏零部件和轴承。

b. 拆卸过程中，遇到元件卡住的情况时，不要乱敲硬砸。

c. 装配时，遵循先拆的部件后安装、后拆的零部件先安装的原则，正确合理地进行安装，脏的零部件应用柴油清洗后才可安装，安装完毕后应使泵转动灵活、平稳、没有阻滞和卡死现象。

d. 装配齿轮泵时，先将齿轮、轴装在后泵盖的滚针轴承内，轻轻装上泵体和前泵盖，打紧定位销，拧紧螺栓，注意使其受力均匀。

3. 内啮合齿轮泵及螺杆泵结构原理分析

（1）螺杆泵

双螺杆泵

螺杆泵实质上是一种外啮合的摆线齿轮泵，它的主要工作部件是偏心螺旋体的凸螺杆（转子）和内表面呈双线螺旋面的凹螺杆（定子），螺杆可以有两个，也可以有三个。

图 2-9 所示为三螺杆泵的工作原理。三个互相啮合的双头螺杆泵装在壳体内，主动螺杆 3 为凸螺杆，从动螺杆 1 为两个凹螺杆，三个螺杆的啮合线把主动螺杆和从动螺杆的螺旋槽分隔成多个相互独立的密封工作腔。这些螺杆每转一周，密封腔内的液体向前推进一个螺距，随着螺杆的连续转动，液体以螺旋形方式从一个密封腔压向另一个密封腔，最后挤出泵体。密封腔形成时容积逐渐增大，从吸油口 2 处进行吸油；密封腔消失时容积逐渐缩小，将油从压油口 4 处压入下一个密封工作腔，依次传递，最后挤出泵体。螺杆泵的排量大小由密封工作腔的容积决定，螺杆直径越大，螺旋槽越深，排量就越大；螺杆越长，密封工作腔的个数就越多，密封性就越好，泵的额定压力就越高。

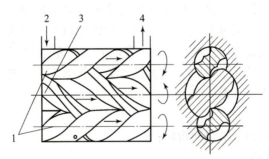

图 2-9 螺杆泵

1—从动螺杆；2—吸油口；3—主动螺杆；4—压油口

螺杆泵是一种新型的液压动力元件，具有结构简单、紧凑，运转平稳，出液连续均匀，噪声小，工作安全可靠的优点，特别适用于对压力和流量稳定性要求较高的精密机械。此外，螺杆泵容许采用高转速，其容积效率高（可达 90%～95%）、流量大，螺杆泵内的油液从吸油腔到压油腔为无搅动的提升，对油液的污染不敏感，因此常用来输送黏度较大的液体。

螺杆泵的主要缺点是齿形的加工工艺复杂，加工精度要求高，需要专门的加工设备,成本较高,故应用受到一定的限制。

(2)内啮合齿轮泵

内啮合齿轮泵的工作原理也是利用齿间密封容积的变化来实现吸、压油的。内啮合齿轮泵有渐开线齿轮泵和摆线齿轮泵两种,如图 2-10 所示。

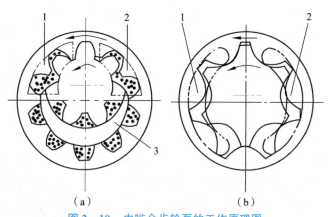

图 2-10 内啮合齿轮泵的工作原理图
1—吸油腔;2—压油腔;3—隔板;4,5—配油窗口

在渐开线齿形的内啮合齿轮泵中,小齿轮和内齿轮之间安装有一块月牙形的隔板 3,以便把吸油腔 1 和压油腔 2 隔开[见图 2-10(a)]。摆线形内啮合齿轮是由配油盘(前、后盖)、外转子(从动轮)和偏心安置在泵体内的内转子(主动轮)等组成。内、外转子相差一齿,如图 2-10(b)所示,内转子为六齿,外转子为七齿,由于内、外转子是多齿啮合,这就形成了若干密封容积。当内转子围绕中心旋转时,带动外转子绕外转子中心做同向旋转,这时由内转子齿顶和外转子齿谷间形成的密封容积随着转子的转动逐渐扩大,于是就形成局部真空,油液从配油窗口 4 被吸入密封腔,当转子继续旋转时,充满油液的密封容积便逐渐减小,油液受挤压,于是通过另一配油窗口 5 将油排出,内转子每转一周,由内转子齿顶和外转子齿谷所构成的密封容积完成吸、压油各一次,当内转子连续转动时,即完成了液压泵的吸、压油工作。

内啮合齿轮泵的外转子齿形是圆弧状,内转子齿形为短幅外摆线的等距线,故又称为内啮合摆线齿轮泵,也叫转子泵。

内啮合齿轮泵有许多优点,如结构紧凑、体积小、零件少、转速高(可达 10 000 r/min)、运动平稳、噪声低、容积效率较高等;缺点是流量脉动大,转子的制造工艺复杂等,目前已采用粉末冶金压制成形。随着工业技术的发展,内啮合齿轮泵的应用将会越来越广泛。

4. 叶片泵的结构原理分析

叶片泵的结构较齿轮泵复杂,但其工作压力较高,且流量脉动小、工作平稳、噪声较小、寿命较长,所以它被广泛应用于机械制造中的专用机床、自动线等中低液压系统中。但其结构复杂,吸油特性不太好,对油液的污染也比较敏感。

根据各密封工作容积在转子旋转一周吸、排油液次数的不同,叶片泵分为两类,即完成一次吸、排油液的单作用叶片泵和完成两次吸、排油液的双作用叶片泵。单作用叶片泵多为变量泵，工作压力最大为 7.0 MPa；双作用叶片泵均为定量泵，一般最大工作压力也为 7.0 MPa。此外，结构经改进的高压叶片泵最大的工作压力可达 16.0~21.0 MPa。

(1) 单作用叶片泵的组成及工作原理

①单作用叶片泵的组成。

单作用叶片泵由转子、定子、叶片、壳体及端盖等主要零件组成。

②单作用叶片泵的工作原理。

如图 2-11 所示，转子由传动轴带动绕自身中心旋转，定子是固定不动的，其中心在转子中心的正上方，二者偏心距为 e。当转子旋转时叶片在离心力或在叶片底部通有的压力油的作用下，使叶片紧靠在定子内表面，并在转子叶片槽内做往复运动。这样在定子内表面、转子外表面和端盖的空间内，每两个相邻叶片间形成密封的工作容积，如果转子逆时针方向旋转，在转子、定子中心连线的右半部，密封的工作容积（吸油腔）逐渐增大，形成局部真空，油箱中的液压油在大气压力的作用下被压入吸油腔，这就是叶片泵的吸油过程。同时在左半部，工作容积逐渐减小而压出液压油，这就是叶片泵的压油过程。转子旋转一周，叶片泵完成一次吸油和压油动作。因单作用叶片泵径向受力不平衡，所以又称为非平衡式叶片泵。

单作用叶片泵

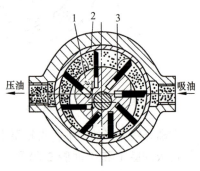

图 2-11 单作用叶片泵的工作原理
1—转子；2—定子；3—叶片

(2) 双作用叶片泵的组成及工作原理

①双作用叶片泵的组成。

图 2-12 所示为双作用叶片泵的工作原理及结构，在泵体内安装有定子、转子以及左右配油盘。转子上开有 12 条倾斜的槽，叶片安装在槽内。转子由传动轴带动，传动轴间用两个油封密封，以防止漏油和空气进入。

②双作用叶片泵的工作原理。

转子和定子是同心的，定子的内表面由两段大圆弧、两段小圆弧以及它们之间的四段过渡曲线所组成。当转子逆时针旋转时，叶片在离心力或叶片底部压力油的作用下紧靠在定子内表面。当叶片由短半径向长半径转动时，工作容积逐渐增大，形成局部真空，油箱中的液压油在大气压力的作用下被压入吸油腔，这就是叶片泵的吸油过程。当叶片由长半径向短半径转动时，工作容积逐渐减小而排出液体，这就是叶片泵的压油过程。当转子旋转一周时，叶片泵完成两次吸油和压油动作。因双作用叶片泵径向受力平衡，所以又称为平衡式叶片泵。

(3) 限压式变量叶片泵的工作原理

限压式变量叶片泵是单作用叶片泵，根据前面介绍的单作用叶片泵的工作原理，改变定子和转子间的偏心距 e 就能改变泵的输出流量。限压式变量叶片泵能借助输出压力的大小自动改变偏心距 e 的大小，以改变输出流量。当压力低于某一可调节的限定压

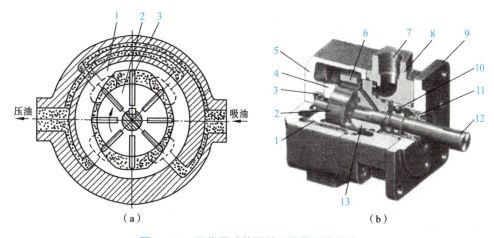

图 2-12 双作用叶片泵的工作原理及结构

（a）双作用叶片泵的工作原理图；
1—定子；2—转子；3—叶片；
（b）双作用叶片泵的主体结构图；
1—螺钉；2—转子；3，10—径向轴承；4—左配油盘；5—左泵体；6—定子；
7—压油口；8—右泵体；9—盖板；11—油封；12—传动轴；13—右配油盘

力时，泵的输出流量最大；当压力高于限定压力时，随着压力增加，泵的输出流量线性地减少，其工作原理如图 2-13 所示。泵的出口经通道 7 与活塞腔 6 相通。在泵未运转时，定子 2 在调压弹簧 9 的作用下紧靠活塞 4，并使活塞 4 靠在螺钉 5 上。这时定子和转子有一偏心量 e_0，调节螺钉 5 的位置便可改变 e_0。当泵的出口压力 p 较低时，则作用在活塞 4 上的液压力也较小，若此液压力小于左端的弹簧作用力，则当活塞的面积为 A、调压弹簧的刚度为 k_s、预压缩量为 x_0 时，有

$$pA < k_s x_0 \tag{2-11}$$

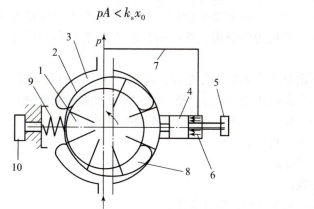

图 2-13 限压式变量叶片泵的工作原理

1—转子；2—定子；3—吸油窗口；4—活塞；5—螺钉；6—活塞腔；
7—通道；8—压油窗口；9—调压弹簧；10—调压螺钉

此时，定子相对于转子的偏心量最大，输出流量最大。随着外负载的增大，液压泵的出口压力 p 也将随之提高，当压力升至与弹簧力相平衡的控制压力 p_B 时，有

$$p_B A = k_s x_0 \quad (2-12)$$

当压力进一步升高，$pA > k_s x_0$ 时，若不考虑定子移动时的摩擦力，液压作用力就要克服弹簧力推动定子向上移动，随之泵的偏心量减小，泵的输出流量也减小。p_B 称为泵的限定压力，即泵处于最大流量时所能达到的最高压力，调节调压螺钉 10 可改变弹簧的预压缩量 x_0，即可改变 p_B 的大小。

设定子的最大偏心量为 e_0，偏心量减小时，弹簧的附加压缩量为 x，则定子移动后的偏心量 e 为

$$e = e_0 - x \quad (2-13)$$

这时，定子上的受力平衡方程式为

$$pA = k_s(x_0 + x) \quad (2-14)$$

将式（2-12）、式（2-14）代入式（2-13）可得

$$e = e_0 - A(p - p_B)/k_s \quad (p > p_B) \quad (2-15)$$

式（2-15）表示了泵的工作压力与偏心量的关系，由式（2-15）可以看出，泵的工作压力越高，偏心量就越小，泵的输出流量也就越小，且当 $p = k_s(e_0 + x_0)/A$ 时，泵的输出流量为零，控制定子移动的作用力是将液压泵出口的压力油引到柱塞上，然后再加到定子上去，这种控制方式称为外反馈式。

(4) 限压式变量叶片泵与双作用叶片泵的区别

①在限压式变量叶片泵中，当叶片处于压油区时，叶片底部通压力油，而当叶片处于吸油区时，叶片底部通吸油腔，这样叶片的顶部和底部的液压力基本平衡，即避免了定量叶片泵在吸油区定子内表面严重磨损的问题。如果在吸油腔叶片底部仍通压力油，叶片顶部就会给定子内表面以较大的摩擦力，以致减弱了压力反馈的作用。

②叶片也有倾角，但倾斜方向正好与双作用叶片泵相反，这是因为限压式变量叶片泵的叶片上、下压力是平衡的，叶片在吸油区向外运动主要依靠其旋转时的离心惯性作用。根据力学分析，这样的倾斜方向更有利于叶片在离心惯性作用下向外伸出。

③限压式变量叶片泵结构复杂，轮廓尺寸大，相对运动的机件多，泄漏量较大，轴上承受不平衡的径向液压力，噪声较大，容积效率和机械效率都没有定量叶片泵高，但是它能按负载压力自动调节流量，在功率使用上较为合理，可减少油液发热的现象。

(5) 叶片泵拆装训练

①叶片泵拆卸。

拆卸步骤：

第一步：卸下螺栓，拆开泵体；

第二步：取出右配油盘；

第三步：取出转子和叶片；

第四步：取出定子，取出左配油盘。

单作用叶片泵拆装

②主要零件分析，如图 2-14 所示。

a. 定子和转子：定子内表面曲线由四段圆弧和四段过渡曲线组成，过渡曲线可保

证叶片紧贴在定子内表面上,并保证叶片在转子槽中运动时速度和加速度均匀变化,以减少叶片对定子内表面的冲击。转子的外表面是圆柱面,转子中心固定,开有沟槽以安置叶片。

b. 叶片:该泵共有 12 个叶片,流量脉动较小。叶片安装倾角为 13°,有利于叶片在叶片槽中灵活移动,防止卡死,并可减少磨损。

c. 配油盘:油液从吸油口 m 经过空腔 a,从左、右配油盘的吸油窗口 b 吸入,压力油从压油窗口 c 经右配油盘中的环形槽 d 及右泵体中的环形槽 e,从压油口 n 压出。在配油盘断面开有环槽 f,与叶片槽底部 r 相通,右配油盘上的环槽又通过孔 h 与压油窗口 c 相通,这样压力油就可以进入到叶片底部。叶片在压力油和离心力的作用下压向定子表面,保证紧密接触以减少泄漏。在配油盘的压油窗口一边开一条小三角卸荷槽(又称眉毛槽)s,使两叶片之间的封闭油液在未进入压油区之前就通过该三角槽与液压油相通,使其压力逐渐上升,因而减缓了流量和压力脉动并降低了噪声。从转子两侧泄漏的油液,通过传动轴与右配油盘空中的间隙从 g 孔流回吸油腔 b。

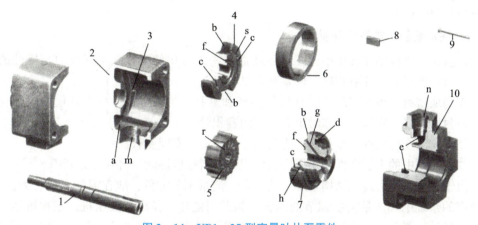

图 2-14 YB1-25 型定量叶片泵零件

1—传动轴;2—左泵体;3—定位孔;4—左配油盘;5—转子;
6—定子;7—右配油盘;8—叶片;9—螺钉;10—右泵体

③叶片泵的清洗。

第一步:清洗叶片和转子;

第二步:清洗定子;

第三步:清洗配油盘和密封圈;

第四步:清洗轴承;

第五步:清洗泵体、泵盖和螺栓。

④叶片泵的装配。

第一步:将叶片装入转子内(注意叶片的安装方向);

第二步:将配油盘装入左泵体内,再放进定子;

第三步:将装好的转子放入定子内;

第四步:插入传动轴和配油盘(注意配油盘的方向);

第五步:装上密封圈和右泵体,用螺栓拧紧。

拆装注意事项：

a. 拆解叶片泵时，先用内六方扳手按对称位置松开后泵体上的螺栓后，再取下螺栓，用铜棒轻轻敲打，使花键轴和前泵体及泵盖部分从轴承上脱下，把叶片分成两部分。

b. 观察后泵体内定子、转子、叶片、配油盘的安装位置，分析其结构、特点，了解工作过程。

c. 取下泵盖，取出花键轴，观察所用的密封元件，理解其特点和作用。

d. 当在拆卸过程中遇到元件卡住的情况时，不要乱敲硬砸。

e. 装配前，各零件必须仔细清洗干净，不得有切屑磨粒或其他污物。

f. 装配时，遵循先拆的部件后安装、后拆的零部件先安装的原则，进行正确合理的安装，注意配油盘、定子、转子、叶片应保持正确装配方向，安装完毕后应使泵转动灵活，没有卡死现象。

g. 叶片在转子槽内，配合间隙为 $0.015 \sim 0.025$ mm；叶片高度略低于转子的高度，其值为 0.005 mm。

5. 柱塞泵的结构原理分析

柱塞泵是靠柱塞在缸体中做往复运动造成密封容积的变化来实现吸油与压油的液压泵，与齿轮泵和叶片泵相比，柱塞泵有以下优点：

①构成密封容积的零件为圆柱形的柱塞和缸孔，加工方便，可得到较高的配合精度，密封性能好，在高压工作时仍有较高的容积效率。

②只需改变柱塞的工作行程就能改变流量，易于实现变量。

③柱塞泵中的主要零件均受压应力作用，材料强度性能可得到充分利用。

由于柱塞泵压力高、结构紧凑、效率高、流量调节方便，故在需要高压、大流量、大功率的系统中和流量需要调节的场合，如龙门刨床、拉床、液压机、工程机械、矿山冶金机械、船舶上得到广泛的应用。柱塞泵按柱塞的排列和运动方向不同，可分为径向柱塞泵和轴向柱塞泵两大类。

（1）径向柱塞泵

径向柱塞泵的工作原理如图 2－15 所示，柱塞 1 径向排列装在缸体 2 中，缸体由原动机带动连同柱塞 1 一起旋转，所以缸体 2 一般称为转子，柱塞 1 在离心力的（或在低压油）作用下抵紧定子 4 的内壁，当转子按图示方向回转时，由于定子和转子之间有偏心距 e，柱塞绕经上半周时向外伸出，柱塞底部的容积逐渐增大，形成部分真空，因此便经过衬套 3（衬套 3 是压紧在转子内，并和转子一起回转）上的油孔从配油轴 5 和吸油口 b 吸油；当柱塞转到下半周时，定子内壁将柱塞向里推，柱塞底部的容积逐渐减小，向配油轴的压油口 c 压油，当转子回转一周时，每个柱塞底部的密封容积完成一次吸、压油，转子连续运转，即完成吸、压油工作。配油轴固定不动，油液从配油轴上半部的两个孔 a 流入，从下半部两个油孔 d 压出，为了进行配油，配油轴在和衬套 3 接触的一段加工出上、下两个缺口，形成吸油口 b 和压油口 c，留下的部分形成封油区。封油区的宽度应能封住衬套上的吸压油孔，以防吸油口和压油口相连通，但尺寸也不能大得太多，以免产生困油现象。

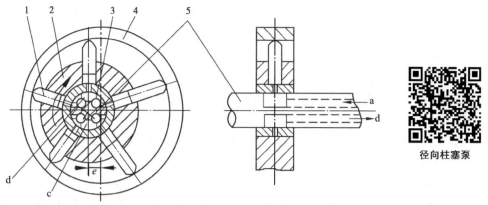

图 2-15　径向柱塞泵的工作原理

1—柱塞；2—缸体；3—衬套；4—定子；5—配油轴；a—孔；b—吸油口；c—压油口

（2）轴向柱塞泵

轴向柱塞泵是将多个柱塞配置在一个共同缸体的圆周上，并使柱塞中心线和缸体中心线平行的一种泵。轴向柱塞泵有两种形式，直轴式（斜盘式）和斜轴式（摆缸式）。图 2-16 所示为直轴式轴向柱塞泵的工作原理，这种泵主体由缸体 1、配油盘 2、柱塞 3 和斜盘 4 组成。柱塞沿圆周均匀分布在缸体内。斜盘轴线与缸体轴线倾斜一角度，柱塞靠机械装置或在低压油作用下压紧在斜盘上（图中为弹簧），配油盘 2 和斜盘 4 固定不转，当原动机通过传动轴使缸体转动时，由于斜盘的作用，迫使柱塞在缸体内做往复运动，并通过配油盘的配油窗口进行吸油和压油。如图 2-16 所示回转方向，当缸体转角为 $\pi \sim 2\pi$ 时，柱塞向外伸出，柱塞底部缸孔的密封工作容积增大，通过配油盘的吸油窗口吸油；在 $0 \sim \pi$ 范围内，柱塞被斜盘推入缸体，使缸孔容积减小，通过配油盘的压油窗口压油。缸体每转一周，每个柱塞各完成吸、压油一次，如改变斜盘倾角大小，就能改变柱塞行程的长度，即改变液压泵的排量，改变斜盘倾角方向就能改变吸油和压油的方向，即成为双向变量泵。

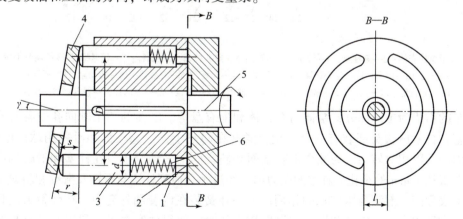

图 2-16　直轴式轴向柱塞泵的工作原理

1—缸体；2—配油盘；3—柱塞；4—斜盘；5—传动轴；6—弹簧

配油盘上吸油窗口和压油窗口之间的密封区宽度应稍大于柱塞缸体底部通油孔宽度，但不能相差太大，否则会发生困油现象。一般在两配油窗口的两端部开有小三角槽，以减小冲击和噪声。

斜轴式轴向柱塞泵的缸体轴线相对传动轴轴线成一倾角，传动轴端部用万向铰链、连杆与缸体中的每个柱塞相连接，当传动轴转动时，通过万向铰链、连杆使柱塞和缸体一起转动，并迫使柱塞在缸体中做往复运动，借助配油盘进行吸油和压油。这类泵的优点是变量范围大，泵的强度较高，但和上述直轴式相比，其结构较复杂，外形尺寸和重量均较大。

轴向柱塞泵的优点是：结构紧凑、径向尺寸小、惯性小、容积效率高，目前最高压力可达 40.0 MPa，甚至更高，一般用于工程机械、压力机等高压系统中，但其轴向尺寸较大，轴向作用力也较大，结构比较复杂。

图 2 – 17 所示为 10SCY14 – 1B 型轴向柱塞泵结构，该泵斜盘部分带有手动变量机构，通过调整斜盘倾角 γ 即可改变其排量，γ 角越大，排量越大，因此也是一种变量泵。

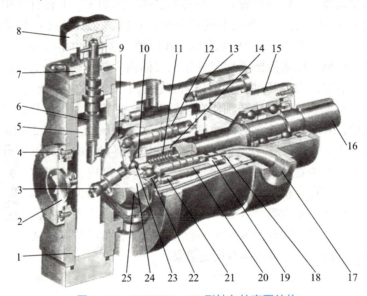

图 2 – 17　10SCY14 – 1B 型轴向柱塞泵结构

1—变量机构壳体；2—刻度盘；3—轴销；4—端盖；5，12—柱塞；6—螺杆；7—锁紧螺母；8—调节手轮；9—滑靴；10—内套；11—定心弹簧；13—泵体；14—外套；15—右泵盖；16—传动轴；17—吸油口；18—配油盘；19—缸体；20—缸套；21—滚柱轴承；22—压盘；23—钢球；24—斜盘；25—耳轴

泵的右边为主体部分，泵体内有缸体和配有盘等。缸体的 7 个轴向孔中各装有一个柱塞，柱塞球状头部装有一个滑靴，紧贴在斜盘上，柱塞头部和滑靴用球面配合，配合面间可以相对转动。为减少滑靴端面和斜盘间的滑动磨损，在柱塞和滑靴的中心加工有直径 1 mm 的小孔，缸中的压力油可经过小孔通到柱塞与滑靴及滑靴和斜盘的相对滑动表面间，起到静压支承的作用。定心弹簧装在内套和外套中，在弹簧力的作用下，一方面内套通过钢球和压盘将滑靴压向斜盘，使得柱塞在吸油位置时具有自吸能力，同时弹簧力又使得外套压在缸体的左端面上，和缸内的压力油作用力一起，使缸体和配油盘接触良好，减少泄漏。缸体用铝青铜制成，外面镶有缸套，并装在滚柱轴

承上，以支承斜盘作用在缸体上的径向分力。当传动轴带动缸体回转时，柱塞就在缸内做往复运动，缸底部的弧形孔经配油盘上的吸、压配油窗口配油，以完成吸油和压油过程。

泵的左边为手动变量机构。斜盘两侧有两个耳轴支承在变量壳体前后相应的圆柱面上，故斜盘能在变量壳体内摆动。通过转动调节手轮可使螺杆转动，从而带动柱塞做上下轴向运动，同时通过轴销使斜盘摆动，并通过装在柱塞上的销子和拨叉带动左端的刻度盘旋转，这样就可以观察柱塞上下的移动量，从而知道所调解流量的大小。调解好流量后，用锁紧螺母锁紧。

（3）柱塞泵的拆卸装

①拆卸步骤。

第一步：拆卸螺栓，取下左泵盖及其密封圈；

第二步：取出配油盘；

第三步：拆卸螺栓，取下右泵盖；

第四步：取出斜盘；

第五步：取出柱塞、滑靴和压盘；

第六步：从左端盖左侧将传动轴上的卡环取出，即可卸下传动轴。

②主要零部件分析。

a. 缸体：缸体用铝青铜制成，它上面有 7 个与柱塞相配合的圆柱孔，加工精度很高，以保证既能相对滑动，又有良好的密封性能。缸体中心开有花键孔与传动轴相配合。缸体右端面与配油盘相配合。缸体外表面镶有钢套并装在滚动轴承上。

b. 柱塞与滑靴：柱塞的球头与滑履铰接。柱塞在缸体内做往复运动，并随缸体一起转动。滑靴随柱塞做轴向运动，并在斜盘的作用下绕柱塞球头中心摆动，使滑靴平面与斜盘斜面贴合。柱塞和滑靴中心开有直径 1 mm 的小孔，缸中的压力油可进入柱塞和滑靴及滑靴和斜盘间的相对滑动表面，形成油膜，起静压支承作用，以减小这些零件的磨损。

c. 定心弹簧机构：定心弹簧通过内套、钢球和压盘将滑履压向斜盘，使柱塞得到回程运动，从而使泵具有较好的自吸能力。同时，弹簧又通过外套使缸体紧贴配油盘，以保证泵启动时基本无泄漏。

d. 配油盘：如图 2-18 所示，配油盘上开有两条月牙形配流窗口 a、b。外圈的环形槽 f 是卸荷槽，与回油相通，使直径超过卸荷槽的配油盘端面上的压力降低到零，保证配油盘端面可靠贴合。两个通孔 c（相当于叶片泵配油盘上的三角槽）起到减少冲击和降低噪声的作用。4 个小盲孔起储油润滑作用。配油盘下端的缺口用来与右泵盖准确定位。

e. 滚动轴承：用来承受斜盘作用在缸体上的径向力。

f. 变量机构：变量柱塞装在变量壳体内，并与螺杆相连。斜盘前后有两根耳轴支承在变量壳体上，并可绕耳轴中心线摆动。斜盘中部装有销轴，其左侧球头插入变量柱塞的孔内。转动调节手轮，螺杆带动变量柱塞上下移动，通过销轴使斜盘摆动，从而改变了斜盘倾角 γ，达到变量的目的。

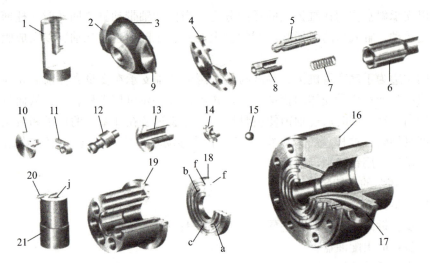

图 2-18　10SCY14-1B 型轴向柱塞泵零件

1，5，21—柱塞；2，9—耳轴；3—斜盘；4—压盘；6—传动轴；7—定心弹簧；8—内套；
10—刻度盘；11—拨叉；12—轴销；13—外套；14—滑靴；15—钢球；16—右泵盖；
17—吸油口；18—配油盘；19—缸体；20—销子

③柱塞泵的清洗。

第一步：清洗柱塞、滑靴和回转缸体；

第二步：清洗变量机构阀芯（变量泵）；

第三步：清洗斜盘、压板和密封圈；

第四步：清洗轴承；

第五步：清洗泵体、泵盖和螺栓。

④柱塞泵的装配。

第一步：将柱塞装入压板内，并装入内套，再装入回转缸体内；

第二步：将传动轴装入左泵盖，再安装配油盘和密封圈；

第三步：装泵体后，拧紧螺栓，再装入回转缸体；

第四步：安装斜盘；

第五步：在右泵盖装上密封圈后，用螺栓将右泵盖和泵体相连。

拆装注意事项：

a. 拆卸轴向柱塞泵时，先拆下变量机构，取出斜盘、柱塞、压盘、套筒、弹簧、钢球，注意不要损伤元件，观察、分析其结构特点，弄清各自的作用。

b. 轻轻敲打泵体，取出缸体，拆卸螺栓，分开泵体为中间泵体和前泵体，注意观察、分析其结构特点，弄清楚各自的作用，尤其注意配油盘的结构和作用。

c. 在拆卸过程中，遇到元件卡住的情况时不要乱敲硬砸。

d. 装配时，先装中间泵体和前泵体，注意装好配油盘，之后装上弹簧、套筒、钢球、压盘、柱塞；在变量机构上装好斜盘，最后用螺栓把泵体和变量机构连接为一体。

e. 装配中，注意不能最后把花键轴装入缸体的花键槽中，更不能猛烈敲打花键轴，避免花键轴推动钢球顶坏压盘。

f. 安装时，遵循先拆的部件后安装、后拆的零部件先安装的原则，安装完毕后应使花键轴带动缸体转动灵活，没有卡死现象。

6. 液压泵的选用

液压泵是液压系统提供一定流量和压力的油液动力元件，它是每个液压系统不可缺少的核心元件，合理地选择液压泵对于降低液压系统的能耗、提高系统的效率、降低噪声、改善工作性能和保证系统的可靠工作都十分重要。

选择液压泵的原则是：根据主机工况、功率大小和系统对工作性能的要求，首先确定液压泵的类型，然后按系统所要求的压力、流量大小确定其规格型号。

一般来说，由于各类液压泵各自突出的特点，其结构、功用和动转方式各不相同，因此应根据不同的使用场合选择合适的液压泵。一般在机床液压系统中，往往选用双作用叶片泵和限压式变量叶片泵；而在筑路机械、港口机械以及小型工程机械中往往选择抗污染能力较强的齿轮泵；在负载大、功率大的场合往往选择柱塞泵，比如汽车空调压缩机和柴油高压油泵采用的就是柱塞泵。

表2-1列出了液压系统中常用液压泵的主要性能比较及应用。

表2-1 各类常用液压泵的性能比较及应用

性能参数＼类型	齿轮泵			叶片泵		螺杆泵	柱塞泵	
	内啮合		外啮合	单作用	双作用		轴向	径向
	渐开线式	摆线式						
输出压力	低压			中压	中压	低压	高压	
流量调节	不能			能	不能	不能	能	
效率	较高		低	较高	较高	高		
自吸能力	好			中		好	差	
输出流量脉动	小		很大	很小		最小	一般	
对油液污染敏感性	不敏感			较敏感		不敏感	很敏感	
噪声	小		大	较大	小	最小	大	
价格	较低	低	最低	中		中低	高	高
应用范围	机床、农业机械、工程机械、航空、船舶、一般机械等			机床、注塑机、工程机械、液压机、飞机等		精密机床及机械、食品化工、石油、纺织机械等	工程机械、运输机械、锻压机械、船舶和飞机、机床和液压机等	

（三）液压执行元件的认识

液压执行元件是将液体液力能转换为机械能，用以实现工作装置运动的一种装置，通常包括液压缸和液压马达两种形式。液压缸用来实现工作装置的直线往复运动或摆动，液压马达用来实现工作装置的旋转运动。

1. 活塞式液压缸的结构原理分析

液压缸又称为油缸，它是液压系统中的一种重要的执行元件，其功能就是将液压能转变成直线往复式的机械运动。液压缸按其结构不同分为活塞缸、柱塞缸和摆动缸三类。工程机械常用活塞缸。

活塞缸用以实现直线运动，输出推力和速度。活塞缸又可分为双杆式和单杆式两种结构，双杆式指的是活塞的两侧都有伸出杆，单杆式指的是活塞的一侧有伸出杆。活塞缸的固定方式有缸体固定和活塞杆固定两种，如图 2–19 所示。

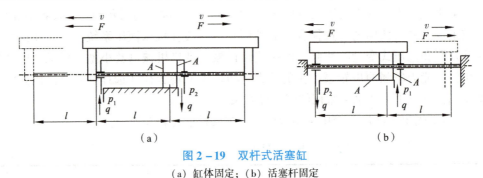

图 2–19 双杆式活塞缸
(a) 缸体固定；(b) 活塞杆固定

活塞式液压缸根据其使用要求不同可分为双杆式和单杆式两种。

(1) 双杆式活塞缸

活塞两端都有一根直径相等的活塞杆伸出的液压缸称为双杆式活塞缸，它一般由缸体、缸盖、活塞、活塞杆和密封件等构成。根据安装方式不同可分为缸筒固定式和活塞杆固定式两种。

图 2–19 (a) 所示为缸筒固定式的双杆活塞缸。它的进、出口布置在缸筒两端，活塞通过活塞杆带动工作台移动，当活塞的有效行程为 l 时，整个工作台的运动范围为 $3l$，所以机床占地面积大，一般适用于小型机床。当工作台行程要求较长时，可采用如图 2–19 (b) 所示的活塞杆固定的形式，这时缸体与工作台相连，活塞杆通过支架固定在机床上，动力由缸体传出。这种安装形式中，工作台的移动范围只等于液压缸有效行程的两倍（$2l$），因此占地面积小；进、出油口可以设置在固定不动的空心的活塞杆的两端，但必须使用软管连接。

由于双杆活塞缸两端的活塞杆直径通常是相等的，因此它左、右两腔的有效面积也相等，当分别向左、右腔输入相同压力和相同流量的油液时，液压缸左、右两个方向的推力和速度相等。当活塞的直径为 D，活塞杆的直径为 d，液压缸进、出油腔的压力为 p_1 和 p_2，输入流量为 q 时，双杆活塞缸的推力 F 和速度 v 为

$$F = A(p_1 - p_2) = \pi(D^2 - d^2)(p_1 - p_2)/4 \qquad (2-16)$$

$$v = \frac{q}{A} = \frac{4q}{\pi(D^2 - d^2)} \qquad (2-17)$$

式中：A——活塞的有效工作面积。

双杆活塞缸在工作时，一个活塞杆受拉而另一个活塞杆不受力，因此这种液压缸

的活塞杆可以做得细些。

(2) 单杆式活塞缸

如图2-20所示，单杆式活塞缸中活塞只有一端带活塞杆，其有缸体固定和活塞杆固定两种形式，但它们的工作台移动范围都是活塞有效行程的两倍。

单杆活塞缸

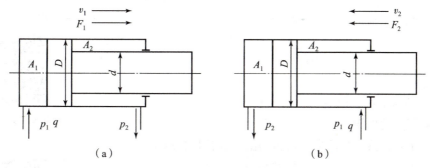

图2-20 单杆式活塞缸

由于液压缸两腔的有效工作面积不同，因此它在两个方向上的输出推力和速度也不同，其值分别为

$$F_1 = (p_1 A_1 - p_2 A_2) = \pi[(p_1 - p_2)D^2 + p_2 d^2]/4 \qquad (2-18)$$

$$F_2 = (p_1 A_2 - p_2 A_1) = \pi[(p_1 - p_2)D^2 - p_1 d^2]/4 \qquad (2-19)$$

$$v_1 = \frac{q}{A_1} = \frac{4q}{\pi D^2} \qquad (2-20)$$

$$v_2 = \frac{q}{A_2} = \frac{4q}{\pi(D^2 - d^2)} \qquad (2-21)$$

由于 $A_1 > A_2$，故 $F_1 > F_2$，$v_1 < v_2$。如把两个方向上的输出速度 v_2 和 v_1 的比值称为速度比，记作 λ_v，则 $\lambda_v = 1 - (d/D)^2$。因此，$d = D\sqrt{(\lambda_v - 1)/\lambda_v}$，若已知 D 和 λ_v，则可确定 d 值。

差动缸：单杆式活塞缸在其左、右两腔都接通高压油时称为差动连接缸，如图2-21所示。

差动连接缸左、右两腔的油液压力相同，但是由于左腔（无杆腔）的有效面积大于右腔（有杆腔）的有效面积，故活塞向右运动，同时使右腔中排出的油液（流量为 q'）也进入左腔，加大了流入左腔的流量 ($q + q'$)，从而也加快了活塞移动的速度。实际上活塞在运动时，由于差动连接时两腔间的管路中有压力损失，所以右腔中油液的压力稍大于左腔中油液压力，而这个差值一般都较小，可以忽略不计，则差动连接时活塞推力 F_3 和运动速度 v_3 为

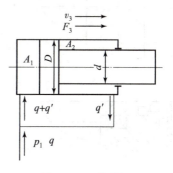

图2-21 差动缸

$$F_3 = p_1(A_1 - A_2) = p_1 \pi d^2/4 \qquad (2-22)$$

$$v_3 = 4q/\pi d^2 \qquad (2-23)$$

进入无杆腔的流量为

$$q_1 = v_3 \frac{\pi D^2}{4} = q + v_3 \frac{\pi(D^2 - d^2)}{4}$$

由式（2-22）、式（2-23）可知，差动连接时液压缸的推力比非差动连接时小，速度比非差动连接时大，利用这一点，可使在不加大油源流量的情况下得到较快的运动速度，这种连接方式被广泛应用于组合机床的液压动力系统和其他机械设备的快速运动中。如果要求机床往返速度相等，则由式（2-22）和式（2-23）得

$$\frac{4q}{\pi(D^2 - d^2)} = \frac{4q}{\pi d^2} \quad (2-24)$$

即 $D = \sqrt{2}d$。

（3）液压缸拆装训练

① 液压缸的拆卸。

第一步：将液压缸两端的端盖与缸筒连接螺栓取下；

第二步：依次取下端盖、活塞组件、端盖与缸筒端面之间的密封圈、缸筒；

第三步：分解端盖、活塞组件等；

第四步：拆除连接件；

第五步：依次取下活塞、活塞杆及密封元件。

② 主要零部件分析。

a. 缸筒组件：由缸筒、端盖、密封件及连接件等组成。工程机械液压缸的缸筒通常用无缝钢管制成，缸筒内径需较高的加工精度，外部表面可不加工。缸盖一般采用35号、45号钢锻件或ZG35、ZG45铸件。缸筒与端盖的连接形式有法兰式、卡环式、拉杆式、焊接式和螺纹式等，如图2-22所示。

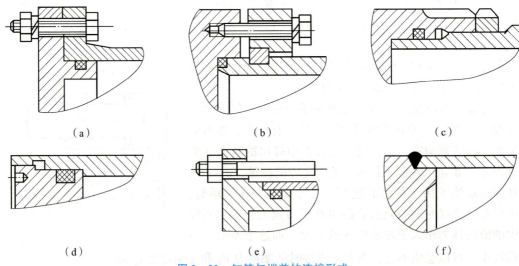

图2-22 缸筒与端盖的连接形式

(a) 法兰式；(b) 卡环式；(c) 外螺纹式；(d) 内螺纹式；(e) 拉杆式；(f) 焊接式

b. 活塞组件：活塞组件由活塞、活塞杆、密封元件及其连接件组成。活塞材料通常采用钢或铸铁；活塞杆可用 35 号、40 号钢或无缝钢管制成，为了提高耐磨性和防锈性，活塞杆表面需镀铬并抛光。对挖掘机、推土机或装载机用的液压缸的活塞杆，由于碰撞机会多，故工作表面应先经过高频淬火，然后再镀铬。活塞与活塞杆的连接形式有螺纹连接和卡环式连接等，如图 2-23 所示。

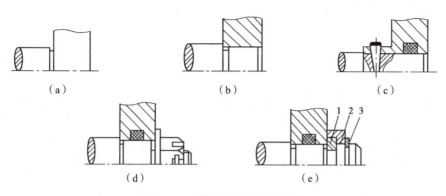

图 2-23 活塞和活塞杆的连接
(a) 整体式；(b) 焊接式；(c) 推销式；(d) 螺纹式；(e) 卡环式

c. 密封装置：液压缸的密封装置的作用是防止油液泄漏。液压缸的密封部位主要指缸筒与端盖、活塞与缸筒、活塞与活塞杆及活塞杆与端盖（或导向套）之间的密封。常见的密封元件有 O 型密封圈、Y 型密封圈、V 型密封圈、滑环式组合密封圈和 J 型防尘圈等。滑环式组合密封圈由聚四氟乙烯滑环和弹性体组成，弹性体有 O 型和矩形橡胶密封圈两种。此外，滑环与金属的摩擦系数小，因而耐磨。常用的密封方式如图 2-24 所示，其中图 2-24 (a) 所示为非接触式密封，图 2-24 (b) ~ 图 2-24 (d) 所示为接触式密封。

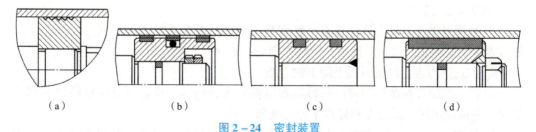

图 2-24 密封装置
(a) 非接触式密封；(b), (c), (d) 接触式密封

d. 缓冲装置：液压缸一般用以带动质量较大的部件运动，运动速度较快，当活塞运动到液压缸两端时，将与端部发生冲击，产生噪声，甚至严重影响工作精度和引起整个系统及元件损伤。为此在大型、高速或要求较高的液压缸中往往要设置缓冲装置。尽管液压缸中的缓冲装置结构形式很多，但它们的工作原理是相同的，即当活塞运动到接近端部时，增大液压缸回油阻力将使回油腔中产生足够大的缓冲压力，令活塞减速，从而防止活塞撞击缸盖。几种常见的缓冲装置如图 2-25 所示。

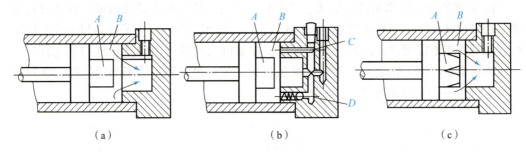

图 2-25 缓冲装置

(a) 间隙式缓冲装置；(b) 可调节流缓冲装置；(c) 可变节流缓冲装置

e. 排气装置：液压缸在安装过程中或长时间停放重新工作时，液压缸里和管道系统中会渗入空气，为了防止执行元件出现爬行、噪声和发热等不正常现象，需把缸中和系统中的空气排出。一般可在液压缸的最高处设置进出油口把空气带走，也可在最高处设置如图 2-26（a）所示的排气孔或专门的排气阀［见图 2-26（b）、（c）］。

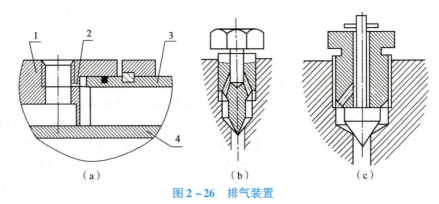

图 2-26 排气装置

1—缸盖；2—排气小孔；3—缸体；4—活塞杆

③液压缸的装配。

a. 对待装零件进行合格性检查，特别是运动副的配合精度和表面状态。注意去除所有零件上的毛刺、飞边、污垢，清洗要彻底、干净。

b. 在缸筒内表面及密封圈上涂上润滑脂。

c. 将活塞组件按结构组装好。将活塞组件装入缸筒内，检查活塞在缸筒内的移动情况，应运动灵活，无阻滞和轻重不均匀现象。

d. 将左、右端盖和缸筒组装好。拧紧端盖连接螺钉时，要依次对称地施力，且用力要均匀，要使活塞杆在全长运动范围内可灵活运动。

2. 柱塞式液压缸及其他类型液压缸结构原理分析

（1）柱塞缸

图 2-27（a）所示为柱塞缸，它只能实现一个方向的液压传动，反向运动要靠外力。若需要实现双向运动，则必须成对使用。如图 2-27（b）所示，这种液压缸中的柱塞和缸筒不接触，运动时由缸盖上的导向套来导向，因此缸筒的内壁无须精加工，它特别适用于行程较长的场合。

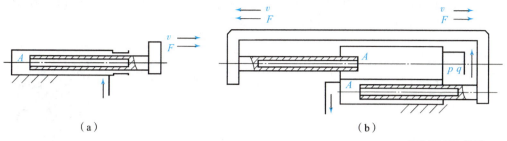

图 2－27　柱塞缸

柱塞缸输出的推力和速度分别为

$$F = pA = p\frac{\pi}{4}d^2 \quad (2-25)$$

$$v_1 = \frac{q}{A} = \frac{4q}{\pi d^2} \quad (2-26)$$

(2) 其他液压缸

①增压液压缸：增压液压缸又称增压器，它利用活塞和柱塞有效面积的不同使液压系统中的局部区域获得高压。它有单作用式和双作用式两种，单作用式增压液压缸的工作原理如图 2－28（a）所示，当输入活塞缸的液体压力为 p_1、活塞直径为 D、柱塞直径为 d 时，柱塞缸中输出的液体压力为高压，其值为

$$p_2 = p_1\left(\frac{D}{d}\right)^2 = kp_1 \quad (2-27)$$

式中：k——增压比，代表其增压程度，$k = D^2/d^2$。

显然增压能力是在降低有效能量的基础上得到的，也就是说增压液压缸仅仅是增大输出的压力，并不能增大输出的能量。

单作用式增压液压缸在柱塞运动到终点时，不能再输出高压液体，需要将活塞退回到左端位置，再向右行时才又输出高压液体。为了克服这一缺点，可采用双作用式增压液压缸，如图 2－28（b）所示，其由两个高压端连续向系统供油。

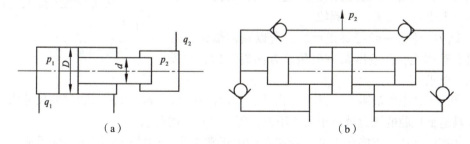

图 2－28　增压液压缸
(a) 单作用式；(b) 双作用式

②伸缩缸：伸缩缸由两个或多个活塞缸套装而成，前一级活塞缸的活塞杆内孔是后一级活塞缸的缸筒，伸出时可获得很长的工作行程，缩回时可保持很小的结构尺寸，伸缩缸被广泛用于起重运输车辆上。

伸缩缸可以是如图 2-29（a）所示的单作用式，也可以是如图 2-29（b）所示的双作用式，前者靠外力回程，后者靠液压回程。

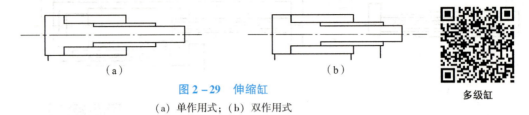

图 2-29　伸缩缸

(a) 单作用式；(b) 双作用式

多级缸

伸缩缸的外伸动作是逐级进行的。首先是最大直径的缸筒以最低的油液压力开始外伸，当到达行程终点后，稍小直径的缸筒开始外伸，直径最小的末级最后伸出。随着工作级数变大，外伸缸筒直径越来越小，工作油液压力随之升高，工作速度变快。其值为

$$F_i = pA_i = p\frac{\pi}{4}d_i^2 \quad (2-28)$$

$$v_i = \frac{q}{A_i} = \frac{4q}{\pi d_i^2} \quad (2-29)$$

式中：下标 i——i 级活塞缸。

③齿轮缸：它由两个柱塞缸和一套齿条传动装置组成，如图 2-30 所示。柱塞的移动经齿轮齿条传动装置变成齿轮的传动，用于实现工作部件的往复摆动或间歇进给运动。

3. 液压马达结构原理分析

（1）液压马达的概述

液压马达的作用是将液压油的压力能转换成旋转的机械能，是液压系统的执行元件。因为液压马达和液压泵在原理上是可逆的，故在结构和原理上有很多类似之处，但由于两者的工作情况不同，故使得两者在结构上也有一些差异。例如：

①液压马达一般需要正反转，所以在内部结构上应具有对称性，而液压泵一般是单方向旋转的，故没有这一要求。

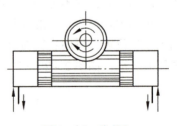

图 2-30　齿轮缸

②为了减小吸油阻力、减小径向力，一般液压泵的吸油口比出油口的尺寸大，而液压马达低压腔的压力稍高于大气压力，所以没有上述要求。

③液压马达要求能在很宽的转速范围内正常工作，因此应采用液动轴承或静压轴承。因为当马达速度很低时，若采用动压轴承，则不易形成润滑膜。

④叶片泵依靠叶片跟转子一起高速旋转而产生的离心力使叶片始终紧贴定子的内表面，起封油作用，形成工作容积。若将其当马达用，则必须在液压马达的叶片根部装上弹簧，保证叶片始终紧贴定子内表面，以便马达能正常启动。

⑤液压泵在结构上需保证具有自吸能力，而液压马达就没有这一要求。

⑥液压马达必须具有较大的启动扭矩。所谓启动扭矩，就是马达由静止状态启动时，马达轴上所能输出的扭矩，该扭矩通常大于在同一工作压差时处于运行状态下的扭矩，所以为了使启动扭矩尽可能接近工作状态下的扭矩，要求马达扭矩的脉动小、内部摩擦小。

通过上述不同的特点，可以看出很多类型的液压马达和液压泵是不能互逆使用的。

(2) 液压马达的性能参数

①工作压力与额定压力：马达输入油液的实际压力称为马达的工作压力，其大小取决于马达的负载。马达进口压力与出口压力的差值称为马达的压差。

按试验标准规定，能使马达连续正常运转的最高压力称为马达的额定压力。

②排量、流量、转速和容积效率：习惯上将马达的轴每转一周，按几何尺寸计算所进入的液体的容积，称为马达的排量 V，有时也称为几何排量、理论排量，即不考虑泄漏损失时的排量。根据液压动力元件的工作原理可知，马达转速 n、理论流量 q_{mt} 与排量 V 之间具有下列关系：

$$q_{mt} = Vn \tag{2-30}$$

为了满足转速要求，马达实际输入流量 q_m 应大于理论输入流量，故有

$$q_m = q_{mt} + \Delta q \tag{2-31}$$

式中：Δq——泄漏量。

马达的理论流量 q_{mt} 与马达实际输入流量 q_m 之比为马达的容积效率：

$$\eta_{mV} = \frac{q_{mt}}{q_m} = \frac{q_m - \Delta q}{q_m} = 1 - \frac{\Delta q}{q_m} \tag{2-32}$$

马达转速：

$$n = \frac{q_{mt}}{V} = \frac{q_m \eta_{mV}}{V} \tag{2-33}$$

③液压马达机械效率和转矩。

液压马达的机械效率为

$$\eta_m = \frac{T_m}{T_{mt}} \tag{2-34}$$

设马达进、出口间的工作压差为 Δp，则马达的理论功率 p_{mt}（当忽略能量损失时）的表达式为

$$p_{mt} = 2\pi n T_{mt} = \Delta p V n \tag{2-35}$$

因而有

$$T_{mt} = \frac{\Delta P V}{2\pi} \tag{2-36}$$

将式 (2-34) 代入式 (2-36)，可得液压马达的输出转矩公式为

$$T_m = \frac{\Delta P V}{2\pi} \eta_m \tag{2-37}$$

由式 (2-37) 可知，在机械效率一定的情况下，提高输出转矩的主要途径就是提高工作压力和增加排量。但由于工作压力的提高受到结构形式、强度、磨损泄漏等因素的限制，因此在压力一定的情况下，要求液压马达具有较大的输出转矩。

④液压马达的功率与总效率：马达的输入功率为 $P_{mi} = \Delta P q_m$，输出功率为 $P_{mo} = 2\pi n T_m$，马达的总效率 η 为输出功率 P_{mo} 与输入功率 P_{mi} 的比值，即

$$\eta = \frac{P_{mo}}{P_{mi}} = \frac{2\pi n T_m}{\Delta P q_m} = \frac{2\pi n T_m}{\Delta P \dfrac{Vn}{\eta_{mV}}} = \frac{T_m}{\dfrac{\Delta PV}{2\pi}} \eta_{mV} = \eta_m \eta_{mV} \qquad (2-38)$$

由式（2-38）可见，液压马达的总效率与液压泵的总效率一样，等于机械效率与容积效率的乘积。

（3）液压马达的分类及工作原理

液压马达按其额定转速分为高速和低速两大类，额定转速高于 500 r/min 的属于高速液压马达，额定转速低于 500 r/min 的属于低速液压马达。

高速液压马达的基本形式有齿轮式、螺杆式、叶片式和轴向柱塞式等。它们的主要特点是转速较高、转动惯量小、便于启动和制动、调速和换向的灵敏度高。通常高速液压马达的输出转矩不大（仅几十 N·m 到几百 N·m），所以又称为高速小转矩液压马达。

低速液压马达的基本形式是径向柱塞式，此外在轴向柱塞式、叶片式和齿轮式中也有低速的结构形式。低速液压马达的主要特点是排量大、体积大、转速低（有时可达每分钟几转甚至零点几转），因此可直接与工作机构连接，不需要减速装置，使传动机构大为简化。通常低速液压马达输出转矩较大（可达几千 N·m 到几万 N·m），所以又称为低速大转矩液压马达。

液压马达也可按其结构类型来分类，可以分为齿轮式、叶片式、柱塞式和其他形式。

常用液压马达的结构与同类型的液压泵很相似，下面对叶片马达、轴向柱塞马达和摆动马达的工作原理进行介绍。

①叶片马达。

图 2-31 所示为叶片马达的工作原理。

当压力为 p 的油液从进油口进入叶片 1 和 3 之间时，叶片 2 因两面均受液压油的作用，所以不产生转矩。在叶片 1、3 上，一面作用有高压油，另一面作用低压油。由于叶片 3 伸出的面积大于叶片 1 伸出的面积，因此作用于叶片 3 上的总液压力大于作用于叶片 1 上的总液压力，于是压力差使转子产生顺时针的转矩。同样道理，压力油进入叶片 5 和 7 之间时，叶片 7 伸出的面积大于叶片 5 伸出的面积，也产生顺时针转矩，这样就把油液的压力能转变成了机械能，这就是叶片马达的工作原理。当输油方向改变时，液压马达就反转。

叶片马达的体积小，转动惯量小，因此动作灵敏，可适应的换向频率较高。但泄漏较

叶片式液压马达

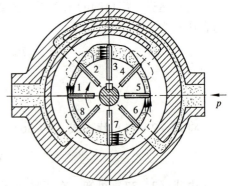

图 2-31 叶片马达的工作原理
1、2、3、4、5、6、7、8—叶片

大,不能在很低的转速下工作,因此叶片马达一般用于转速高、转矩小和动作灵敏的场合。

②轴向柱塞马达。

轴向柱塞马达的结构形式基本上与轴向柱塞泵一样,故其种类与轴向柱塞泵相同,也分为直轴式轴向柱塞马达和斜轴式轴向柱塞马达两类。斜盘式轴向柱塞马达的工作原理如图 2-32 所示。

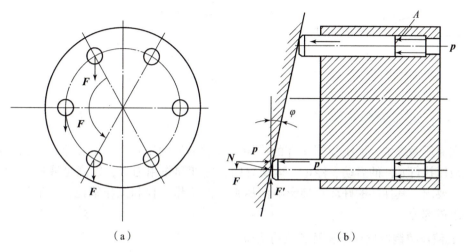

图 2-32　斜盘式轴向柱塞马达的工作原理

当压力油进入液压马达的高压腔之后,工作柱塞便受到 pA (p 为油压力,A 为柱塞面积) 的油压作用,通过滑靴压向斜盘,其反作用力为 N,N 沿水平和竖直方向分解成两个力,即沿柱塞轴向的分力 p 和与柱塞轴线垂直的分力 F,其中 p 与柱塞所受液压力平衡;分力 F 与柱塞轴线垂直向上,它使柱塞对缸体中心产生一个转矩,带动马达逆时针旋转。

一般来说,轴向柱塞马达都是高速马达,输出扭矩小,因此必须通过减速器来带动工作机构。如果我们能使液压马达的排量显著增大,也就可以使轴向柱塞马达做成低速大扭矩马达。

③摆动马达。

摆动液压马达的工作原理如图 2-33 所示,图 2-33(a) 所示为单叶片摆动马达,若从油口 Ⅰ 通入高压油,则叶片做逆时针摆动,低压力从油口 Ⅱ 排出。因叶片与输出轴连在一起,故在带输出轴摆动的同时输出转矩、克服负载。

此类摆动马达的工作压力小于 10 MPa,摆动角度小于 280°。由于径向力不平衡,故叶片和壳体、叶片和挡块之间密封困难,限制了其工作压力的进一步提高,从而也限制了输出转矩的进一步提高。

图 2-33(b) 所示为双叶片式摆动马达,在径向尺寸和工作压力相同的条件下,其输出转矩是单叶片式摆动马达输出转矩的 2 倍,但回转角度要相应减少,双叶片式摆动马达的回转角度一般小于 120°。

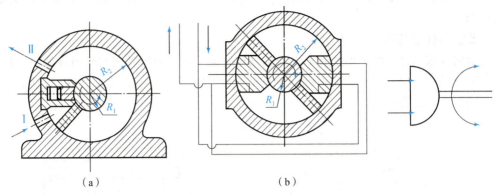

图 2-33 摆动液压马达的工作原理及符号

（四）液压控制元件的认识

在液压系统中，液压控制元件的作用是控制油液的压力、流量和流动方向，从而控制液压执行元件的启动、停止、运动方向、速度和作用力等，以满足液压设备对各工况的要求。其性能的好坏直接影响液压系统的工作过程和工作特性，是液压系统的重要组成部分。

1. 液压控制阀原理分析及参数的认识

（1）液压控制阀的工作原理

所有液压阀都是由阀体、阀芯和驱动阀芯动作的元件组成的。阀体上除有与阀芯相配合的阀体孔或阀座孔外，还有外接油管的进、出油口；阀芯的主要形式有滑阀、锥阀和球阀；驱动装置可以是手调机构，也可以是弹簧、电磁或液动力。液压阀正是利用阀芯在阀体内的相对运动来控制阀口的通断及开口大小，从而实现压力、流量和方向控制的。阀口的开口大小、进出油口间的压力差以及通过阀的流量之间的关系都符合孔口流量公式，只是各种阀控制的参数不同。

（2）液压控制阀的分类

液压控制阀按照不同的特征有不同的分类，如表 2-2 所示。

表 2-2 液压控制阀分类

分类方法	种 类	详细分类
按机能分类	压力控制阀	溢流阀、顺序阀、卸荷阀、平衡阀、减压阀、比例压力控制阀、缓冲阀、仪表截止阀、限压切断阀、压力继电器
	流量控制阀	节流阀、单向节流阀、调速阀、分流阀、集流阀、比例流量控制阀
	方向控制阀	单向阀、液控单向阀、换向阀、行程减速阀、充液阀、梭阀、比例方向阀

续表

分类方法	种类	详细分类
按结构分类	滑阀	圆柱滑阀、旋转阀、平板滑阀
	座阀	椎阀、球阀、喷嘴挡板阀
	射流管阀	射流阀
按操作方法分类	手动阀	手把及手轮、踏板、杠杆
	机动阀	挡块及碰块、弹簧、液压、气动
	电动阀	电磁铁控制、伺服电动机和步进电动机控制
按连接方式分类	管式连接	螺纹式连接、法兰式连接
	板式及叠加式连接	单层连接板式、双层连接板式、整体连接板式、叠加阀
	插装式连接	螺纹式插装（二、三、四通插装阀）、法兰式插装（二通插装阀）
按其他方式分类	开关或定值控制阀	压力控制阀、流量控制阀、方向控制阀
按控制方式分类	电液比例阀	电液比例压力阀、电源比例流量阀、电液比例换向阀、电流比例复合阀、电流比例多路阀、三级电液流量伺服
	伺服阀	单、两级（喷嘴挡板式、动圈式）电液流量伺服阀、三级电液流量伺服
	数字控制阀	数字控制压力控制流量阀与方向阀

（3）液压控制阀的基本要求

对液压控制阀的基本要求主要有以下几点：

① 动作灵敏，使用可靠，工作时冲击和振动小。

② 油液流过的压力损失小。

③ 密封性能好。

④ 结构紧凑，安装、调整、使用、维护方便，通用性强。

（4）液压控制阀的性能参数

控制阀的性能参数是对阀进行评价和选用的依据，它反映了阀的规格大小和工作特性。控制阀的规格大小用通径表示，主要性能参数有额定压力和额定流量。

阀的尺寸规格用公称通径表来表示，单位为 mm。公称通径表征阀通流能力的大小，应与阀进、出油管的规格一致。公称通径对应于阀的额定流量，阀工作时的实际流量应小于或等于它的额定流量，最大不得超过额定流量的 1.1 倍。

液压阀连续工作所允许的最高压力称为额定压力。压力控制阀的实际最高压力有时与阀的调压范围有关。只要系统的工作压力和工作流量小于或等于额定压力和额定流量，控制阀即可正常工作。此外还有一些和具体控制阀有关的参数，如通过额定流量时的额定压力损失、最小稳定流量、开启压力，等等。

2. 方向控制阀结构原理分析

方向控制阀是用于控制液压系统中油路的接通、切断或改变液流方向的液压阀，主要用以实现对执行元件的启动、停止或运动方向的控制。

常用的方向控制阀有单向阀和换向阀两种。单向阀主要用于控制油液的单向流动；换向阀主要用于改变油液的流动方向或接通、切断油路。

（1）单向阀

①普通单向阀。

普通单向阀只允许液流沿一个方向通过，即由 P_1 口流向 P_2 口而反向截止，即不允许液流由 P_2 口流向 P_1 口，如图 2-34 所示。根据单向阀的使用特点，要求油液正向通过时阻力要小，液流有反向流动趋势时关闭动作要灵敏，关闭后密封性要好。因此弹簧通常很软，主要用于克服摩擦力。单向阀的开启压力一般为 0.03~0.05 MPa。

直通单向阀

单向阀的阀芯分为钢球式［见图 2-34（a）］和锥式［见图 2-34（b）、(c)］两种。

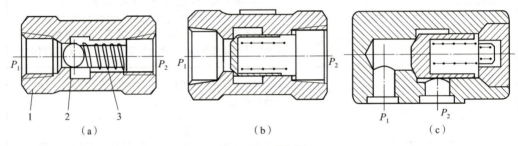

图 2-34 单向阀

1—阀体；2—阀芯；3—弹簧

钢球式阀芯结构简单、价格低，但密封性较差，一般仅用在低压、小流量的液压系统中。

锥式阀芯阻力小、密封性好、使用寿命长，所以应用较广，多用于高压、大流量的液压系统中。

普通单向阀的应用：

a. 分隔油路以防止干扰；

b. 作背压阀用（采用硬弹簧使其开启压力达到 0.3~0.6 MPa）。

②液控单向阀。

液控单向阀是一种通入控制液压油后即允许油液双向流动的单向阀，它由单向阀和液控装置两部分组成，如图 2-35 所示。当控制口 K 无压力时，其功能与普通单向阀相同。当控制口 K 通压力油时，单向阀阀芯被小活塞顶开，阀口开启，油口 P_1 和 P_2 接通，液流可正、反向流通。在控制液压油口不工作时，应使其通回油箱，否则控制活塞难以复位。控制用的最小油压为液压系统主油路油液压力的 0.3~0.4 倍。

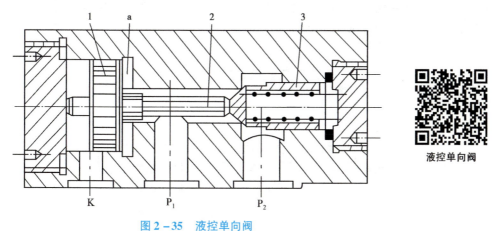

图 2–35 液控单向阀
1—控制活塞；2—顶杆；3—阀芯

液控单向阀也可以做成常开式结构，即平时油路畅通，需要时通过液控闭锁一个方向的油液流动，使油液只能单方向流动。

应用：液控单向阀既具有普通单向阀的特点，又在一定条件下允许正反向液流自由通过，因此通常用于液压系统的保压、锁紧和平衡回路。

单向阀与液控单向阀的图形符号如表2–3所示。

表 2–3 单向阀和液控单向阀的图形符号

项目	单向阀		液控单向阀	
	无弹簧	有弹簧	无弹簧	有弹簧
详细符号				
简化符号				

(2) 换向阀

换向阀一般是利用阀芯在阀体中相对位置的变化，使各流体通路之间（与该阀体相连接的流体通路）实现接通或断开以改变流动方向，从而控制执行机构的运动。

①换向阀工作原理。

图 2–36 (a) 所示为滑阀式换向阀的工作原理，当阀芯向右移动一定的距离时，由液压泵输出的压力油从阀的 P 口经 A 口流向液压缸左腔，液压缸右腔的油经 B 口流

回油箱，液压缸活塞向右运动；反之，若阀芯向左移动某一距离，则液流反向，活塞向左运动。图 2-36（b）所示为换向阀的图形符号。

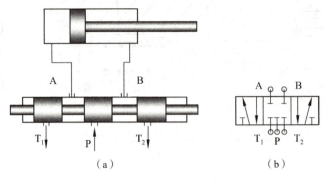

图 2-36 换向阀工作原理
(a) 工作原理图；(b) 图形符号

② 换向阀的分类。

根据换向阀阀芯的运动方式、结构特点和控制特点的不同可分成不同的类型，如表 2-4 所示。换向阀的图形符号见附录。

表 2-4 换向阀分类

按阀芯结构分类	滑阀式、转阀式、锥阀式
按阀芯工作位置分类	二位、三位、四位等
按通路分类	二通、三通、四通、五通等
按操纵方式分类	手动、机动、液动、电磁动、电液动

换向阀工作位置的个数称为位，与液压系统中油路相连通的油口个数称为通。如图 2-36（b）所示，阀芯在阀体中有左、中、右三个停留位置，即为三位阀，与外部液压系统有 A、B、T_1、T_2、P 共 5 个油口相通，即为五通。常用的换向阀种类有二位二通、二位三通、二位四通、二位五通、三位三通、三位四通、三位五通和三位六通等。常用换向阀的主体结构及图形符号如表 2-5 所示，它表明了换向阀的工作位置数、油口数和在各工作位置上油口的连通关系、控制方法以及复位、定位方法。换向阀的操纵方式如表 2-6 所示。

二位二通换向阀

二位四通换向阀

三位四通换向阀

三位五通换向阀

表 2-5　常用换向阀的主体结构及图形符号

名　称	结构原理图	图形符号
二位二通	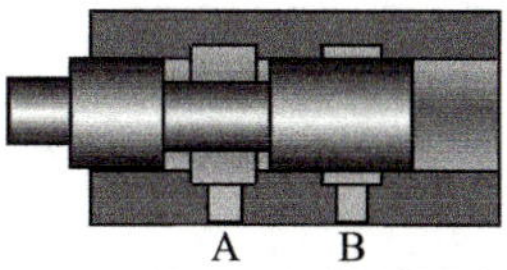 (A B)	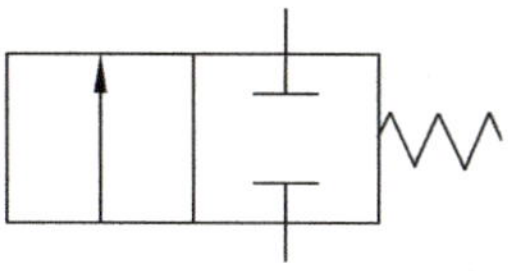
二位三通	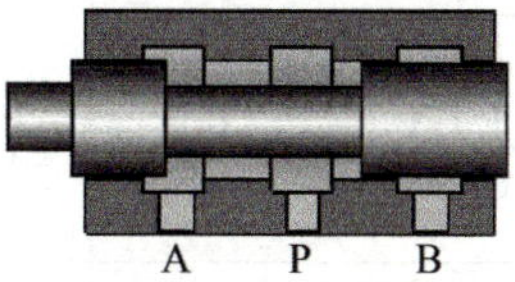 (A P B)	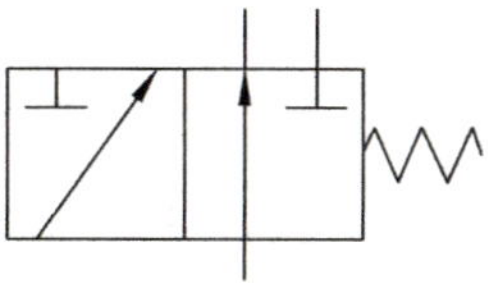
二位四通	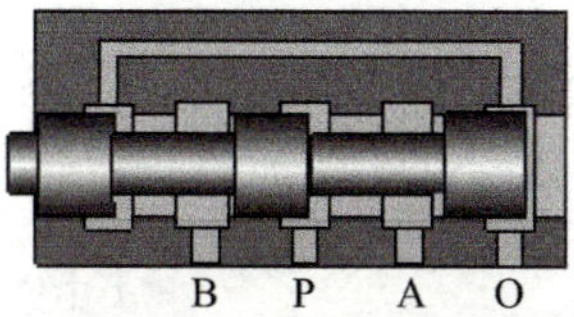 (B P A O)	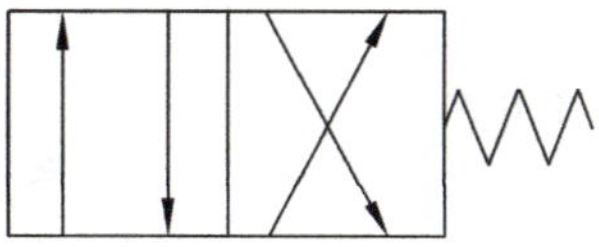
二位五通	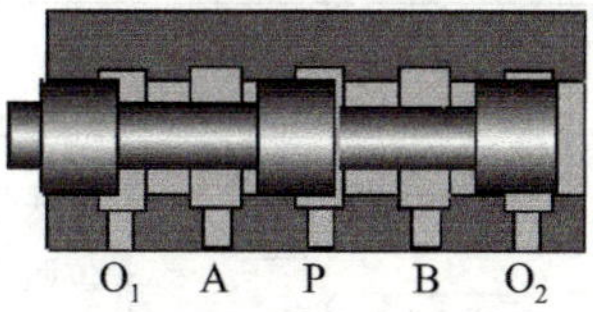 (O_1 A P B O_2)	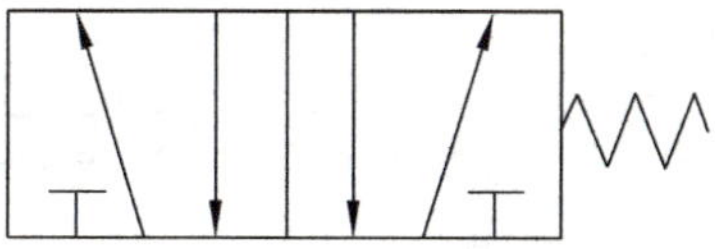
三位四通	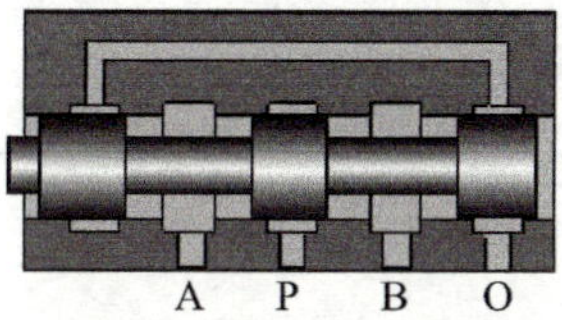 (A P B O)	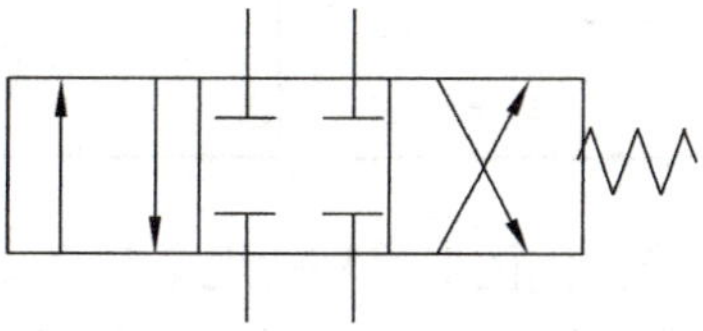
三位五通	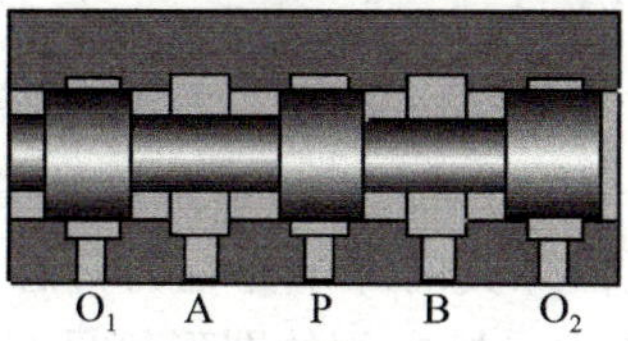 (O_1 A P B O_2)	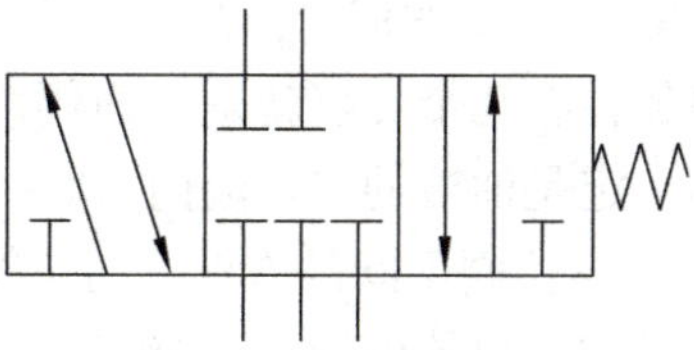

表 2-6　换向阀的操纵方式

操纵方法	图形符号	符号说明
手动控制	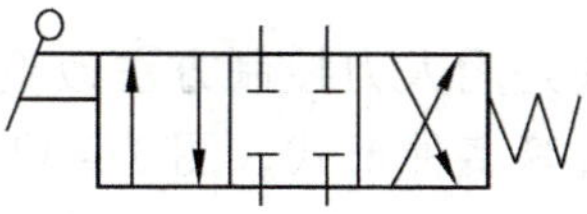	三位四通手动换向阀，左端表示手动把手，右端表示复位弹簧

续表

操纵方法	图形符号	符号说明
机动控制	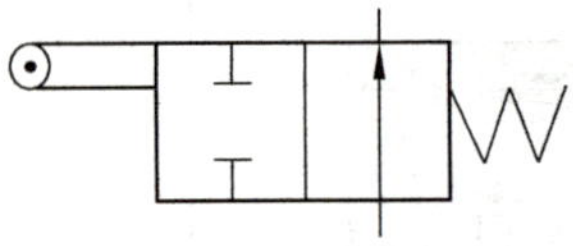	二位二通机动换向阀，左端表示可伸缩压杆，右端表示复位弹簧
电磁控制	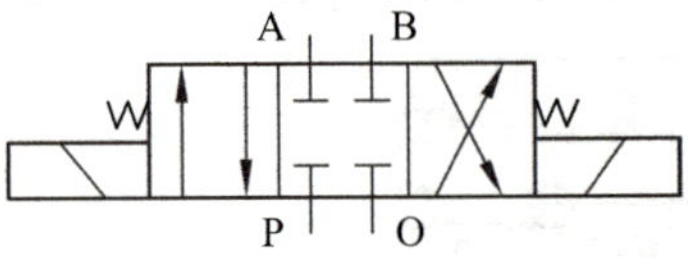	三位四通电磁换向阀，左、右两端都有驱动阀芯动作的电磁铁和对中弹簧
液压控制	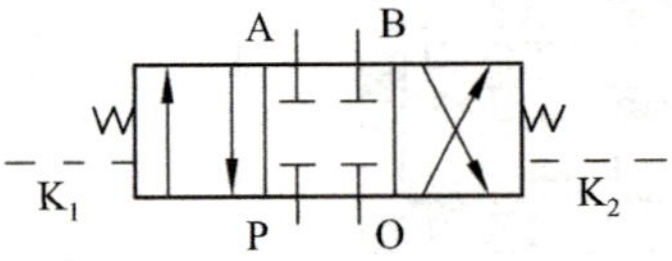	三位四通液动换向阀，K_1、K_2 为控制阀芯动作的液压油进、出口，当 K_1、K_2 无压力时，靠左、右复位弹簧复中位
电液控制	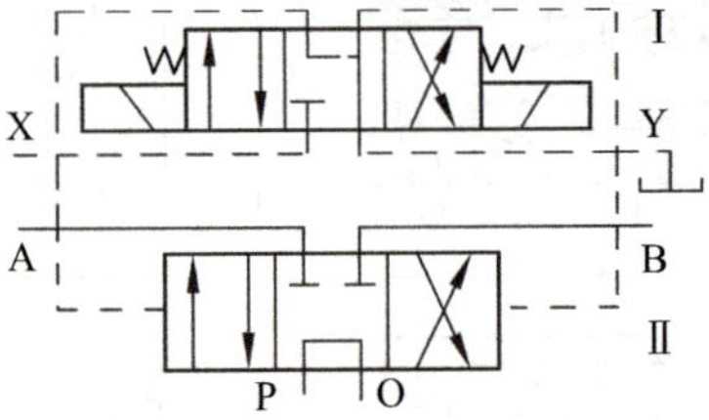	Ⅰ 为三位四通先导阀，双电磁铁驱动弹簧对中位；Ⅱ 为三位四通主阀，由液压驱动。X 为控制压力油口，Y 为控制回油口

换向阀图形符号的规定和含义：

a. 用方框表示阀的工作位置数，有几个方框就是几位阀。

b. 在一个方框内，箭头"↑"或堵塞符号"⊤"或"⊥"与方框相交的点数就是通路数，有几个交点就是几通阀。箭头"↑"表示阀芯处在这一位置时两油口相通，但不一定是油液的实际流向；"⊤"或"⊥"表示此油口被阀芯封闭（堵塞）不通流。

c. 三位阀中间的方框、两位阀画有复位弹簧的那个方框为常态位置（即未施加控制号以前的原始位置）。在液压系统原理图中，换向阀的图形符号与油路的连接一般应画在常态位置上。画工作位置时，左位状态画在常态位的左边，右位状态画在常态位的右边，同时在常态位上应标出油口的代号。

d. 控制方式和复位弹簧的符号画在方框的两侧。

③常用换向阀。

a. 手动换向阀：手动换向阀是用人力控制方法改变阀芯工作位置的换向阀，有二位二通、二位四通和三位四通等多种形式。图 2-37 所示为一种三位四通手动换向阀。

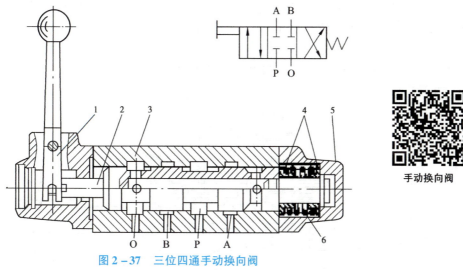

图 2-37 三位四通手动换向阀

1—手柄；2—滑阀（阀芯）；3—阀体；4—套筒；5—端盖；6—弹簧

当手柄上端向左扳时，阀芯 2 向右移动，进油口 P 和油口 A 接通，油口 B 和回油口 O 接通。当手柄上端向右扳时，阀芯左移，这时进油口 P 和油口 B 接通，油口 A 通过环形槽、阀芯中心通孔与回油口 O 接通，实现换向。松开手柄时，右端的弹簧使阀芯恢复到中间位置，断开油路。这种换向阀不能自动定位在左、右两端位置上，工作时必须用手扳住手柄不放，一旦松开手柄，阀芯会在弹簧力的作用下自动弹回中位。如需滑阀在左、中、右三个位置上均可定位，可将弹簧换成定位装置，利用手动杠杆来改变阀芯位置以实现换向。

b. 机动换向阀：机动换向阀又称行程换向阀，是用机械控制方法改变阀芯工作位置的换向阀，常用的有二位二通（常闭和常通）、二位三通、二位四通和二位五通等多种。图 2-38 所示为二位二通常闭式行程换向阀。阀芯的移动通过挡铁 1 （或凸轮）推压阀杆顶部的滚轮，使阀杆推动阀芯 2 右移实现。挡铁移开时，阀芯靠其底部的弹簧 3 复位。

机动换向阀

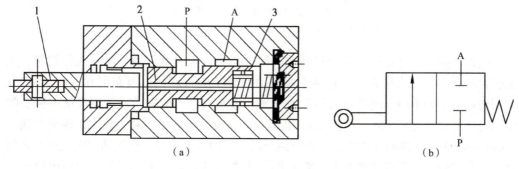

图 2-38 二位二通机动换向阀

1—挡铁；2—阀芯；3—弹簧

c. 电磁换向阀：电磁换向阀简称电磁阀，是用电气控制方法改变阀芯工作位置的换向阀。图 2-39 所示为二位三通电磁换向阀。当电磁铁通电时，衔铁通过推杆 1 将阀芯 2 推向右端，进油口 P 与油口 B 接通，油口 A 被关闭。当电磁铁断电时，弹簧 3 将阀芯推向左端，油口 B 被关闭，进油口 P 与油口 A 接通。

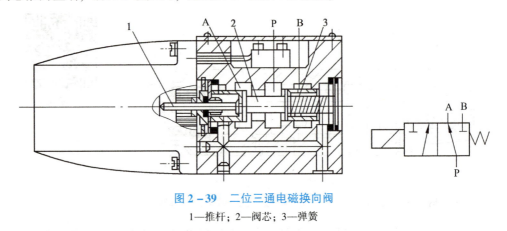

图 2-39 二位三通电磁换向阀
1—推杆；2—阀芯；3—弹簧

图 2-40 所示为三位四通电磁换向阀的结构原理。

当右侧的电磁线圈 4 通电时，吸合衔铁 5 将阀芯 2 推向左位，这时进油口 P 和油口 B 接通，油口 A 与回油口 O 相通；当左侧的电磁铁通电（右侧电磁铁断电）时，阀芯被推向右位，这时进油口 P 和油口 A 接通，油口 B 经阀体内部管路与回油口 O 相通，实现执行元件的换向；当两侧电磁铁都不通电时，阀芯在两侧弹簧 3 的作用下处于中间位置，这时 4 个油口均不相通。

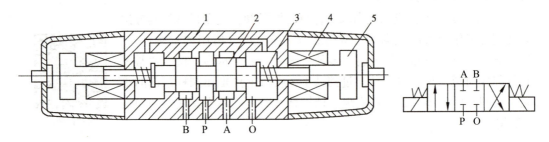

图 2-40 三位四通电磁换向阀结构原理
1—阀体；2—阀芯；3—弹簧；4—电磁线圈；5—衔铁

电磁换向阀的电磁铁可用按钮开关、行程开关、压力继电器等电气元件控制，无论位置远近，控制均很方便，且易于实现动作转换的自动化，因而得到广泛的应用。根据使用电源的不同，电磁换向阀分为交流和直流两种。电磁换向阀用交流电磁铁的使用电压一般为交流 220 V，电气线路配置简单。交流电磁铁启动力较大，换向时间短（0.01~0.03 s），换向冲击大，工作时温升高，当阀芯卡住时，电磁铁因电流过大易烧坏，可靠性较差，所以切换频率一般不允许超过 30 次/min，寿命较短。直流电磁铁一般使用 24 V 直流电压，因此需要专用直流电源。其优点是不会因阀芯卡住而烧坏、体积小、工作可靠、允许切换频率为 120 次/min、换向冲击小、使用寿命较长，但启动力比交流电磁铁小。由于电磁铁吸力有限,因此电磁换向阀常用于流量不超过 1.05×10^{-4} m³/s 的液压系统中。

电磁铁按衔铁工作腔是否有油液又可分为干式和湿式两种。干式电磁铁处于空气中,不和油液接触,电磁铁和滑阀之间有密封装置,由于回油有可能渗入到弹簧腔中,因此阀的回油压力较小。而湿式电磁铁浸在油液中,运动阻力小,且油还能起到冷却和吸振作用,换向的可靠性和使用寿命较高。

d. 液动换向阀:液动换向阀是利用控制油路的压力油来改变阀芯位置的换向阀,阀芯是由其两端密封腔中油液的压差来移动的。

图 2-41 所示为三位四通液动换向阀的工作原理图。当控制油路的压力油从阀右边控制油口 K_2 进入右控制油腔时,推动阀芯左移,使进油口 P 与油口 B 接通,油口 A 与回油口 O 接通;当压力油从阀左边控制油口 K_1 进入左控制油腔时,推动阀芯右移,使进油口 P 与油口 A 接通,油口 B 与回油口 O 接通,实现换向;当两控制油口 K_1 和 K_2 均不通控制压力油时,阀芯在两端弹簧的作用下居中,恢复到中间位置。

液动换向阀

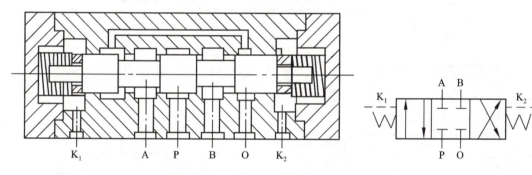

图 2-41 三位四通液动换向阀工作原理

液动换向阀是用直接压力控制方法改变阀芯工作位置的换向阀,由于压力油液可以产生很大的推力,所以液动换向阀可用于高压大流量的液压系统中。

e. 电液换向阀:电液换向阀是由电磁换向阀和液动换向阀组成的复合阀。电磁换向阀起先导作用,用来改变液流方向;液动换向阀为主阀,用来改变主油路的方向,从而改变液动滑阀阀芯的位置。电液换向阀的优点是可用反应灵敏的小规格电磁阀方便地控制大流量的液动阀换向。

图 2-42 所示为三位四通电液换向阀的结构和图形符号。当电磁换向阀的两个电磁铁均不带电时,电磁换向阀阀芯在对中弹簧的作用下处于中位,此时来自液动换向阀 P 口或外接油口的控制压力均不进入主阀芯的左、右两油腔,液动换向阀阀芯左、右两油腔的油液通过左、右节流阀流回油箱,液动换向阀的阀芯在对中弹簧的作用下依靠阀体定位,准确地回到中位,此时主阀的 P、A、B 和 T 油口均不通。当先导阀右端电磁铁通电时,阀芯左移,控制油路的压力油进入主阀右控制油腔,主阀阀芯左移(左控制油腔油液经先导阀泄回油箱),使进油口 P 与油口 A 相通、油口 B 与回油口 O

相通；当先导阀左端电磁铁通电时，阀芯右移，控制油路的压力油进入主阀左控制油腔，推动主阀阀芯右移（主阀右控制油腔的油液经先导阀泄回油箱），使进油口 P 与油口 B 相通、油口 A 与回油口 O 相通，实现换向。

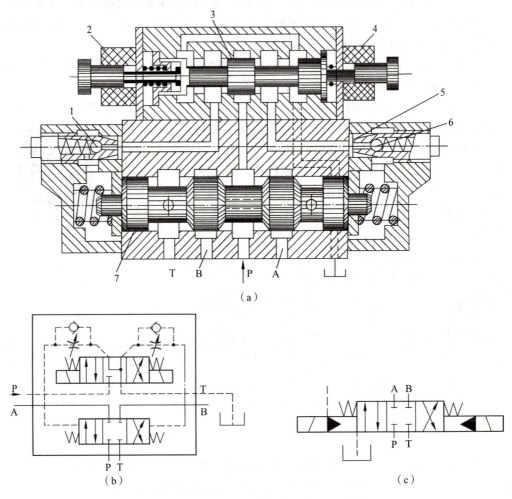

图 2-42　三位四通电液换向阀结构及图形符号
(a) 结构图；(b) 图形符号；(c) 简化图形符号
1—单向阀节流阀；2, 4—电磁铁；3—电磁阀阀芯；
5—节流阀；6—单向阀；7—液动阀阀芯

f. 转阀：前面介绍的均为滑阀式换向阀，图 2-43（a）所示为转动式换向阀（简称转阀）的结构图。该阀由阀体 1、阀芯 2 和使阀芯转动的操作手柄 3 组成，在图示位置，通口 P 和 A 相通、B 和 T 相通；当操作手柄转换到止位置时，通口 P、A、B 和 T 均不相通；当操作手柄转换到另一位置时，则通口 P 和 B 相通、A 和 T 相通。图 2-43（b）所示为它的图形符号。

由于转阀密封性差、径向力不易平衡及结构尺寸受到限制，故一般多用于压力较低、流量较小的场合。

g. 电磁球式换向阀：电磁球式换向阀与滑阀式换向阀相比，其优点是：动作可靠性高，密封性好，对油液污染不敏感，切换时间短，工作压力高（可达 63 MPa），主要用于要求密封性很好的场合。

图 2-44 所示为常开式二位三通电磁球式换向阀的结构和图形符号图。这种阀主要由左、右球阀座 4 和 6、球阀 5、弹簧 7、操纵杆 2 和杠杆 3 等组成。图 2-44（a）所示为电磁铁断电状态，即常态位置，P 口的压力油一方面作用在球

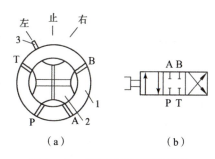

图 2-43 转阀结构及图形符号
（a）结构图；（b）图形符号
1—阀体；2—阀芯；3—操作手柄

阀 5 的右侧，另一方面经右球阀座 6 上的通道进入操纵杆 2 的空腔，作用在球阀 5 的左侧，以保证球阀 5 两侧承受的液压力平衡，球阀 5 在弹簧 7 的作用下压在左球阀座 4 上，P 口与 A 口相通，A 口与 T 口隔断；当电磁铁 8 通电时，衔铁推动杠杆 3，以 1 为支点推动操纵杆 2，克服弹簧力，使球阀 5 压在右球阀座 6 上，实现换向，P 口与 A 口隔断、A 口与 T 口相通。

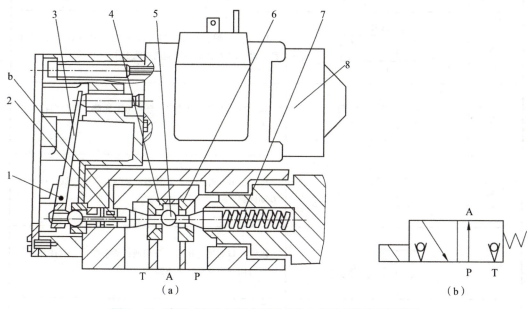

图 2-44 常开式二位三通电磁球式换向阀的结构和图形符号
（a）结构图；（b）图形符号
1—销轴；2—操纵杆；3—杠杆；4—左球阀座；
5—球阀；6—右球阀座；7—弹簧；8—电磁铁

④三位四通换向阀的中位机能。

三位四通换向阀的中位机能是指阀处于中位时各油口的连通方式，常见三位四通换向阀的中位机能见表 2-7。

表 2-7　常见三位四通换向阀的中位机能

型　式	符　号	中位油口状况、特点及应用
O 型	(A B / P T)	P、A、B、T 四口全封闭，液压缸闭锁，可用于多个换向阀并联工作
H 型	(A B / P T)	P、A、B、T 口全通；活塞浮动，在外力作用下可移动，泵卸荷
Y 型	(A B / P T)	P 口封闭，A、B、T 口相通；活塞浮动，在外力作用下可移动，泵不卸荷
K 型	(A B / P T)	P、A、T 口相通，B 口封闭；活塞处于闭锁状态，泵卸荷
M 型	(A B / P T)	P、T 口相通，A 与 B 均封闭；活塞闭锁不动，泵卸荷，也可用多个 M 型换向阀并联工作
X 型	(A B / P T)	四油口处于半开启状态；泵基本上卸荷，但仍保持一定压力
P 型	(A B / P T)	P、A、B 口相通，T 口封闭；泵与缸两腔相通，可组成差动回路
J 型	(A B / P T)	P 与 A 口封闭，B 与 T 口相通；活塞停止，但在外力作用下可向一边移动，泵不卸荷
C 型	(A B / P T)	P 与 A 口相通，B 与 T 口封闭；活塞处于停止位置
U 型	(A B / P T)	P 和 T 口封闭，A 与 B 口相通；活塞浮动，在外力作用下可移动，泵不卸荷

分析和选择三位换向阀的中位机能时，通常考虑以下几个方面：

a. 系统保压。P口堵塞时，系统保压，液压泵用于多缸系统。

b. 系统卸荷。P口通畅地与T口相通。

c. 换向平稳与精度。A、B两口堵塞，换向过程中易产生冲击，换向不平稳，但精度高；A、B口都通T口，换向平稳，但精度低。

d. 启动平稳性。阀在中位时，液压缸某腔通油箱，启动时无足够的油液起缓冲，启动不平稳。

e. 液压缸浮动，并可在任意位置停止。

⑤常用阀体拆装训练。

a. 单向阀的拆卸：拆卸螺钉，取出弹簧，分离阀芯和阀体，了解阀的结构、工作原理及应用。

b. 液控单向阀的拆卸：拆卸控制端的螺钉，取出控制活塞和顶杆，拆卸阀芯端螺钉，取出弹簧，分离阀芯和阀体，了解阀的结构、工作原理及应用。

c. 方向阀的拆卸：拆卸提供外部力的控制部分，取下卡簧，取出弹簧，分离阀芯和阀体，了解阀的结构、工作原理及应用。

d. 方向阀的装配：装配前清洗各零件，给配合面涂润滑油，按照拆卸的反向顺序装配。

e. 方向阀的功能验证：独立设计简单回路，验证各个阀的功能。

3. 压力控制阀结构原理分析

压力控制阀是用于控制液压系统中系统压力或利用压力变化来实现某种动作的阀，简称压力阀。这类阀均是利用作用在阀芯上的液压力和弹簧力相平衡的原理来工作的。按用途不同，可分为溢流阀、减压阀、顺序阀和压力继电器等。

（1）溢流阀

①溢流阀功用和分类。

溢流阀在液压系统中的功用主要有两点：一是保持系统或回路的压力恒定，起溢流和稳压作用。如在定量泵节流调速系统中作为溢流恒压阀，用以保持泵的出口压力恒定；二是在系统中作为安全阀使用，在系统正常工作时，溢流阀处于关闭状态，而当系统压力大于或等于其调定压力时，溢流阀才开启溢流，对系统起过载保护作用。此外，溢流阀还可作为背压阀、卸荷阀、制动阀和平衡阀等来使用。溢流阀通常接在液压泵出口处的油路上。

根据结构和工作原理不同，溢流阀可分为直动型溢流阀和先导型溢流阀两类。其中直动型溢流阀结构简单，一般用于低压、小流量系统，先导型溢流阀多用于中、高压及大流量系统中。

②直动型溢流阀的工作原理。

直动型溢流阀的结构原理和图形符号如图2-45所示，阀体上开有进、出油口P和T，锥阀阀芯在弹簧的作用下压在阀座上，油液压力从进油口P作用在阀芯上。当进油压力较小时，阀芯在弹簧的作用下处于下端位置，将P和T两油口隔开，溢流口无液体溢出。当油压力升高，在阀芯下端所产生的作用力超过弹簧的压紧力时，阀芯上升，阀口被打开，液体从溢流口流回油箱。弹簧力随着开口量的增大而增大，直至与液压作用力相平衡。调压手轮可以改变弹簧的压紧力,即可调整溢流阀的溢流压力。

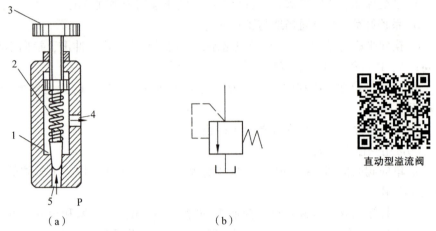

图2-45 直动式溢流阀的结构原理和图形符号
(a) 结构原理;(b) 图形符号
1—提动头(锥阀);2—弹簧;3—调压手轮;4—溢流口(T);5—压力口(P)

直动型溢流阀结构简单、制造容易、成本低,但油液压力直接靠弹簧平衡,所以压力稳定性较差,动作时有振动和噪声。此外,系统压力较高时,要求弹簧刚度大,使阀的开启性能变坏,所以直动型溢流阀只用于低压系统中。

③先导型溢流阀的工作原理。

先导型溢流阀的结构原理和图形符号如图2-46所示。先导型溢流阀由先导阀和主阀两部分组成。先导阀实际上是一个小流量的直动型溢流阀,阀芯是锥阀,用来控制压力;主阀阀芯是滑阀,用来控制溢流流量。

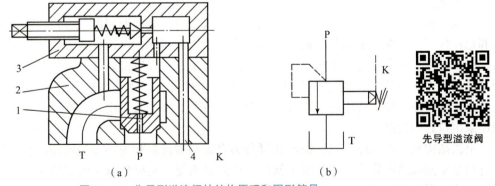

图2-46 先导型溢流阀的结构原理和图形符号
(a) 结构原理图;(b) 图形符号
1—阻尼孔(R);2—主阀;3—先导阀;4—远程控制口(K)

油液从进油口P进入,经阻尼孔(R)到达主阀弹簧腔,并作用在先导阀锥阀阀芯上(一般情况下,外控口K是堵塞的)。当进油压力不高时,液压力不能克服先导阀的弹簧阻力,先导阀口关闭,阀内无油液流动。此时,主阀芯因上下腔油压相同,故被主阀弹簧压在阀座上,主阀口亦关闭。当进油压力升高到先导阀弹簧的预调压力时,先导阀口打开，主阀弹簧腔的油液流过先导阀口并经阀体上的通道和回油口 T 流回油箱。这时，油液流过阻尼小孔（R）产生压力损失，使主阀芯两端形成了压力差，主阀芯在此压差的作用下克服弹簧阻力向上移动，使进、回油口连通，达到溢流稳压的目的。调节先导阀的调压螺钉便能调整溢流压力，更换不同刚度的调压弹簧便能得到不同的调压范围。

先导型溢流阀的阀体上有一个远程控制口 K，当将此口通过二位二通阀接通油箱时，主阀芯上端的弹簧腔压力接近于零，主阀芯在很小的压力下便可移动到上端，阀口开至最大，这时系统的油液在很低的压力下通过阀口流回油箱，实现卸荷作用。如果将 K 口接到另一个远程调压阀上（其结构和溢流阀的先导阀一样），并使打开远程调压阀的压力小于先导阀的调定压力，则主阀芯上端的压力就由远程调压阀来决定，即使用远程调压阀后便可对系统的溢流压力实行远程调节。

先导阀的作用是控制和调节溢流压力，主阀的功能则在于溢流。先导阀阀口直径较小，即使在较高压力的情况下作用在锥阀芯上的液压推力也不是很大，因此调压弹簧的刚度不必很大，压力调整也比较轻便。主阀芯因两端均受油压作用，主阀弹簧只需很小的刚度，当溢流量变化引起弹簧压缩量变化时，进油口的压力变化不大，故先导型溢流阀恒定压力的性能优于直动型溢流阀，所以先导型溢流阀可被广泛地用于高压、大流量场合。但先导型溢流阀是两级阀，其反应不如直动型溢流阀灵敏。

④溢流阀的主要性能。

溢流阀是液压系统中的重要控制元件，其特性对系统的工作性能影响很大。溢流阀的静态特性主要是指压力调节范围、压力—流量特性和启闭特性。

a. 压力调节范围：压力调节范围是指调压弹簧在规定的范围内调节时最小调定压力的差值。

b. 压力—流量特性（p—q 特性）：压力—流量特性又称溢流特性，它体现溢流量变化时溢流阀进口压力的变化情况，即稳压性能。当阀溢流量发生变化时，阀进口压力波动越小，阀的性能越好。理想的溢流特性曲线应是一条几乎平行于流量坐标的直线，即进口压力达到调压弹簧所确定的压力后立即溢流，且不管溢流量为多少，压力始终保持恒定。但溢流量的变化会引起阀口开度的变化，从而导致压力发生变化。溢流阀的静态特性曲线如图 2-47 所示。先导型溢流阀性能优于直动型溢流阀。

c. 启闭特性：启闭特性是指溢流阀从开启到闭合的过程中，被控压力与通过溢流阀的溢流量之间的关系。由于摩擦力的存在，溢流阀开启和闭合的 p—q 曲线将不重合。溢流阀的启闭特性曲线如图 2-48 所示，实线 1 为先导型溢流阀的开启特性曲线，实线 2 为先导型溢流阀的闭合特性曲线，虚线为直动型溢流阀的启闭特性曲线。由于溢流阀阀芯开启时所受摩擦力和进口压力方向相反，而闭合时相同，因此，在相同的溢流量下，开启压力大于闭合压力。当溢流阀从关闭状态逐渐开启，其溢流量达到额定流量的 1% 时，所对应的压力定义为开启压力 p_k，其与调定压力 p_s 之比的百分率称为开启压力比率。当溢流阀从全开启状态逐渐关闭，其溢流量为其额定流量的 1% 时，所对应的压力定义为闭合压力 p'_k，其与调定压力 p_s 之比的百分率称为闭合压力比率。开启压力比率与闭合压力比率越高，阀的性能越好。为保证溢流阀具有良好的静态特性，一般规定开启压力比率应不小于 90%，闭合压力比率应不小于 85%。

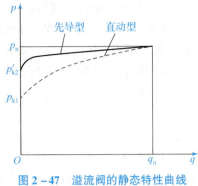

图 2-47 溢流阀的静态特性曲线　　　　图 2-48 溢流阀的启闭特性曲线

⑤溢流阀的应用。

溢流阀在每一个液压系统中都有使用。其主要应用如下：

a. 作为溢流阀用：在图 2-49 所示用定量泵供油的节流调速回路中，当泵的流量大于节流阀允许通过的流量时，溢流阀使多余的油液流回油箱，此时泵的出口压力保持恒定。

b. 作为安全阀用：在图 2-50 所示由变量泵组成的液压系统中，用溢流阀限制系统的最高压力，防止系统过载。系统在正常工作状态下，溢流阀关闭；当系统过载时，溢流阀打开，使压力油经阀流回油箱。此时溢流阀为安全阀。

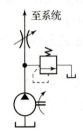 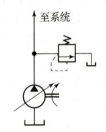

图 2-49 溢流阀起溢流定压的作用　　　　图 2-50 溢流阀作为安全阀用

c. 作为背压阀用：在图 2-51 所示的液压回路中，溢流阀串联在回油路上，溢流产生背压，使运动部件的运动平稳性增加。

d. 作为卸荷阀用：在图 2-52 所示的液压回路中，溢流阀的遥控口串接一个小流量的电磁阀，当电磁铁通电时，溢流阀的遥控口通油箱，液压泵卸荷。此时溢流阀作为卸荷阀使用。

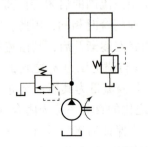 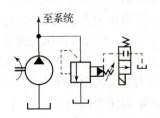

图 2-51 溢流阀作为背压阀用　　　　图 2-52 溢流阀作为卸荷阀用

（2）减压阀

①减压阀的作用与分类。

减压阀是利用油液通过缝隙时产生压力损失的原理，使其出口压力低于进口压力的压力控制阀。在液压系统中，减压阀常用于降低或调节系统中某一支路的压力，以满足某些执行元件的需要。减压阀按其工作原理亦有直动型和先导型之分。按其调节性能又可分为保证出口压力为定值的定值减压阀、保证进出口压力差不变的定差减压阀及保证进出口压力成比例的定比减压阀。其中定值减压阀应用最广，简称减压阀。这里只介绍定值减压阀。

②直动型减压阀的工作原理。

图 2-53 所示为直动型减压阀的结构原理及图形符号。当阀芯处在原始位置上时，它的阀口是打开的，阀的进、出口相通。这个阀的阀芯由出口处的压力控制，当出口压力未达到调定压力时阀口全开，不起减压作用；当出口压力达到调定压力时，阀芯上移，阀口关小，整个阀处于工作状态。如忽略其他阻力，仅考虑阀芯上的液压力和弹簧力相平衡的条件，则可以认为出口压力基本上维持在某一固定的调定值上。这时，若出口压力减小，则阀芯下移，阀口开大，阀口处阻力减小，压降减小，使出口压力回升到调定值上；反之，若出口压力增大，则阀芯上移，阀口关小，阀口处阻力加大，压降增大，使出口压力下降到调定值上。调整手轮可以改变弹簧的压紧力，即可调整减压阀的出口设定压力。

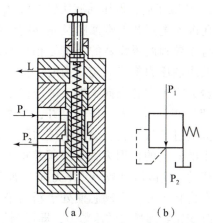

图 2-53　直动型减压阀的结构原理及图形符号

(a) 结构原理；(b) 图形符号

③先导型减压阀的工作原理。

先导型减压阀的结构原理及图形符号如图 2-54 所示。与先导型溢流阀的结构相似，先导型减压阀也是由先导阀和主阀两部分组成的。其主要区别是：减压阀的先导阀控制出口油液的压力，而溢流阀的先导阀控制进口油液的压力。由于减压阀的进、出口油液均有压力，所以先导阀的泄油不能像溢流阀一样流入回油口，而必须设有单独的泄油口。在正常情况下，减压阀阀口开得很大（常开），而溢流阀阀口则关闭（常闭）。

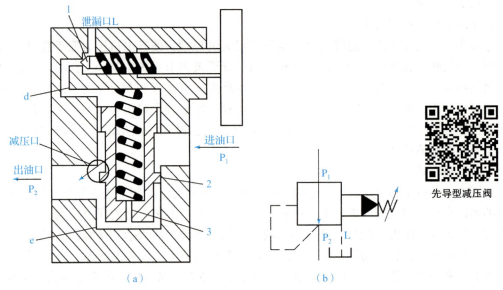

图 2-54 先导型减压阀的结构原理及图形符号
(a) 结构原理；(b) 图形符号
1—先导阀；2—主阀；3—阻尼孔

先导型减压阀的结构原理如图 2-54（a）所示，液压系统主油路的高压油液从进油口 P_1 进入减压阀，经减压口减压后，低压油液从出油口 P_2 输出，同时低压油液从主阀芯下端油腔又经节流小孔进入主阀芯上端油腔及先导阀锥阀左端油腔，给锥阀一个向右的液压力。该液压力与先导阀调压弹簧的弹簧力相平衡，从而控制低压油基本保持调定压力。当出油口的低压油压力低于调定压力时，锥阀关闭，主阀芯上下腔油液压力相等，主阀弹簧的弹簧力将主阀芯推向下端，减压口增大，减压阀处于不工作状态。当低压油压力升高至超过调定压力时，锥阀打开，少量油液经锥阀口由泄油口 L 流回油箱。由于此时有油液流过节流小孔，故产生压力降，使主阀芯上腔压力低于下腔压力，当此压力差所产生的向上的作用力大于主阀芯重力、摩擦力、主阀弹簧的弹簧力之和时，主阀芯向上移动，使减压口减小，压力损失加剧，低压油压力随之下降，直到作用在主阀芯上的所有力相平衡，主阀芯便处于新的平衡位置，减压口保持一定的开启量。调整手轮可以改变先导阀弹簧的压紧力，即可调整减压阀的出口设定压力。

④减压阀的应用。

a. 减压回路：图 2-55 所示为减压回路，在主系统的支路上串联一个减压阀，用以降低和调节支路液压缸的最大推力。

b. 稳压回路：如图 2-56 所示，当系统压力波动较大，液压缸 2 需要有较稳定的输入压力时，在液压缸 2 进油路上串联一减压阀，在减压阀处于工作状态下可使液压缸 2 的压力不受溢流阀压力波动的影响。

c. 单向减压回路

当需要执行元件正、反向压力不同时，可采用如图 2-57 所示的单向减压回路，图中用双点画线框起的单向减压阀是具有单向阀功能的组合阀。

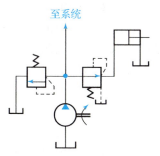
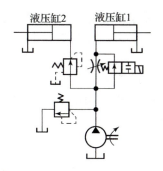
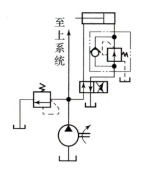

图 2-55　减压回路　　　　图 2-56　稳压回路　　　　图 2-57　单向减压回路

（3）顺序阀

①顺序阀的作用与分类。

顺序阀是以压力作为控制信号,自动接通或切断某一油路的压力控制阀。由于它经常被用来控制执行元件动作的先后顺序,故称顺序阀。顺序阀按其控制方式不同,可分为内控式顺序阀和外控式顺序阀。内控式顺序阀直接利用阀的进口压力油控制阀的启闭,一般称为顺序阀；外控式顺序阀则利用外来的压力油控制阀的启闭,称为液控顺序阀。按顺序阀的结构不同,又可分为直动型顺序阀和先导型顺序阀。

②顺序阀的工作原理。

顺序阀的工作原理及结构与溢流阀相似,这里仅介绍直动型顺序阀。如图 2-58 所示,压力油自进油口 P_1 进入阀体,经阀芯中间小孔流入阀芯底部油腔,对阀芯产生一个向上的液压作用力。当油液的压力较低时,液压作用力小于阀芯上部的弹簧力,在弹簧力的作用下,阀芯处于下端位置, P_1 和 P_2 两油口被隔开。当油液的压力升高到作用于阀芯底端的液压作用力大于调定的弹簧力时,在液压作用力的作用下,阀芯上移,使进油口 P_1 和出油口 P_2 相通,油液便经阀口流出,从而操纵另一执行元件或其他元件动作。

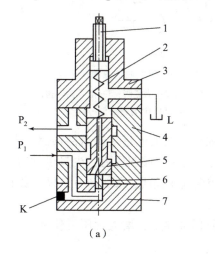
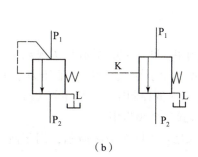

顺序阀

(a)　　　　　　　　　　　　　(b)

图 2-58　顺序阀的结构原理及图形符号

(a) 结构原理；(b) 内控外泄式/外控外泄式职能符号

1—调压螺钉；2—弹簧；3—阀盖；4—阀体；5—阀芯；6—控制活塞；7—下盖

从工作原理上来看，顺序阀与溢流阀的主要区别在于：第一，溢流阀出油口连通油箱，顺序阀的出油口通常连接另一工作油路，因此顺序阀进、出口处的油液都是压力油；第二，溢流阀打开时，进油口的油液压力基本上是保持在调定压力值附近，而顺序阀打开后，进油口的油液压力可以继续升高；第三，溢流阀出油口连通油箱，其内部泄油可通过出油口流回油箱，而顺序阀出油口油液为压力油，且通往另一工作油路，故顺序阀的内部要有单独设置的泄油口。

③顺序阀的应用。

a. 实现执行元件的顺序动作：图2-59所示为实现定位夹紧顺序动作的液压回路。缸A为定位缸，缸B为夹紧缸，要求进程时（活塞向下运动），A缸先动作，B缸后动作；B缸进油路上串联一单向顺序阀，将顺序阀的压力值调定到高于A缸活塞移动时的最高压力；当电磁阀的电磁铁断电时，A缸活塞先动作，定位完成后，油路压力提高，打开顺序阀，B缸活塞动作。回程时，两缸同时供油，B缸的回油路经单向阀回油箱，A、B缸的活塞同时动作。

b. 与单向阀组合成单向顺序阀：如图2-60所示，在平衡回路上，用以防止垂直或倾斜放置的执行元件和与之相连的工作部件因自重而自行下落。

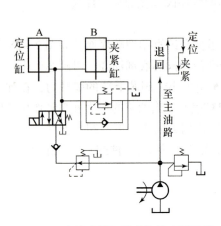

图2-59 定位夹紧顺序动作的液压回路

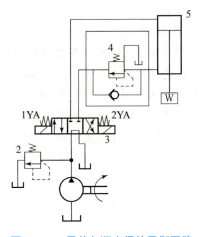

图2-60 用单向顺序阀的平衡回路
1—泵；2—溢流阀；3—电磁换向阀；
4—单向顺序阀；5—液压缸

c. 作为卸荷阀用：图2-61所示为实现双泵供油系统的大流量泵卸荷的回路。大量供油时泵1和泵2同时供油，此时供油压力小于顺序阀3的控制压力；少量供油时，供油压力大于顺序阀3的控制压力，顺序阀3打开，单向阀4关闭，泵2卸荷，只有泵1继续供油。溢流阀起安全阀作用。

d. 作为背压阀用：如图2-62所示，用于液压缸回油路上，增大背压可使活塞的运动速度稳定。

（4）压力继电器

①压力继电器的工作原理。

压力继电器是利用液体压力来启闭电气触点的液压—电气转换元件，它在油液压力达到其设定压力时发出电信号,控制电气元件动作,实现泵的加载或卸荷、执行元件的顺序动作或系统的安全保护和连锁等其他功能。任何压力继电器都是由压力—位移转换装置和微动开关两部分组成的。压力继电器按结构分,有柱塞式、弹簧管式、膜片式和波纹管式四类,其中以柱塞式最为常用。

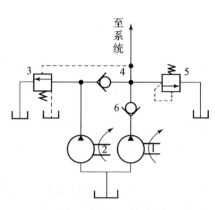

图2-61 双泵供油系统回路
1,2—泵;3—顺序阀;4,6—单向阀;5—溢流阀

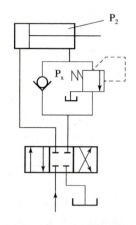

图2-62 顺序阀背压回路

图2-63(a)所示为柱塞式压力继电器的结构原理。压力油从油口P通入,作用在柱塞的底部,若其压力达到弹簧的调定值,便克服弹簧阻力和柱塞表面摩擦力推动柱塞上升,通过顶杆触动微动开关发出电信号。图2-63(b)所示为压力继电器的图形符号。

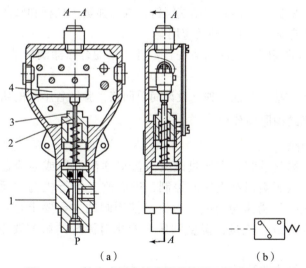

图2-63 柱塞式压力继电器结构原理及图形符号
(a)结构原理;(b)图形符号
1—柱塞;2—顶杆;3—调节螺钉;4—微动开关

②压力继电器的性能参数。
压力继电器的性能参数主要有:

a. 调压范围：指能发出电信号的最低工作压力和最高工作压力的范围。

b. 灵敏度和通断调节区间：压力升高继电器接通电信号的压力（称开启压力）与压力下降继电器复位切断电信号的压力（称闭合压力）之差为压力继电器的灵敏度；为避免压力波动时继电器时通时断，要求开启压力和闭合压力间有一可调节的差值范围，称为通断调节区间。

c. 重复精度：在一定的设定压力下，多次升压（或降压）过程中开启压力和闭合压力本身的差值称为重复精度。

d. 升压或降压动作时间：压力由卸荷压力升到设定压力时，微动开关触角闭合发出电信号的时间称为升压动作时间，反之称为降压动作时间。

③压力继电器的应用。

a. 安全控制：压力继电器可实现安全控制。当系统压力达到压力继电器事先调定的压力值时，压力继电器即发出电信号，使由其控制的系统停止工作，对系统起安全保护作用。

b. 执行元件的顺序动作：压力继电器可实现执行元件的顺序动作。当系统压力达到压力继电器事先调定的压力值时，压力继电器即发出电信号，使由其控制的执行元件开始动作。

（5）直动型压力阀的拆装训练

① 直动型压力阀的拆卸：拆下调压螺母，取出弹簧，分离阀芯、阀体，了解阀的结构、特点、工作原理及应用。

② 先导型压力阀的拆卸：拆卸先导阀调压螺母，取出弹簧，分离先导阀阀芯和阀体；拆卸主阀螺钉，取出弹簧，分离主阀阀芯和阀体，了解阀的结构、工作原理及应用。

③ 压力继电器的拆卸：拆卸控制端螺钉，取出弹簧、杠杆和阀芯，拆卸微动开关，了解压力继电器的结构、工作原理及应用。

④ 压力控制阀的装配：装配前清洗各零件，给配合面涂润滑油，按照拆卸的反向顺序装配。

⑤ 压力控制阀的功能验证：独立设计简单回路，验证各个阀的功能。

4. 流量控制阀结构原理分析

（1）流量控制阀

流量控制阀简称流量阀，它通过改变节流口通流面积或通流通道的长短来改变局部阻力的大小，从而实现对流量的控制，进而改变执行机构的运动速度。常用的流量控制阀有节流阀和调速阀两种。对流量控制阀的主要要求是：具有足够的调节范围；能保证稳定的最小流量；温度和压力变化对流量的影响要小；调节方便，泄漏小等。

（2）节流口流量特性及形式

①节流口的流量特性。

节流口的流量特性是指液体流经节流口时，通过节流口的流量所受到的影响因素，以及这些因素与流量之间的关系。分析节流特性的理论依据是节流口的流量特性方程：

$$q = CA_{\mathrm{T}}(\Delta p)^m$$

式中：q——流经节流口的流量；

C——由节流口形状、流动状态、油液性质等因素决定的系数；

A_{T}——节流口通流截面面积；

Δp——节流口前后压力差；

m——节流指数，对于薄壁小孔 $m=0.5$，对于细长小孔 $m=1$。

由上式可知：当压力差 Δp 一定时，改变通流面积 A 可改变通过节流口的流量。流经节流口的流量稳定性与节流口前后压力差、油温及节流口形状有关：

a. 压力差 Δp 发生变化时，流量也发生变化，且 m 越大，Δp 的影响就越大，因此节流口宜制成薄壁孔（$m=0.5$）。

b. 油温变化会引起工作油液黏度发生变化，从而对流量产生影响，这在细长孔式节流口上是十分明显的。对薄壁孔式节流口来说，薄壁孔受温度的影响较小。

c. 当节流口的通流截面面积小到一定程度时，在保持所有因素都不变的情况下，通过节流口的流量会出现周期性的脉动，甚至造成断流，这就是节流口的阻塞现象，节流口的阻塞会使液压系统中执行元件的速度不均匀。每个节流阀都有一个能正常工作的最小流量限制，称为节流阀的最小稳定流量。为减小阻塞现象，可采用水力半径大的节流口，选择化学稳定性和抗氧化性好的油液并保持油液的清洁，这样可提高流量稳定性。

② 节流口的形式。

节流阀的结构主要取决于节流口的形式，常见节流口的形式主要有如图 2-64 所示的几种。

如图 2-64（a）所示，其节流口的截面形式为环形缝隙。当改变阀芯轴向位置时，通流面积发生改变。此节流口的特点是：结构简单，易于制造，但水力半径小，流量稳定性差，适用于对节流性能要求不高的系统。

如图 2-64（b）所示，在阀芯上开有周向偏心槽，其截面为三角槽，转动阀芯可改变通流截面面积。这种节流口水力半径较针阀式节流口大，流量稳定性较好，但在阀芯上有径向不平衡力，使阀芯转动费力，一般用于低压系统。

如图 2-64（c）所示，在阀芯截面轴向开有两个轴向三角槽，当轴向移动阀芯时，三角槽与阀体间形成的节流口面积发生变化。这种节流口的工艺性好，径向力平衡，水力半径较大，调节方便，广泛应用于各种流量阀中。

如图 2-64（d）所示，为得到薄壁孔的效果，在阀芯内孔局部铣出一薄壁区域，然后在薄壁区开出一周向缝隙。此节流口形状近似矩形，通流性能较好，由于接近于薄壁孔，故其流量稳定特性也较好。

如图 2-64（e）所示，此节流口的形式为在阀套外壁铣削出一薄壁区域，然后在其中间开一个近似梯形窗口（如图中 A 向放大图所示）。圆柱形阀芯在阀套光滑圆孔内轴向移动时，阀芯前沿与阀套所开的梯形窗口之间形成由矩形到三角形变化的节流口，由于更接近于薄壁孔，故通流性能较好，这种节流口为目前最好的节流口之一，用于要求较高的节流阀上。

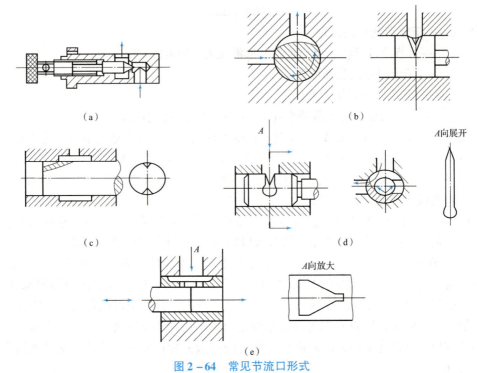

图 2-64 常见节流口形式

(a) 针阀节流口；(b) 偏心槽式节流口；(c) 三角槽式节流口；(d) 旋转槽式节流口；(e) 缝隙式节流口

(3) 节流阀

① 节流阀工作原理。

图 2-65 所示为一种普通节流阀的结构原理及图形符号。这种节流阀的节流通道呈轴向三角槽式。油液从进油口 P_1 流入，经孔道 a 和阀芯左端的三角槽进入孔道 b，再从出油口 P_2 流出。调节手柄就能通过推杆使阀芯做轴向移动，通常通过改变节流口的通流截面面积来调节流量，阀芯在弹簧的作用下始终紧贴在推杆上。

② 节流阀的应用。

a. 进油口节流调速：将普通节流阀安置在液压缸工进时的进油管路上，和定量泵、溢流阀共同组成节流阀进口节流调速回路，如图 2-66 所示。

b. 出油口节流调速：将普通节流阀安置在液压缸工进时的回油管路上，与定量泵、溢流阀共同组成节流阀出口节流调速回路，如图 2-67 所示。

在上述两种调速回路中，节流阀的开口调大，液压缸的速度便提高；反之则降低，即调节节流阀通流截面（开口）的大小即可调整液压缸的运动速度。

c. 旁路节流调速：将普通节流阀安置在与液压缸工进时并联的管路上，与定量泵和溢流阀便构成了节流阀旁路节流调速回路，如图 2-68 所示。调节节流阀的开口大小便可调整液压缸的运动速度。与进口、出口调速不同的是，节流阀的开口调大，液压缸的速度降低；反之亦然。这里的溢流阀作为安全阀用，即系统正常工作时，溢流阀关闭；系统过载并达到事先设定的危险压力时，溢流阀开启、溢流，使系统压力不再升高，起到安全保护作用。

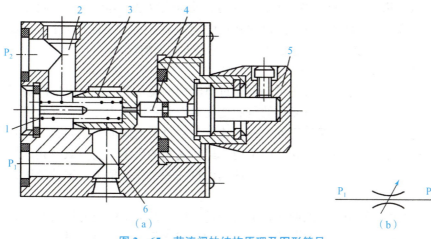

图 2-65 节流阀的结构原理及图形符号

(a) 结构原理；(b) 图形符号

1—弹簧；2—孔道 (b)；3—阀芯；4—推杆；5—调节手柄；6—孔道 (a)

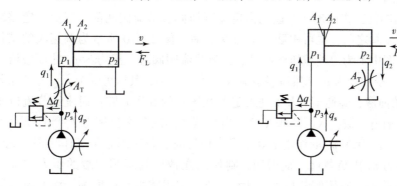

图 2-66 普通节流阀的进口节流调速回路　　图 2-67 普通节流阀的出口节流调速回路

d. 作为背压阀用：将普通节流阀安置在液压缸工进时回油管路上，可使液压缸的回油建立起压力 p_2，即形成背压，作为背压阀用，如图 2-69 所示。

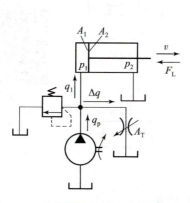

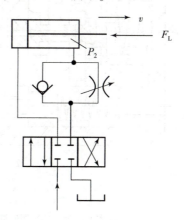

图 2-68 普通节流阀的旁路节流调速回路　　图 2-69 普通节流阀作为背压阀用

e. 组成容积节流调速回路：普通节流阀和差压式变量泵等组合在一起可构成容积节流调速回路。通常通过调节节流口的开口面积来调节液压缸的工作速度，进而调节节流阀的流量，节流阀流量的稳定性受压力和温度的影响较大。

(4) 调速阀和溢流节流阀

通过节流口的流量特性方程可知，通过节流阀的流量受其进、出口两端压差变化的影响。在液压系统中，执行元件的负载变化时引起系统压力变化，进而使节流阀两端的压差也发生变化，而执行元件的运动速度与通过节流阀的流量有关。因此负载变化，其运动速度也相应发生变化。为了使流经节流阀的流量不受负载变化的影响，必须对节流阀前后的压差进行压力补偿，使其保持在一个稳定值上，这种带压力补偿的流量阀称为调速阀。

目前，在调速阀中所采取的保持节流阀前、后压差恒定的压力补偿的方式主要有两种：其一是将定差减压阀与节流阀串联，称为调速阀；其二是将溢流阀与节流阀并联，称为溢流节流阀。在此着重介绍这两种阀。

①调速阀。

a. 调速阀的工作原理：调速阀由定差减压阀和节流阀两部分组成。定差减压阀可以串联在节流阀之前，也可串联在节流阀之后。图 2－70 所示为调速阀的结构原理及图形符号，图中 1 为定差减压阀阀芯，2 为节流阀阀芯，压力为 p_1 的油液流经减压阀阀口 X_R 后，压力降为 p_2，然后经节流阀节流口流出，其压力降为 p_3。进入节流阀前的压力为 p_2 的油液，经通道 e 和 f 进入定差减压阀的 b 和 c 腔；而流经节流口压力为 p_3 的油液，经通道 g 被引入减压阀 a 腔。当减压阀的阀芯在弹簧力 F_s、液动力 F_y、液压力 $A_3 p_3$ 和 $(A_1 + A_2) p_2$ 的作用下处于平衡位置时，调速阀处于工作状态。此时，若调速阀出口压力 p_3 因负载增大而增加，则作用在减压阀阀芯左端的压力增加，阀芯失去平衡向右移动，减压阀开口 X_R 增大，减压作用减小，p_2 增加，而节流口两端压差

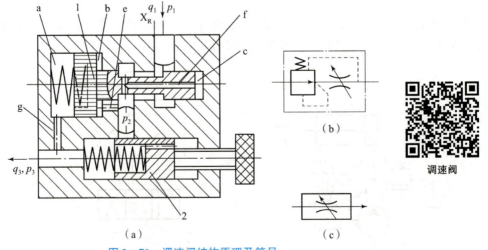

图 2－70 调速阀结构原理及符号

(a) 结构原理；(b) 图形符号；(c) 简化图形符号
1—定差减压阀阀芯；2—节流阀阀芯

$\Delta p = p_2 - p_3$ 基本保持不变。同理，当 p_3 减小时，减压阀阀芯左移，p_2 也减小，节流口两端压差同样基本不变。这样，通过节流口的流量基本不会因负载的变化而改变。

b. 调速阀的应用：调速阀的应用与节流阀相似，凡是节流阀能应用的场合，调速阀均可应用。与普通节流阀不同的是，调速阀应用于对速度稳定性要求较高的液压系统中。

②溢流节流阀。

a. 溢流节流阀的工作原理：溢流节流阀是溢流阀与节流阀并联而成的组合阀，它也能补偿因负载变化而引起的流量变化。图2-71所示为溢流节流阀结构原理及图形符号。与调速阀不同，用于实现压力补偿的差压式溢流阀1的进口与节流阀2的进口并联，节流阀的出口接执行元件，差压式溢流阀的出口接回油箱。节流阀的前、后压力 p_1 和 p_2 经阀体内部通道反馈作用于差压式溢流阀的阀芯两端，在溢流阀阀芯受力平衡时，压力差 $p_1 - p_2$ 被弹簧力确定，基本不变，因此流经节流阀的流量基本稳定。

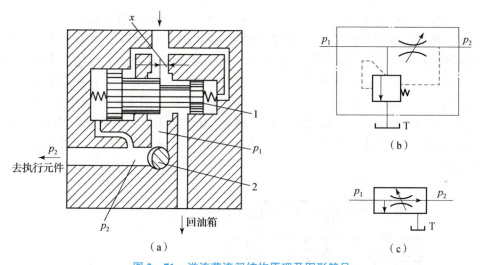

图2-71 溢流节流阀结构原理及图形符号
(a) 结构原理；(b) 图形符号；(c) 简化图形符号
1—差压式溢流阀；2—节流阀

b. 溢流节流阀的应用：溢流节流阀和调速阀都能使速度基本稳定，但其性能和使用范围不完全相同。主要差别如下：

● 溢流节流阀的入口压力即泵的供油压力 p 随负载的大小而变化。负载大，供油压力大；反之亦然。因此泵的功率输出合理、损失较小，效率比采用调速阀的调速回路高。

● 溢流节流阀的流量稳定性较调速阀差，在小流量时尤其如此。因此，在有较低稳定流量要求的场合不宜采用溢流节流阀，而对速度稳定性要求不高、功率又较大的节流调速系统中，如插床、拉床、刨床中应用较多。

● 在使用中，溢流节流阀只能安装在节流调速回路的进油路上，而调速阀在节流调速回路的进油路、回油路和旁油路上都可以应用。因此，调速阀比溢流节流阀应用广泛。调速阀由定差减压阀和一个可调节流阀串联组合而成，用定差减压阀来保证可调节流阀前后的压力差 Δp 不受负载变化的影响，从而使通过节流阀的流量保持稳定。

（5）节流阀的拆装训练

a. 节流阀的拆卸：拆下流量调压螺母，取出推杆、阀芯、弹簧，了解阀的结构、特点、工作原理及应用。

b. 调速阀的拆卸：拆卸下调速阀中的节流阀，拆下减压阀的螺钉，取出减压阀的弹簧和阀芯，了解阀的结构、工作原理及应用。

c. 流量控制阀的装配：装配前清洗各零件，给配合面涂润滑油，按照拆卸的反向顺序装配。

d. 流量控制阀的功能验证：独立设计简单回路，验证各个阀的功能。

5. 插装阀与叠加阀结构原理分析

（1）插装阀

①插装阀的工作原理。

插装阀的结构原理及图形符号如图 2-72 所示，它由控制盖板、插装单元（包括阀套、弹簧、阀芯及密封件）、插装块体和先导型控制阀组成。由于这种阀的插装单元在回路中主要起通、断作用，故又称二通插装阀。二通插装阀的工作原理相当于一个液控单向阀。图中 A 和 B 为主油路仅有的两个工作油口，K 为控制油口（与先导阀相接）。当 K 口无液压力作用时，阀芯受到的向上的油液压力大于弹簧力，阀芯开启，A 与 B 相通，至于液流的方向，视 A、B 口的压力大小而定。反之，当 K 口有油液压力作用，且 K 口的油液压力大于 A 和 B 口的油液压力时，才能保证 A 与 B 之间关闭。

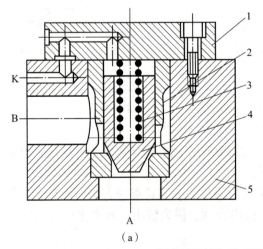 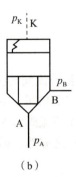

（a）　　　　　　　　　　（b）

图 2-72　插装阀的结构原理及图形符号

（a）结构原理；（b）图形符号

1—控制盖板；2—阀套；3—弹簧；4—阀芯；5—插装块体

插装阀通过与各种先导阀组合，便可组成方向控制阀、压力控制阀和流量控制阀，其结构如图 2-73 所示。

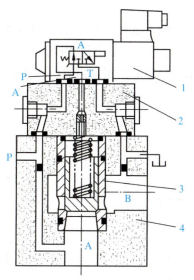

图 2-73 插装阀的组成

1—先导型控制阀；2—控制盖板；3—逻辑单元（主阀）；4—阀块体

② 方向控制插装阀。

插装阀可以组成各种方向控制阀，如图 2-74 所示。图 2-74（a）所示为单向阀，当 $p_A > p_B$ 时，阀芯关闭，A 与 B 不通；而当 $p_B > p_A$ 时，阀芯开启，油液从 B 流向 A。图 2-74（b）所示为二位二通阀，当电磁阀断电时，阀芯开启，A 与 B 接通；当电磁阀通电时，阀芯关闭，A 与 B 不通。图 2-74（c）所示为二位三通阀，当电磁阀断电时，A 与 T 接通；当电磁阀通电时，A 与 P 接通。图 2-74（d）所示为二位四通阀，当电磁阀断电时，P 与 B 接通，A 与 T 接通；当电磁阀通电时，P 与 A 接通，B 与 T 接通。

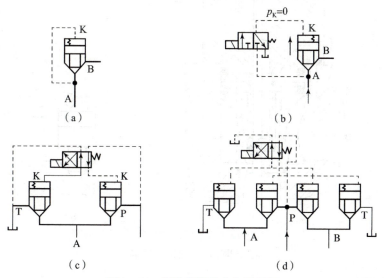

图 2-74 插装阀作为方向控制阀

（a）单向阀；（b）二位二通阀；（c）二位三通阀；（d）二位四通阀

③压力控制插装阀。

插装阀可以组成压力控制阀,如图 2-75 所示。在图 2-75 (a) 中,如 B 接油箱,则插装阀用作溢流阀,其原理与先导型溢流阀相同;如 B 接负载,则插装阀起顺序阀的作用。图 2-75 (b) 所示为电磁溢流阀,当二位二通电磁阀通电时起卸荷作用。

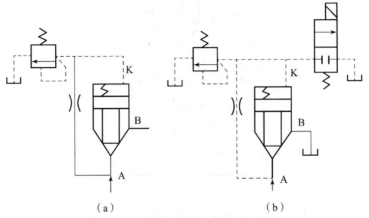

图 2-75 插装阀作为压力控制阀
(a) 溢流阀;(b) 电磁溢流阀

④流量控制插装阀。

二通插装节流阀的结构原理及图形符号如图 2-76 所示。在插装阀的控制盖板上有阀芯限位器,用来调节阀芯开度,从而起到流量控制阀的作用。若在二通插装阀前串联一个定差减压阀,则可组成二通插装调速阀。

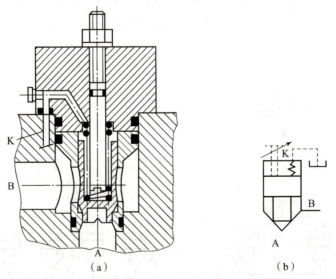

图 2-76 二通插装节流阀的结构原理及图形符号
(a) 结构原理图;(b) 图形符号

(2) 叠加阀
①叠加式液压阀的工作原理。

叠加式液压阀简称叠加阀，它是在板式阀集成化的基础上发展起来的集成式液压元件。叠加阀的结构特点是阀体本身除容纳阀芯外，还兼有通道体的作用，即每个阀体上都加工出公共油液通道，各阀芯相应油口在阀体内与公共油道相接，从而能用其阀体的上、下安装面进行叠加式无管连接，组成集成化液压系统。使用叠加阀可实现液压元件间的无管化集成连接，并使液压系统连接方式大为简化、系统紧凑、功耗减少、设计安装周期缩短。

在叠加式液压系统中一个主换向阀及相关的其他控制阀所组成的子系统可以叠加成一阀组，阀组与阀组之间可以用底板或油管连接形成总液压回路，其外观如图 2-77 所示。

目前，叠加阀的生产已形成系列，每一种通径系列叠加阀的主油路通道的位置、直径以及安装螺钉的大小、位置和数量都与相应通径的主换向阀相同。因此，每一通径系列的叠加阀都可叠加起来组成相应的液压系统。

叠加阀根据工作性能可分为单功能叠加阀和复合功能叠加阀两类。

②单功能叠加阀。

单功能叠加阀与普通板式液压阀一样，也有压力控制阀（溢流阀、减压阀、顺序阀等）、流量控制阀（节流阀、调速阀等）和方向控制阀（只有单向阀，主换向阀不属于叠加阀）等。为便于连接形成系统，每个阀体上都具备 P、

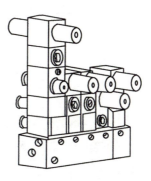

图 2-77　叠加式液压系统外观

T、A、B 四条贯通的通道，阀内油口根据阀的功能分别与自身相应的通道相连接。为便于叠加，在阀体的接合面上，上述各通道的位置相同。由于结构的限制，这些通道多数为精密铸造成型的异形孔。

单功能叠加阀的控制原理、内部结构均与普通同类板式液压阀相似，在此仅以溢流阀为例，说明叠加阀的结构特点。

图 2-78 所示为先导型叠加式溢流阀的结构原理及图形符号。图中先导阀为锥阀，主阀芯前端为锥面的圆柱形。压力油从阀口 P 进入主阀芯右端 e 腔，作用于主阀芯 6 右端，同时通过小孔 d 进入主阀芯左腔 b，再通过小孔 a 作用于锥阀芯 3 上。当进油口压力小于阀的调整压力时，锥阀芯关闭，主阀芯无溢流，当进油口压力升高，达到阀的调整压力后，锥阀芯打开，液流经小孔 d、a 到达出油口 T_1，液流流经阻尼孔 d 时产生压力降，使主阀芯两端产生压力差，此压力差克服弹簧力使主阀芯 6 向左移动，主阀芯开始溢流。调节推杆 1 可压缩弹簧 2，从而调节阀的调定压力。图 2-78（b）所示为先导型叠加式溢流阀的图形符号。

③复合功能叠加阀。

复合功能叠加阀又称为多机能叠加阀，它是在一个控制阀芯单元中实现两种以上控制机能的叠加阀。在此以顺序背压阀为例，介绍复合叠加阀的结构特点。

图 2-79 所示为顺序背压叠加阀的结构原理和图形符号，其作用是在差动系统中，当执行元件快速运动时，保证液压缸回油畅通；当执行元件进入工进工作过程后，顺

序阀自动关闭,背压阀工作,在油缸回油腔建立起所需的背压。该阀的工作原理为:当执行元件快进时,A口的压力低于顺序阀的调定压力值,主阀芯在调压弹簧的作用下处于左端,油口B液流畅通,顺序阀处于常通状态。执行元件进入工进后,由于流量阀

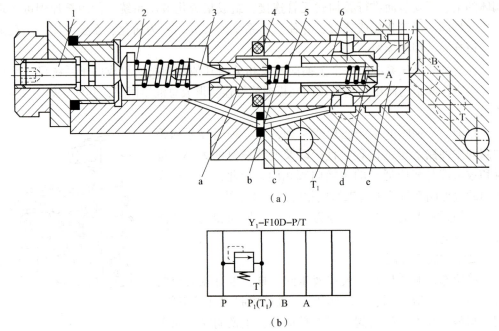

图2-78 先导型叠加式溢流阀的结构原理及图形符号

(a)结构原理;(b)图形符号

1—推杆;2、5—弹簧;3—锥阀芯;4—锥阀座;6—主阀芯

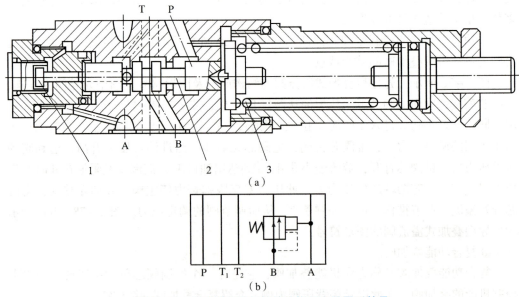

图2-79 顺序背压叠加阀的结构原理及图形符号

(a)结构原理;(b)图形符号

1—控制活塞;2—主阀芯;3—减压弹簧

的作用，使系统的压力提高，当进油口 A 的压力超过顺序阀的调定值时，控制活塞推动主阀芯右移，油路 B 被截断，顺序阀关闭，此时 B 腔回油阻力升高，压力油作用在主阀芯上开有轴向三角槽的台阶左端面上对阀芯产生向右的推力，主阀芯 1 在 A、B 两腔油压的作用下继续向右移动使节流阀口打开，B 腔的油液经节流口回油，使 B 腔回油保持一定的压力。

6. 电液比例阀、伺服阀与电液数字阀结构原理分析

（1）电液比例阀

前述各种阀大多是手动调节和开关式控制的阀，其输出参数在处于工作状态时是不可调节的，而电液比例阀是一种可以按输入的电气信号连续或按比例地对油液的压力、流量或方向进行远距离控制的阀，广泛应用于要求对液压参数进行连续控制或程序控制，但对控制精度和动态特性要求不太高的液压系统中。

现在的比例阀，一类是由电液伺服阀简化结构、降低精度发展起来的；另一类是用比例电磁铁取代普通液压阀的手调装置或电磁铁发展起来的。这里介绍的均指后者，它是当今比例阀的主流。

电液比例阀的构成，从原理上讲相当于在普通液压阀上装上一个比例电磁铁以代替原有的控制（驱动）部分。比例电磁铁是一种直流电磁铁，与普通换向阀用电磁铁的不同主要在于，比例电磁铁的输出推力与输入的线圈电流基本成比例。这一特性使比例电磁铁可作为液压阀中的信号给定元件。

普通电磁换向阀所用的电磁铁只要求有吸合和断开两个位置，并且为了增加吸力，在吸合时磁路中几乎没有气隙。而比例电磁铁则要求吸力（或位移）和输入电流成比例，并在衔铁的全部工作位置上，磁路中保持一定的气隙。图 2-80 所示为比例电磁铁的结构原理。

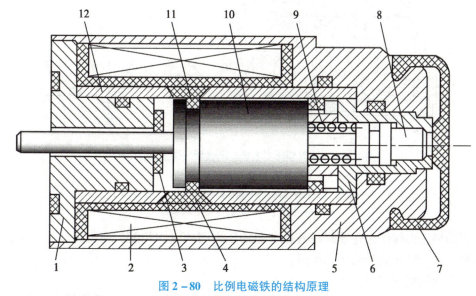

图 2-80 比例电磁铁的结构原理

1—轭铁；2—线圈；3—限位环；4—隔磁环；5—壳体；6—内盖；7—盖；8—调节螺钉；
9—弹簧；10—衔铁；11—（隔磁）支承环；12—导向套

根据用途和工作特点的不同，电液比例阀可以分为电液比例压力阀、电液比例方向阀和电液比例流量阀三大类。

下面对三类比例阀的工作原理进行简单介绍。

①电液比例压力阀。

用比例电磁铁取代先导型溢流阀的手调装置（调压手柄），便可组成先导型比例溢流阀，如图 2-81 所示。该阀下部与普通溢流阀的主阀相同，上部则为先导型比例压力阀。该阀还附有一个手动调整的安全阀（先导阀）9，用以限制比例溢流阀的最高压力，以避免因电子仪器发生故障而使得控制电流过大，压力超过系统允许最大压力的可能性。比例电磁铁的推杆向先导阀阀芯施加推力，该推力作为先导级压力负反馈的指令信号。随着输入电信号强度的变化，比例电磁铁的电磁力将随之发生变化，从而改变指令力 $P_{指}$ 的大小，使锥阀的开启压力随输入信号的变化而变化。若输入信号连续地、按比例地或按一定程序变化，则比例溢流阀所调节的系统压力也连续地、按比例地或按一定的程序进行变化。因此，比例溢流阀多用于系统的多级调压或实现连续的压力控制。

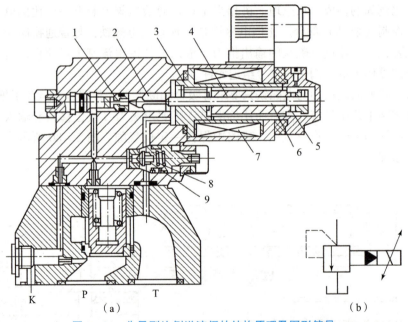

图 2-81　先导型比例溢流阀的结构原理及图形符号

(a) 结构原理；(b) 图形符号

1—阀座；2—先导锥阀；3—轭铁；4—衔铁；5,8—弹簧；
6—推杆；7—线圈；9—先导阀

直动型压力阀作为先导阀与其他普通的压力阀的主阀相配，便可组成先导型比例溢流阀、比例顺序阀和比例减压阀。

②电液比例方向阀。

用比例电磁铁取代电磁换向阀中的普通电磁铁，便构成直动型比例方向节流阀。由于使用了比例电磁铁，故阀芯不仅可以换位，而且换位的行程可以连续或按比例地变化，进而连通油口间的通流截面面积也可以连续或按比例地变化，所以比例方向节流阀不仅能控制执行元件的运动方向，而且能控制其速度。

部分比例电磁铁前端还附有位移传感器，能准确地测定电磁铁的行程，并向电子放大器发出电反馈信号。电子放大器将输入信号和反馈信号加以比较后，再向电磁铁发出纠正信号以补偿误差，因此阀芯位置的控制更加精确。

③电液比例流量阀。

用比例电磁铁取代节流阀或调速阀的手调装置，以输入电信号控制节流口开度，便可连续或按比例地远程控制其输出流量，实现执行部件的速度调节。节流阀芯由比例电磁铁的推杆操纵，输入的电信号不同，则电磁力不同，推杆受力不同，与阀芯左端弹簧力平衡后，便有不同的节流口开度。由于定差减压阀已经保证了节流口前后压差为定值，所以一定的输入电流就对应一定的输出流量，不同的输入信号变化就对应着不同的输出流量变化。

（2）电液伺服阀

电液伺服阀是20世纪40年代为满足航空、军工应用的需要而出现的一种液压控制阀，比电液比例阀的精度更高、响应更快，其输出流量或压力受输入的电气信号控制，伺服阀价格较高，对过滤精度的要求也较高。电液伺服阀目前广泛应用于要求高精度控制的自动控制设备中，用以实现位置控制、速度控制和力的控制等。电液伺服阀和电液伺服系统的动态过程非常复杂，这里仅对电液伺服阀的工作原理进行简单介绍。

电液伺服阀由伺服放大器进行控制。伺服放大器的输入电压信号来自电位器、信号发生器、同步机组和计算机的D/A数模转换器输出的电压信号等，其输出参数即电—机械转换器（力矩马达）的电流与输入电压信号成正比。伺服放大器是具有深度电流负反馈的电子放大器，一般主要包括比较元件（即加法器或误差检测器）、电压放大器和功率放大器等三部分。电液伺服阀在系统中一般不用做开环控制，系统的输出参数必须进行反馈，形成闭环控制。有的电液伺服阀还有内部状态参数的反馈。

图2-82所示为一典型的电液伺服阀，由电—机械转换器、液压控制阀和反馈机构三部分组成。

电液控制阀的电—机械转换器的直接作用是将伺服放大器输入的电流转换为力矩或力（前者称为力矩马达、后者称为力马达），进而转换为在弹簧支撑下阀的运动部件的角位移（力矩马达）或直线位移（力马达），以控制阀口的通流截面面积大小。

图2-82（a）的上部及图2-82（b）表示力矩马达的结构。衔铁7和挡板2为一整体，由固定在阀座上的弹簧管3支撑。挡板下端的球头插入滑阀10的凹槽，前后两块永久磁铁5与导磁体6、8形成一固定磁场。当线圈4内无控制电流时，导磁体6、8和衔铁间四个间隙中的磁通相等，且方向相同，衔铁受力平衡处于中位。当线圈中有控制电流时，一组对角方向气隙中的磁通增加，另一组对角方向气隙中的磁通减小，于是衔铁在磁力的作用下克服弹簧管的弹力偏移一个角度，挡板随衔铁偏转而改变其与两个喷嘴1与挡板间的间隙，一个间隙减小，另一个间隙相应增加。该电液伺服阀的液压阀部分为双喷嘴挡板先导阀控制的功率级滑阀式主阀，压力油经P口直接为主阀供油，但进喷嘴挡板的油则需经过滤器12进一步过滤。

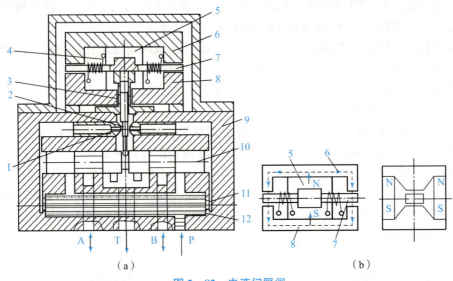

图 2-82 电液伺服阀
(a) 电液伺服阀结构；(b) 力矩马达结构
1—喷油器；2—挡板；3—弹簧管；4—线圈；5—永久磁铁；6,8—导磁体；
7—衔铁；9—阀体；10—滑阀；11—节流孔；12—过滤器

当挡板偏转使其与两个喷嘴间隙不等时，间隙小的一侧的喷嘴腔压力升高，反之间隙大的一侧喷嘴腔压力降低。这两腔压差作用在滑阀的两端面上，使滑阀产生位移，阀口开启。这时压力油经 P 口和滑阀的一个阀口并经通口 A 或 B 流向液压缸（或马达），液压缸（或马达）的排油则经通口 B 或 A 和另一阀口并经通口 T 与回油相通。

滑阀移动时带动挡板下端球头一起移动，从而在衔铁挡板组件上产生力矩，形成力反馈，因此这种阀又称力反馈伺服阀。稳态时衔铁挡板组件在驱动电磁力矩、弹簧管的弹性反力矩、喷嘴液动力产生的力矩、阀芯位移产生的反馈力矩的作用下保持平衡。输入电流越大，电磁力矩越大，阀芯位移即阀口通流面积也越大，在一定阀口压差（如 7 MPa）下，通过阀的流量也越大，即在一定阀口压差下，阀的流量近似与输入电流成正比。当输入电流极性反向时，输出流量也反向。

电液伺服阀的反馈方式除上述力反馈外还有阀芯位置直接反馈、阀芯位移电反馈、流量反馈、压力反馈（压力伺服阀）等多种形式。电液伺服阀内的某些反馈主要用于改善其动态特性，如动压反馈等。

上述电液伺服阀液压部分为二级阀，伺服阀也有单级的和三级的，三级伺服阀主要用于大流量场合。电液伺服阀的电—机械转换器除力矩马达等动铁式外，还有动圈式和压电陶瓷式等。

(3) 数字阀

电液数字阀，简称数字阀，是用数字信息直接控制阀口的开启和关闭，从而实现液流压力、流量、方向控制的一种液压控制阀。数字阀可直接与计算机接口相连，不需要 D/A 转换器。与伺服阀及比例阀相比，数字阀结构简单、工艺性好、价格低廉、抗污染能力强、工作稳定可靠和功耗小。在计算机实时控制的电液系统中，已部分取代比例阀或伺服阀，为计算机在液压领域的应用开辟了一条新的途径。这里仅介绍数字阀的工作原理。

对计算机而言，最普通的信号是量化为两个量级的信号，即开和关。用数字量来控制阀的方法有很多，常用的是由脉数调制演变而来的增量控制法以及脉宽调制控制法。

增量控制数字阀采用步进电动机—机械转换器，通过步进电动机，在脉数信号的基础上，使每个采样周期的步数在前一个采样周期的步数上增加或减少步数，以达到需要的幅值，由机械转换器输出位移控制液压阀阀口的开启和关闭。图2-83所示为增量式数字阀控制系统的框图。

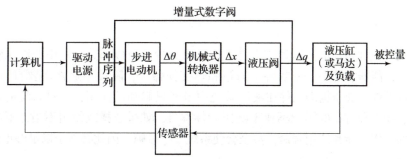

图2-83 增量式数字阀控制系统框图

脉宽调制式数字阀通过脉宽调制放大器将连续信号调制为脉冲信号并放大，然后输送给高速开关数字阀，以开启时间的长短来控制阀的开口大小。在需要做两个方向运动的系统中，要用两个数字阀分别控制不同方向的运动，其控制系统框图如图2-84所示。

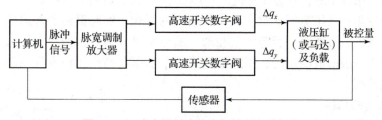

图2-84 脉宽调制式数字阀控制系统框图

图2-85所示为步进电动机直接驱动的数字式流量控制阀的结构。当计算机给出脉冲信号后，步进电动机1转过一个角度$\Delta\theta$，作为机械转换装置的滚珠丝杠2将旋转角度$\Delta\theta$转换为轴向位移Δx直接驱动节流阀阀芯3，开启阀口。开在阀套上的节流口有两个，其中右节流口为非圆周通流，左节流口为全圆周通流。阀芯向左移时先开启右节流口，阀开口较小，移动一段距离后左节流口打开，两节流口同时通油，阀的开口增大。这种节流开口大小分两段调节的形式，可改善小流量时的调节性能。步进电动机转过一定步数，即可控制阀口的一定开度，从而实现流量控制。

该阀没有反馈功能，但装有零位移传感器6，在每个控制周期结束时，阀芯都可在它的控制下回到零位，使阀具有较高的重复精度。

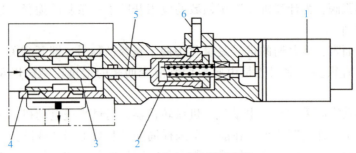

图 2-85 数字式流量控制阀

1—步进电动机；2—滚珠丝杠；3—阀芯；4—阀套；5—连杆；6—零位移传感器

（五）液压辅助元件的认识

液压辅助元件是保证液压系统正常工作不可缺少的组成部分。常用的液压辅助元件有过滤器、蓄能器、管件、密封件、油箱和热交换器等，除油箱通常需要自行设计外，其余皆为标准件。液压辅助元件在液压系统中虽然只起辅助作用，但对系统的性能、效率、温升、噪声和寿命的影响不亚于液压元件本身，如果选择或使用不当，不但会直接影响系统的工作性能和使用寿命，甚至会使系统发生故障，因此必须予以足够重视。

1. 油箱

（1）油箱的功用

油箱在液压系统中的功用是储存油液、散发油液中的热量、沉淀污物并逸出油液中的气体。液压系统中的油箱有整体式和分离式两种。整体式油箱利用主机的内腔作为油箱，这种油箱结构紧凑，各处漏油易于回收，但增加了设计和制造的复杂性，维修不便，散热条件不好，且会使主机产生热变形。分离式油箱单独设置，与主机分开，减少了油箱发热和液压源振动对主机工作精度的影响，因此得到了普遍的应用，特别是在精密机械上。按油面是否与大气相通，油箱又可分为开式油箱与闭式油箱。开式油箱广泛用于一般的液压系统，闭式油箱则用于水下和高空无稳定气压的场合，这里仅介绍开式油箱。

（2）油箱的结构

油箱的典型结构示意图如图 2-86 所示，油箱内部用隔板 7、9 将吸油管 1 与回油管 4 隔开。顶部、侧部和底部分别装有过滤网 2、液位计 6 和排放污油的放油阀 8。安装液压泵及驱动电机的安装板 5 则固定在油箱顶面上。

为了保证油箱的功用，在结构上应注意以下几个方面：

①便于清洗，油箱底部应有适当斜度，并在最低处设置放油塞，换油时可使油液和污物顺利排出。

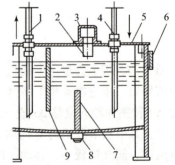

图 2-86 油箱结构示意

1—吸油管；2—过滤网；3—空气过滤器；4—回油管；5—安装板；6—液位计；7，9—隔板；8—放油阀

②在易见的油箱侧壁上设置液位计（俗称油标），以指示油位高度。

③油箱加油口应安装过滤网，油口上应有带通气孔的盖。

④吸油管与回油管之间的距离要尽量远些，并采用多块隔板隔开，分成吸油区和回油区，隔板高度约为油面高度的3/4。

⑤吸油管口离油箱底面距离应大于2倍油管外径，离油箱边距离应大于3倍油管外径。吸油管和回油管的管端应切成斜口，回油管的斜口应朝向箱壁。

设计油箱容量必须保证液压设备停止工作时，系统中的全部油液流回油箱时不会溢出，而且还有一定的预备空间，即油箱液面不超过油箱高度的80%；液压设备管路系统内充满油液工作时，油箱内应有足够的油量，使液面不致太低，以防止液压泵吸油管处的滤油器吸入空气。通常油箱的有效容量为液压泵额定流量的2.6倍。一般随着系统压力的升高，油箱的容量应适当。

油箱的有效容量可按下述经验公式确定：

$$V = mq$$

式中：V——油箱的有效容量；

q——液压泵的流量；

m——经验系数，低压系统 $m = 2 \sim 4$，中压系统 $m = 5 \sim 7$，中、高压或高压系统 $m = 6 \sim 12$。

对功率较大且连续工作的液压系统，必要时还要进行热平衡计算，以此确定油箱容量。

（3）油箱与液压泵的安装

油箱的液压泵和电动机的安装有两种方式，即卧式和立式，如图 2-87 所示。卧式安装时，液压泵及油管接头露在油箱外面，安装和维修较方便；立式安装时，液压泵和油管接头均在油箱内部，便于收集漏油，油箱外形整齐，但维修不方便。

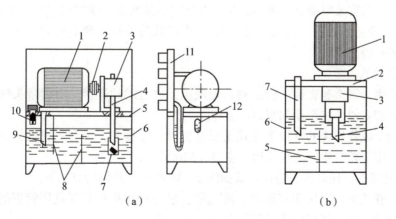

图 2-87　油箱的安装形式

(a) 油箱卧式安装示意图；1—电动机；2—联轴器；3—液压泵；4—吸油管；5—盖板；6—油箱体；7—过滤器；8—隔板；9—回油口；10—加油口；11—控制阀连接板；12—液位计管

(b) 油箱立式安装示意图；1—电动机；2—盖板；3—液压泵；4—吸油管；5—液位计；6—油箱体；7—回油管

2. 油管和管接头

液压系统中将管道、管接头和法兰等通称为管件，其作用是保证油路的连通，并便于拆卸、安装；根据工作压力、安装位置确定管件的连接结构；与泵、阀等连接的管件应由其接口尺寸决定管径。

(1) 油管

① 油管的类型与作用。

在液压传动中，常用的油管有钢管、紫铜管、尼龙管、塑料管和橡胶软管。

● 钢管：钢管能承受高压，油液不易氧化，价格低廉，但装配弯形较困难。常用的有10号、16号冷拔无缝钢管，主要用于中、高压系统中。

● 紫铜管：紫铜管装配时弯形方便，且内壁光滑，摩擦阻力小，但易使油液氧化，耐压力较低，抗振能力差。一般适用于中、低压系统中。

● 尼龙管：尼龙管弯形方便，价格低廉，但寿命较短，可在中、低压系统中部分替代紫铜管。

● 橡胶软管：橡胶软管由耐油橡胶夹以1~3层钢丝编织网或钢丝绕层做成。其特点是装配方便，能减轻液压系统的冲击、吸收振动，但制造困难，价格较贵，寿命短，一般用于有相对运动部件间的连接。

● 耐油塑料管：耐油塑料管价格便宜，装配方便，但耐压力低，一般用于泄漏油管。

② 油管的安装要求。

● 管道应尽量短，最好横平竖直、拐弯少，为避免管道皱折，减少压力损失，管道装配的弯曲半径要足够大，管道悬伸较长时要适当设置管夹及支架。

● 管道尽量避免交叉，平行管距要大于10 mm，以防止干扰和振动，并便于安装管接头。

● 软管直线安装时要有一定的余量，以适应油温变化、受拉和振动产生的 -2% ~ +4%的长度变化的需要。弯曲半径要大于10倍软管外径，弯曲处到管接头的距离至少等于6倍外径。

(2) 管接头

管接头用于管道和管道、管道和其他液压元件之间的连接。对管接头的主要要求是安装、拆卸方便，抗振动和密封性能好。

目前用于硬管连接的管接头形式主要有扩口式管接头、卡套式管接头和焊接式管接头三种；用于软管连接的接头形式主要有扣压式。

① 硬管接头：硬管接头连接形式如图2-88所示，具体特点如下：

扩口式管接头：适用于紫铜管、薄钢管、尼龙管和塑料管等低压管道的连接，拧紧接头螺母后，通过管套使管子压紧密封。

卡套式管接头：拧紧接头螺母后，卡套发生弹性变形将管子夹紧，它对轴向尺寸要求不严，装拆方便，但对连接用管道的尺寸精度要求较高。

焊接式管接头：接管与接头体之间的密封方式有球面、锥面接触密封和平面加O形圈密封两种。前者有自位性，安装要求低，耐高温，但密封可靠性稍差，适用于工作压力不高的液压系统；后者密封性好，可用于高压系统。

此外尚有二通、三通、四通、铰接等数种形式的管接头，供不同情况下选用，具体可查阅有关手册。

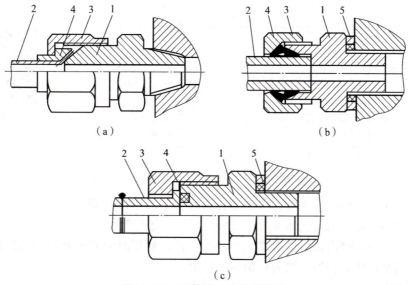

图 2-88　硬管接头的连接形式
(a) 扩口式；1—接头体；2—接管；3—螺母；4—卡套
(b) 卡套式；1—接头体；2—接管；3—螺母；4—卡套；5—组合密封圈
(c) 焊接式；1—接头体；2—接管；3—螺母；4—O 形密封圈；5—组合密封圈

② 软管接头：胶管接头随管径和所用胶管钢丝层数的不同，工作压力在 6～40 MPa 之间，图 2-89 所示为扣压式胶管接头的具体结构。

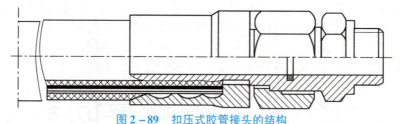

图 2-89　扣压式胶管接头的结构

3. 热交换器

液压系统的工作温度一般希望保持在 30℃～50℃，最高不超过 65℃，最低不低于 15℃，如果液压系统靠自然冷却仍不能使油温控制在上述范围内，则需要安装冷却器；反之，如环境温度太低，无法使液压泵启动或正常运转，则须安装加热器。

（1）冷却器

液压系统中用得较多的冷却器是强制对流式多管头冷却器，如图 2-90 所示，油液从进油口 5 流入，从出油口 3 流出，冷却水从进水口 7 流入，通过多根散热管 6 后由出水口 1 流出，油液在水管外部流动时，其行进路线因冷却器内设置了隔板 4 而加长，因而增加了散热效果。近年来出现了一种翅片管式冷却器，水管外面增加了许多横向或纵向散热翅片,大大扩大了散热面积和热交换效果,其散热面积可达光滑管的 8 ~ 10 倍。

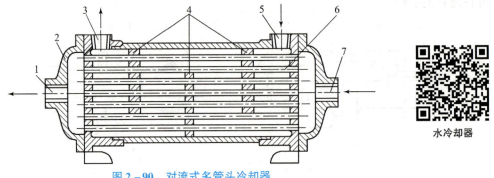

图 2 – 90 对流式多管头冷却器

1—出水口;2—壳体;3—出油口;4—隔板;5—进油口;6—散热管;7—进水口

当液压系统散热量较大时,可使用化工行业中的水冷式板式换热器,它可及时地将油液中的热量散发出去,其参数及使用方法见相应的产品样本。

一般冷却器的最高工作压力在 1.6 MPa 以内,使用时应安装在回油管路或低压管路上,所造成的压力损失一般为 0.01 ~ 0.1 MPa。

(2) 加热器

液压系统的加热一般采用结构简单、能按需要自动调节最高和最低温度的电加热器,这种加热器的安装方式如图 2 – 91 所示,它用法兰盘水平安装在油箱侧壁上,发热部分全部浸在油液内,加热器应安装在油液流动处,以利于热量的交换。由于油液是热的不良导体,故单个加热器的功率容量不能太大,以免其周围油液的温度过高而发生变质现象。

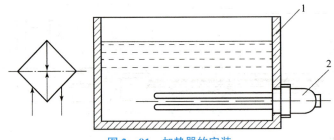

图 2 – 91 加热器的安装

1—油箱;2—电加热器

4. 密封装置

密封是解决液压系统泄漏问题最重要、最有效的手段。液压系统如果密封不好,可能会出现不允许的外泄漏,外漏的油液将会污染环境;还可能使空气进入吸油腔,影响液压泵的工作性能和液压执行元件运动的平稳性(爬行);泄漏严重时,系统容积效率过低,甚至使工作压力达不到要求值。若密封过度,虽可防止泄漏,但会造成密封部分的剧烈磨损,缩短密封件的使用寿命,增大液压元件内的运动摩擦阻力,降低系统的机械效率。因此,合理地选用和设计密封装置在液压系统的设计中十分重要。

（1）系统对密封装置的要求

① 在工作压力和一定的温度范围内，应具有良好的密封性能，并随着压力的增加能自动提高密封性能。

② 密封装置和运动件之间的摩擦力要小，摩擦系数要稳定。

③ 抗腐蚀能力强，不易老化，工作寿命长，耐磨性好，磨损后在一定程度上能自动补偿。

④ 结构简单，使用、维护方便，价格低廉。

（2）常用密封装置结构特点

密封按其工作原理来分可分为非接触式密封和接触式密封。前者主要指间隙密封，后者指密封件密封。

① 间隙密封：间隙密封（见图 2-92）是靠相对运动件配合面之间的微小间隙来进行密封的，常用于柱塞、活塞或阀的圆柱配合副中，一般在阀芯的外表面开有几条等距离的均压槽，它的主要作用是使径向压力分布均匀，减少液压卡紧力，同时使阀芯在孔中对中性好，以减小间隙的方法来减少泄漏。同时槽所形成的阻力对减少泄漏也有一定的作用。均压槽一般宽为 0.3~0.5 mm，深为 0.5~1.0 mm。圆柱面配合间隙与直径大小有关，对于阀芯与阀孔一般取 0.005~0.017 mm。

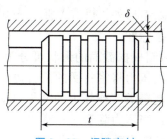

图 2-92　间隙密封

这种密封的优点是摩擦力小，缺点是磨损后不能自动补偿，主要用于直径较小的圆柱面之间，如液压泵内的柱塞与缸体之间、滑阀的阀芯与阀孔之间的配合。

② O 形密封圈：O 形密封圈一般用耐油橡胶制成，其横截面呈圆形，具有良好的密封性能，内外侧和端面都能起到密封作用，结构紧凑，运动件的摩擦阻力小，制造容易，装拆方便，成本低，且高、低压均可以用，所以在液压系统中得到广泛的应用。

图 2-93 所示为 O 形密封圈的结构。图 2-93（a）所示为其外形图；图 2-93（b）所示为装入密封沟槽的情况，δ_1、δ_2 为 O 形密封圈装配后的预压缩量，通常用压缩率 W 表示，即 $W=[(d_0-h)/d_0]\times 100\%$，对于固定密封、往复运动密封和回转运动密封，应分别达到 15%~20%、10%~20% 和 5%~10%，才能取得满意的密封效果。当油液工作压力超过 10 MPa 时，O 形密封圈在往复运动中容易被油液压力挤入间隙而提早损坏 [见图 2-94（a）]，为此要在它的侧面安放 1.2~1.5 mm 厚的聚四氟乙烯挡圈，单向受力时在受力侧的对面安放一个挡圈 [见图 2-94（b）]，双向受力时则在两侧各放一个挡圈 [见图 2-94（c）]。

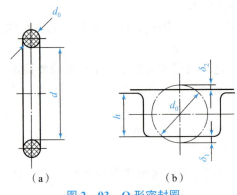

图 2-93　O 形密封圈

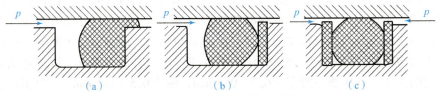

图 2-94　O 形密封圈的工作情况

O 形密封圈的安装沟槽，除矩形外，也有 V 形、燕尾形、半圆形、三角形等，实际应用中可查阅有关手册及国家标准。

③ 唇形密封圈：唇形密封圈根据截面的形状可分为 Y 形、V 形、U 形、L 形等，其工作原理如图 2-95 所示。液压力将密封圈的两唇边 h 压向形成间隙的两个零件的表面。这种密封作用的特点是能随着工作压力的变化自动调整密封性能，压力越高则唇边被压得越紧，密封性越好；当压力降低时，唇边压紧程度也随之降低，从而减少了摩擦阻力和功率消耗，此外还能自动补偿唇边的磨损，保持密封性能不降低。

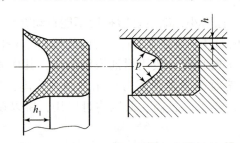

图 2-95　唇形密封圈的工作原理

目前，液压缸中普遍使用如图 2-96 所示的小 Y 形密封圈作为活塞和活塞杆的密封。其中图 2-96（a）所示为轴用密封圈，图 2-96（b）所示为孔用密封圈。这种小 Y 形密封圈的特点是截面宽度和高度的比值大，增加了底部支撑宽度，可以避免摩擦力造成的密封圈的翻转和扭曲。

在高压和超高压情况下（压力大于 25 MPa），V 形密封圈也有应用。V 形密封圈的形状如图 2-97 所示，它由多层涂胶织物压制而成，通常由压环、密封环和支承环三个圈叠在一起使用，此时已能保证良好的密封性，当压力更高时，可以增加中间密封环的数量。V形密封圈在安装时要预压紧，所以摩擦阻力较大。

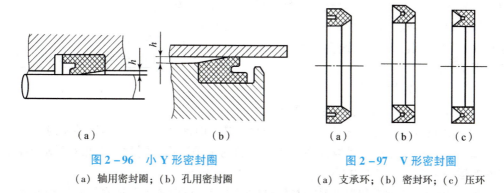

图2-96 小Y形密封圈
(a) 轴用密封圈；(b) 孔用密封圈

图2-97 V形密封圈
(a) 支承环；(b) 密封环；(c) 压环

唇形密封圈在安装时应使其唇边开口面对压力油，使两唇张开，分别紧贴在机件的表面上。

④ 组合式密封装置：随着液压技术的应用日益广泛，系统对密封的要求越来越高，普通的密封圈单独使用已不能很好地满足密封性能，特别是使用寿命和可靠性方面的要求，因此研究和开发了由包括密封圈在内的两个以上元件组成的组合式密封装置。

图2-98（a）所示为O形密封圈与截面为矩形的聚四氟乙烯塑料滑环的组合密封装置。其中，滑环紧贴密封面，O形密封圈为滑环提供弹性预压力，在介质压力等于零时构成密封。由于密封间隙靠滑环而不是O形密封圈，因此摩擦阻力小而且稳定，可以用于40 MPa的高压，往复运动密封时，速度可达15 m/s；往复摆动与螺旋运动密封时，速度可达5 m/s。

矩形滑环组合密封的缺点是抗侧倾能力稍差，在高低压交变的场合下工作容易漏油。图2-98（b）所示为由支承环和O形密封圈组成的轴用组合密封，由于支承环与被密封件之间为线密封，故其工作原理类似唇边密封。支承环采用一种经特别处理的化合物，具有极佳的耐磨性、低摩擦性和保形性，不存在橡胶密封低速时易产生的爬行现象，其工作压力可达80 MPa。

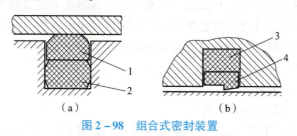

图2-98 组合式密封装置
1，3—O形密封圈；2—滑环；4—支承环

组合式密封装置由于充分发挥了橡胶密封圈和滑环（支承环）的长处，因此不仅工作可靠、摩擦力低而稳定，而且使用寿命比普通橡胶密封提高近百倍，在工程上的应用日益广泛。

⑤ 回转轴的密封装置：回转轴的密封装置形式很多，图2-99所示为一种由耐油橡胶制成的回转轴用密封圈，它的内部有直角形圆环铁骨架支撑着，密封圈的内边围

着一条螺旋弹簧，把内边收紧在轴上来进行密封。这种密封圈主要用作液压泵、液压马达和回转式液压缸的伸出轴的密封，以防止油液漏到壳体外部。它的工作压力一般不超过 0.1 MPa，最大允许线速度为 4~8 m/s，须在有润滑情况下工作。

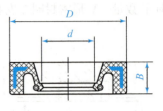

图 2-99 回转轴用密封圈

（3）密封装置的选用

密封件在选用时必须考虑的因素如下：

① 密封的性质，是动密封，还是静密封；是平面密封，还是环行间隙密封。

② 密封是否要求静、动摩擦系数要小，运动是否平稳，同时考虑相对运动耦合面之间的运动速度、工作压力等因素。

③ 工作介质的种类和温度对密封件材质的要求，同时考虑制造和拆装是否方便。

5. 过滤器

（1）过滤器的作用与使用要求

液压油中往往含有颗粒状杂质，会造成液压元件相对运动表面的磨损、滑阀卡滞、节流孔口堵塞，使系统工作可靠性大为降低。液压油液的污染是液压系统发生故障的主要原因，控制污染最主要的措施是使用具有一定过滤精度的过滤器进行过滤。各种液压系统的过滤精度要求如表 2-8 所示。

表 2-8 各种液压系统的过滤精度要求

系统类别	润滑系统	传动系统			伺服系统
工作压力/MPa	0~2.5	<14	14~32	>32	≤21
精度 $d/\mu m$	≤100	25~50	≤25	≤10	≤5

过滤器的过滤精度是指滤芯能够滤除的最小杂质颗粒的大小，以直径 d 作为公称尺寸，按精度可分为粗过滤器（$d < 100~\mu m$）、普通过滤器（$d < 10~\mu m$）、精过滤器（$d < 5~\mu m$）、特精过滤器（$d < 1~\mu m$）。一般对过滤器的基本要求如下：

① 能满足液压系统对过滤精度要求，即能阻挡一定尺寸的杂质进入系统；

② 滤芯应有足够强度，不会因压力而损坏；

③ 通流能力大，压力损失小；

④ 易于清洗或更换滤芯。

（2）过滤器的种类和典型结构

按滤芯的材料和结构形式，过滤器可分为网式过滤器、线隙式过滤器、纸质滤芯式过滤器、烧结式过滤器及磁性过滤器等。按过滤器安放的位置不同，还可以分为吸油过滤器、压油过滤器和回油过滤器，考虑到泵的自吸性能，吸油过滤器多为粗滤器。

① 网式过滤器：图 2-100 所示为网式过滤器，其滤芯以铜网为过滤材料，在周围开有很多孔的塑料或金属筒形骨架上包着一层或两层铜丝网，其过滤精度取决于铜网层数和网孔的大小。这种过滤器结构简单，通流能力大，清洗方便，但过滤精度低，一般用于液压泵的吸油口。

② 线隙式过滤器：线隙式过滤器如图 2-101 所示，用钢线或铝线密绕在筒形骨架的外部来组成滤芯，依靠铜丝间的微小间隙滤除混入液体中的杂质。其结构简单，通流能力大，过滤精度比网式过滤器高，但不易清洗，多为回油过滤器。

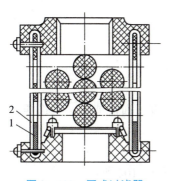

滤油器

图 2-100 网式过滤器
1—骨架；2—铜丝网

图 2-101 线隙式过滤器
1—壳体；2—骨架；3—铜丝

③ 纸质过滤器：纸质过滤器如图 2-102 所示，其滤芯为平纹或波纹的酚醛树脂或木浆微孔滤纸制成的纸芯，将纸芯围绕在带孔的镀锡铁做成的骨架上，以增大强度。为增加过滤面积，纸芯一般做成折叠形。其过滤精度较高，一般用于油液的精过滤，但堵塞后无法清洗，须经常更换滤芯。

④ 烧结式过滤器：烧结式过滤器如图 2-103 所示，其滤芯用金属粉末烧结而成，利用颗粒间的微孔来挡住油液中的杂质通过。其滤芯能承受高压，抗腐蚀性好，过滤精度高，适用于要求精滤的高压、高温液压系统。

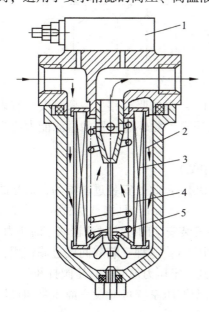

图 2-102 纸质过滤器
1—报警器；2—滤芯外层；3—滤芯中层；
4—滤芯里层；5—支撑弹簧

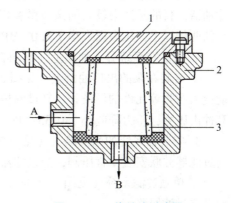

图 2-103 烧结式过滤器
1—顶盖；2—壳体；3—滤芯

(3) 过滤器的选用原则、安装位置及注意的问题

① 过滤器的选用原则。

选用过滤器时要考虑下列几点：

a. 过滤精度应满足预定要求；

b. 能在较长时间内保持足够的通流能力；

c. 滤芯具有足够的强度，不因液压的作用而损坏；

d. 滤芯抗腐蚀性能好，能在规定的温度下持久地工作；

e. 滤芯清洗或更换简便。

因此，过滤器应根据液压系统的技术要求，按过滤精度、通流能力、工作压力、油液黏度、工作温度等条件选定其型号。

② 过滤器的安装位置及注意的问题。

过滤器在液压系统中的安装位置通常有以下几种，如图 2-104 所示。

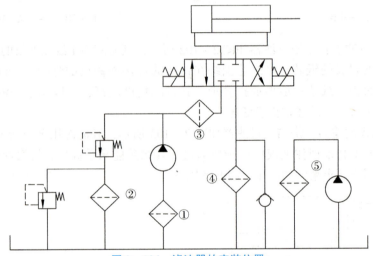

图 2-104　滤油器的安装位置

a. 安装在泵的吸油口处（见图 2-104 中①）：泵的吸油路上一般都安装有表面型滤油器，目的是滤去较大的杂质微粒以保护液压泵。此外过滤器的过滤能力应为泵流量的两倍以上，压力损失小于 0.02 MPa。

b. 安装在系统分支油路上（见图 2-104 中②）。

c. 安装在泵的出口油路上（见图 2-104 中③）：此处安装过滤器的目的是滤除可能侵入阀类等元件的污染物。其过滤精度应为 $10\sim15~\mu m$，且能承受油路上的工作压力和冲击压力，压力降应小于 0.35 MPa。同时应安装安全阀以防过滤器堵塞时压力升高。

d. 安装在系统的回油路上（见图 2-104 中④）：这种安装起间接过滤作用，一般与过滤器并联安装一背压阀，当过滤器堵塞达到一定压力值时，背压阀打开。

e. 单独过滤系统（见图 2-104 中⑤）：大型液压系统可专设一液压泵和过滤器组成独立过滤回路。

液压系统中除了整个系统所需的过滤器外，还常常在一些重要元件（如伺服阀、精密节流阀等）的前面单独安装一个专用的精滤器来确保它们的正常工作。

6. 蓄能器

蓄能器是液压系统中的储能元件,它能储存多余的压力油液,并在系统需要时释放。

(1) 蓄能器的作用

蓄能器的作用是将液压系统中的压力油储存起来,在需要时又重新放出。其主要作用表现在以下几个方面。

① 辅助动力源:在间歇工作或实现周期性动作循环的液压系统中,蓄能器可以把液压泵输出的多余压力油储存起来,当系统需要时,再由蓄能器释放出来。这样可以减少液压泵的额定流量,从而减小电动机的功率消耗,降低液压系统温升。

② 系统保压或紧急动力源:对于执行元件长时间不动作,而要保持恒定压力的系统,可用蓄能器来补偿泄漏,从而使压力恒定。当某些系统要求泵发生故障或停电,执行元件应继续完成必要的动作时,需要有适当容量的蓄能器作为紧急动力源。

③ 吸收系统脉动,缓和液压冲击:蓄能器能吸收系统压力突变时的冲击,如液压泵突然启动或停止、液压阀突然关闭或开启、液压缸突然运动或停止;也能吸收液压泵工作时的流量脉动所引起的压力脉动,相当于油路中的平滑滤波,这时需在泵的出口处并联一个反应灵敏而惯性小的蓄能器。

(2) 蓄能器的结构

图 2 – 105 所示为蓄能器的结构形式,通常有重力式、弹簧式和充气式等几种。目前常用的是利用气体压缩和膨胀来储存、释放液压能的充气式蓄能器,其主要有以下几种。

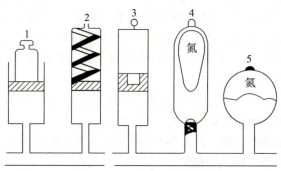

图 2 – 105 蓄能器的结构形式
1—重力式;2—弹簧式;3,4,5—充气式

① 活塞式蓄能器:活塞式蓄能器是充气式蓄能器中的一种,其气体和油液由活塞隔开,其结构如图 2 – 106 所示。活塞的上部为压缩空气,气体由阀口充入,其下部经油孔 a 通向液压系统,活塞随下部压力油的储存和释放而在缸筒内来回滑动。这种蓄能器结构简单、寿命长,主要用于大体积和大流量的场合。但因活塞有一定的惯性及 O 形密封圈存在较大的摩擦力,所以反应不够灵敏。

② 皮囊式蓄能器:皮囊式蓄能器中气体和油液用皮囊隔开,其结构如图 2 – 107 所示。皮囊用耐油橡胶制成,固定在耐高压的壳体的上部,皮囊内充入惰性气体,壳体下端的提升阀 A 由弹簧加菌形阀构成,压力油由此通入,并能在油液全部排出时防止

皮囊膨胀挤出油口。这种结构使气、液密封可靠，并且因皮囊惯性小而克服了活塞式蓄能器响应慢的弱点，因此它的应用范围非常广泛。其缺点是工艺性较差。

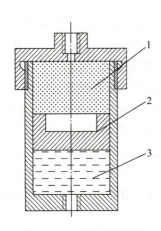

图 2-106　活塞式蓄能器

1—压缩空气；2—活塞；3—油液

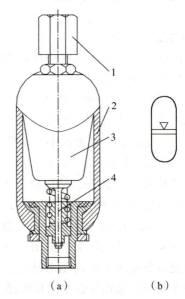

图 2-107　皮囊式蓄能器

(a) 结构原理图；(b) 图形符号
1—调节装置；2—壳体；3—皮囊；4—提升阀

③ 薄膜式蓄能器：薄膜式蓄能器利用薄膜的弹性来储存、释放压力能，如图 2-105 中 5 所示，主要用于体积和流量较小的场合，如用作减震器、缓冲器等。

④ 弹簧式蓄能器：弹簧式蓄能器利用弹簧的压缩和伸长来储存、释放压力能，它的结构简单，反应灵敏，但容量小，可在小容量、低压回路等场合起缓冲作用，不适用于高压或高频的工作场合。

⑤ 重力式蓄能器：重力式蓄能器主要用冶金等大型液压系统的恒压供油，其缺点是反应慢、结构庞大，现在已很少使用。

容量是选用蓄能器的依据，其大小视用途而异，其参数计算可参考相关资料。

(3) 蓄能器的安装、使用与维护

蓄能器的安装、使用与维护应注意的事项如下：

① 蓄能器作为一种压力容器，选用时必须采用有完善质量体系保证并取得有关部门认可的产品。

② 选择蓄能器时必须考虑与液压系统工作介质的相容性。

③ 气囊式蓄能器应垂直安装，油口向下，否则会影响气囊的正常收缩。

④ 蓄能器用于吸收液压冲击和压力脉动时，应尽可能安装在振动源附近；用于补充泄漏，使执行元件保压时，应尽量靠近该执行元件。

⑤ 安装在管路中的蓄能器必须用支架或支撑板加以固定。

⑥ 蓄能器与管路之间应安装截止阀，以便于充气检修；蓄能器与液压泵之间应安装单向阀，以防止液压泵停车或卸载时蓄能器内的液压油倒流回液压泵。

三、项目实施

(一) 分工,知识点讨论

每组 6~8 人,设组长一名,负责过程材料的收集,具体讨论内容见表 2-9。

表 2-9 知识点讨论

序号	知识点名称	讨论结果
1	液压系统的结构部分	
2	液压泵的分类及符号	
3	齿轮泵的困油现象	
4	油缸的选用及故障处理	
5	液压阀的种类划分	
6	压力阀、液量阀、方向阀的原理及符号	
7	液压阀的性能参数	
8	液压回路的调试要求	

(二) 记录液压泵铭牌参数,并对齿轮泵进行拆装

1. 拆卸步骤

第一步:拆卸螺栓,取出右端盖;

第二步:取出右端盖密封圈;

第三步:取出泵体;

第四步:取出被动齿轮和轴及主动齿轮和轴;

第五步:取出左端盖上的密封圈。

2. 清洗顺序

第一步:清洗一对相互啮合的齿轮;

第二步:清洗齿轮轴;

第三步:清洗密封圈和轴承;

第四步:清洗泵体、泵盖和螺栓等。

3. 装配步骤

第一步:将主动齿轮(含轴)和从动齿轮(含轴)啮合后装入泵体;

第二步:装左、右端盖的密封圈;

第三步：用螺栓将左端盖泵体和右端盖拧紧；
第四步：用堵头将泵进出油口密封（必须做这一步）。

（三）泵的类型及参数的选用

根据表 2-1 对液压泵进行基本类型的选择，并按以下原则进行参数选用：根据主机工况、功率大小和系统对工作性能的要求，首先确定液压泵的类型，然后按系统所要求的压力、流量大小确定其规格型号。

（四）分析阀体的类型和作用

根据某压力机液压系统原理图分析各阀体的类型与作用。

（五）分析各元件的动作

根据某压力机液压系统原理图分析各元件的动作。

（六）组装调试回路

根据图 2-108 所示 YB32-200 型压力机液压系统原理图在实训台上组装调试回路。

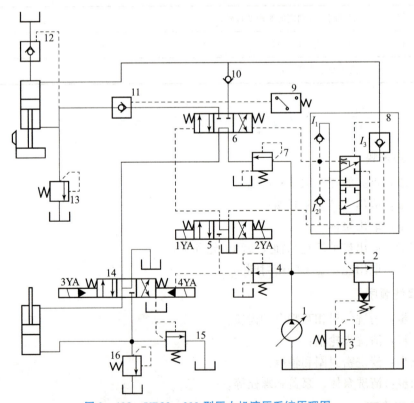

图 2-108 YB32-200 型压力机液压系统原理图

1—单向变量泵；2—先导型溢流阀；3—溢流阀；4—减压阀；5—三位四通阀；6—上缸换向阀；7—顺序阀；8—预泄换向阀；9—压力继电器；10—单向阀；11、12—液控单向阀；13—上缸安全阀；14—下缸换向阀；15—下缸溢流阀；16—下缸安全阀

(七) 压力机液压系统装调注意事项

①油箱内壁材料或涂料不应成为油液的污染源，液压压力机系统的油箱材料最好采用不锈钢。

②采用高精度的过滤器，根据电液伺服阀对过滤精度的要求，一般为 5～10 μm。

③油箱及管路系统经过一般性的酸洗等处理后，注入低黏度的液压油或透平油，进行无负荷循环冲洗。

④为了保证液压压力机系统在运行过程中有更好的净化功能，最好增设低压自循环清洗回路。

⑤电液伺服阀的安装位置尽可能靠近液压执行元件，伺服阀与执行元件之间尽可能少用软管，这些都是为了提高系统的频率响应。

⑥电液伺服阀是机械、液压和电气一体化的精密产品，安装、调试前必须具备有关的基本知识，特别是要详细阅读、理解产品样本和说明书。

四、习题巩固

①列举出常见的具有液压传动系统的载体，并说明在其液压传动系统中组成元件的名称，及该载体的工作过程及其控制过程。

②容积式液压泵的工作原理是什么？有哪几个必要条件？

③齿轮泵由哪几部分组成？各密封腔是怎样形成的？

④齿轮泵困油现象的原因及消除措施有哪些？

⑤外啮合齿轮泵有无配流装置？它是如何完成吸、压油分配的？

⑥外啮合齿轮泵中存在几种可能产生泄漏的途径？为了减少泄漏，应采取什么措施？

⑦清洗液压元件的常用方法有哪些？

⑧单作用叶片泵和双作用叶片泵在结构上有什么区别？

⑨叶片泵中定子、转子、配油盘、叶片能正常工作的正确位置如何保证？

⑩轴向柱塞泵由哪几部分组成？

⑪手动变量机构由哪些零件组成？如何调节泵的流量？

⑫已知轴向柱塞泵的额定压力为 $p = 16$ MPa，额定流量 $q = 330$ L/min，设液压泵的总效率为 $\eta = 0.9$，机械效率为 $\eta_m = 0.93$。求：

　a. 驱动泵所需的额定功率；

　b. 计算泵的泄漏流量。

⑬液压缸是由哪几部分组成的？

⑭试说明液压缸哪些部位装有密封圈，并说明其功用和装配方法。

⑮简述液压缸的常见故障类型。

⑯液压马达和液压泵在结构上有哪些区别？

⑰液压控制阀由哪几部分组成？
⑱液压控制阀的常用参数有哪些？
⑲方向控制阀的作用是什么？有哪些类型？
⑳单向阀和液控单向阀的区别是什么？有什么具体应用？
㉑三位换向阀的中位有哪些类型？选择原则是什么？
㉒方向阀的操纵方式有哪些？
㉓什么是方向阀的位？什么是通？试画出二位三通、二位四通、三位四通、三位五通的图形符号。
㉔试改正图 2-109 所示方向阀图形符号的错误。

图 2-109　题㉔图

㉕压力控制阀的作用是什么？有哪些类型？
㉖溢流阀的作用是什么？有哪些类型？
㉗简述先导型溢流阀的工作原理。
㉘减压阀的作用是什么？有哪些类型？
㉙减压阀和溢流阀的区别是什么？
㉚溢流阀的作用是什么？
㉛压力继电器的作用是什么？
㉜两个不同调整压力的减压阀串联后，其出口压力取决于哪一个减压阀的调整压力？为什么？若两个不同调整压力的减压阀并联，出口压力又取决于哪一个减压阀？为什么？
㉝流量控制阀的作用是什么？有哪些类型？
㉞为什么节流口设计为薄壁小孔？
㉟简述节流阀的工作原理并说明它的应用。
㊱简述调速阀的工作原理并说明它的应用。
㊲简述溢流节流阀的工作原理并说明它的应用。
㊳调速阀和溢流节流阀的区别是什么？
㊴插装阀的工作原理是什么？有哪些类型？
㊵叠加阀的工作原理是什么？有哪些类型？
㊶叠加阀、插装阀与普通液压阀相比有哪些主要区别？
㊷简述油箱的功用及设计时应注意的问题。
㊸简述各种油管的特点及使用场合。
㊹试列举系统中滤油器的安装位置及其各自的作用。
㊺液压系统对密封装置有哪些要求？有哪些常用的密封装置？如何选用？
㊻简述蓄能器在液压系统中的功用及蓄能器在安装使用中应注意哪些问题。

项目三　锅炉门液压启闭系统的安装与调试

任何一个液压系统，无论它所要完成的动作有多么复杂，总是由一些基本回路组成的。所谓基本回路，就是由一些液压元件组成，用来完成特定功能的油路。熟悉和掌握这些基本回路的组成、工作原理及应用，是分析、设计和使用液压系统的基础。学好基础，踏实做事，积极奉献社会，方能不辜负祖国对我们青年一代的期望。本项目以锅炉门液压启闭系统为例引出液压基本回路。

匠心传承－为技能中国加速

一、项目引入

（一）项目介绍

热处理车间有一台加热炉，锅炉门的开启和关闭由一个双作用缸控制。双作用缸的动作由一个带复位弹簧的二位四通阀来控制。在开门过程中，操作者必须按住操作杆，此时锅炉门打开，一旦放手，门又重新关上，示意图如图 3–1 所示。

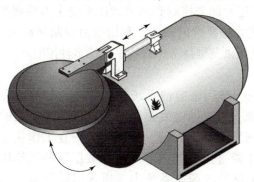

图 3–1　锅炉门示意图

（二）项目任务

①液压系统典型回路绘制；
②锅炉门液压启闭系统液压回路绘制；
③锅炉门液压启闭系统液压元件选用；
④用 FluidSIM 软件对锅炉门液压启闭系统液压回路进行仿真调试。

（三）项目目标

①掌握常用液压系统基本回路；
②能对液压系统基本回路进行装调及故障处理；
③能用 FluidSIM 软件对液压回路进行仿真。

二、知识储备

（一）液压基本回路的分析与组建

液压系统按照工作介质的循环方式可分为开式系统和闭式系统。常见的液压系统大多为开式系统。开式系统的特点是液压泵从油箱吸油，经控制阀进入执行元件，执行元件的回油再经控制阀流回油箱，工作油液在油箱中冷却、分离空气和沉淀杂质后再进入工作循环。开式系统结构简单，但因油箱内的油液直接与空气接触，空气易进入系统，导致系统运行时产生一些不良后果；闭式系统的特点为液压泵输出的压力油直接进入执行元件，执行系统的回油直接与液压泵的吸油管相连。在闭式系统中，由于油液基本上都在闭合回路内循环，故油液温升较高，但所用的油箱容积小。闭式系统结构紧凑、复杂，成本较高。

1. 压力控制回路的分析与组建

压力控制回路是用压力阀来控制和调节液压系统主油路或某一支路的压力，以满足执行元件所需的力或力矩要求的回路。利用压力控制回路可实现对系统进行调压、减压、增压、卸荷、保压以及维持工作机构平衡等多种控制。

（1）调压回路

当液压系统工作时，液压泵应向系统提供所需压力的液压油，同时又要节省能源，减少油液发热，提高执行元件运动的平稳性，所以应设置调压或限压回路。当液压泵一直工作在系统的调定压力时，就要通过溢流阀调节并稳定液压泵的工作压力。在变量泵系统或旁路节流调速系统中，通常用溢流阀（当安全阀用）限制系统的最高安全压力。当系统在不同的工作时间内需要有不同的工作压力时，可采用二级或多级调压回路。

单级调压回路

①单级调压回路。

如图 3-2 所示，通过液压泵 1 和溢流阀 2 的并联连接，即可组成单级调压回路。通过调节溢流阀的设定压力，可以改变泵的输出压力。当溢流阀的调定压力确定后，液压泵就在溢流阀的调定压力下工作，从而实现了对液压系统的调压和稳压控制。如果将液压泵 1 改换为变量泵，溢流阀将作为安全阀来使

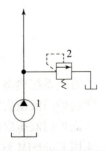

图 3-2 单级调压回路
1—液压泵；2—溢流阀

用,当液压泵的工作压力低于溢流阀的调定压力时,溢流阀不工作,若系统出现故障,液压泵的工作压力上升,一旦压力达到溢流阀的调定压力,则溢流阀将开启,并将液压泵的工作压力限制在溢流阀的调定压力下,使液压系统不至于因压力过载而受到破坏,从而保护了液压系统。

②二级调压回路。

图3-3所示为二级调压回路,该回路可实现两种不同的系统压力控制,由先导型溢流阀2和直动型溢流阀4各调一级,当二位二通电磁换向阀3处于图示位置时,系统压力由阀2调定;当阀3得电后处于下位时,系统压力由阀4调定。但要注意:阀4的调定压力一定要小于阀2的调定压力,否则不能实现二级调压。当系统压力由阀4调定时,先导型溢流阀2的先导阀口关闭,但主阀开启,液压泵的溢流流量经主阀回油箱,这时阀4亦处于工作状态,并有油液通过。应当指出:若将阀3与阀4对换位置,则仍可进行二级调压,并且在二级压力转换点上获得更为稳定的压力转换。

③多级调压回路。

图3-4所示为三级调压回路,三级压力分别由先导型溢流阀1和调压阀(直动型溢流阀)2、3调定,当电磁铁1YA、2YA失电时,系统压力由先导型溢流阀调定;当1YA得电时,系统压力由溢流阀2调定;当2YA得电时,系统压力由溢流阀3调定。在这种调压回路中,阀2和阀3的调定压力要低于主溢流阀的调定压力,而阀2和阀3的调定压力之间没有一定的大小关系。当阀2或阀3工作时,阀2或阀3相当于阀1上的另一个先导阀。

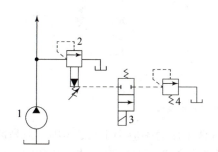

图3-3 二级调压回路

1—单向定量泵;2—先导型溢流阀;
3—二位二通电磁换向阀;4—直动型溢流阀

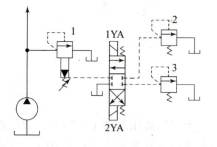

图3-4 三级调压回路

1—先导型溢流阀;
2,3—直动型溢流阀

二级调压回路

三级调压回路

(2)减压回路

当泵的输出压力是高压而局部回路或支路要求低压时,可以采用减压回路,如机床液压系统中的定位、夹紧、分度以及液压元件的控制油路等，它们要求的压力往往比主油路的压力低。减压回路较为简单，一般是在所需低压的支路上串接减压阀。采用减压回路虽能方便地获得某支路稳定的低压，但压力油经减压阀口时会产生压力损失。

最常见的减压回路是由定值减压阀与主油路相连，如图 3-5 (a) 所示。回路中单向阀的作用是在主油路压力降低（低于减压阀调整压力）时防止油液倒流，即起短时保压作用。减压回路中也可以采用类似二级或多级调压的方法来获得二级或多级减压。如图 3-5 (b) 所示，将先导型减压阀 1 的远控口接一远控溢流阀 2，即可由阀 1 和阀 2 各调得一种低压。但要注意，阀 2 的调定压力值一定要低于阀 1 的调定减压值。

一级减压回路　　二级减压回路

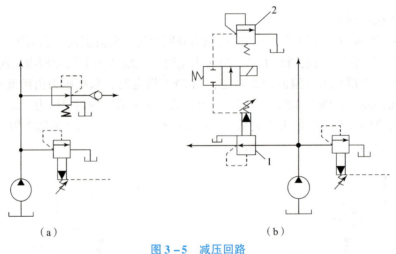

图 3-5　减压回路

1—先导型减压阀；2—溢流阀

为了使减压回路工作可靠，减压阀的最低调整压力不应小于 0.5 MPa，最高调整压力至少应比系统压力小 0.5 MPa。当减压回路中的执行元件需要调速时，调速元件应放在减压阀的后面，以避免减压阀泄漏（指由减压阀泄油口流回油箱的油液）对执行元件的速度产生影响。

(3) 增压回路

当系统或系统的某一支油路需要压力较高但流量又不大的压力油时，采用高压泵不经济，常采用增压回路，这样不仅易于选择液压泵，而且系统工作较可靠、噪声小。增压回路中提高压力的主要元件是增压缸或增压器。

单作用增压　　双作用增压
缸增压回路　　缸增压回路

① 单作用增压缸的增压回路。

图 3-6 (a) 所示为利用单作用增压缸的增压回路，当系统在图示位置工作时，系

统的供油压力 p_1 进入增压缸的大活塞腔，此时在小活塞腔即可得到所需的较高压力 p_2；当二位四通电磁换向阀右位接入系统时，增压缸返回，辅助油箱中的油液经单向阀补入小活塞。由此可知，该回路只能间歇增压，所以称为单作用增压回路。

②双作用增压缸的增压回路。

如图 3-6（b）所示的采用双作用增压缸的增压回路能连续输出高压油，在图示位置，液压泵输出的压力油经二位四通换向阀 5 和单向阀 1 进入增压缸左端大、小活塞腔，右端大活塞腔的回油通油箱，右端小活塞腔增压后的高压油经单向阀 4 输出，此时单向阀 2、3 被关闭。当增压缸活塞移到右端时，换向阀得电换向，增压缸活塞向左移动。同理，左端小活塞腔输出的高压油经单向阀 3 输出。这样增压缸的活塞不断往复运动，两端便交替输出高压油，从而实现了连续增压。

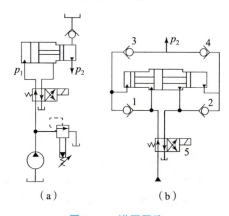

图 3-6 增压回路

1、2、3、4—单向阀；5—换向阀

（4）卸荷回路

在液压系统工作中，有时执行元件短时间停止工作，不需要液压系统传递能量，或者执行元件在某段工作时间内保持一定的力，而运动速度极慢，甚至停止运动。在这种情况下，不需要液压泵输出油液，或只需要很小流量的液压油，于是液压泵输出的压力油全部或绝大部分从溢流阀流回油箱，造成能量的无谓消耗，引起油液发热，使油液加快变质，而且还会影响液压系统的性能及泵的寿命。为此，需要采用卸荷回路。卸荷回路的功用是在液压泵驱动电机不频繁启停的情况下，使液压泵在功率损耗接近于零的情况下运转，以减少功率损耗，降低系统发热，延长泵和电动机的寿命。因为液压泵的输出功率为其流量和压力的乘积，所以两者任一近似为零，功率损耗即近似为零。液压泵的卸荷有流量卸荷和压力卸荷两种，前者主要是使用变量泵，使变量泵仅为补偿泄漏而以最小流量运转，此方法比较简单，但泵仍处在高压状态下运行，磨损比较严重。压力卸荷的方法是使泵在接近零压下运转。常见的压力卸荷方式有以下两种：

①换向阀卸荷回路。M、H 和 K 型中位机能的三位换向阀处于中位时，液压泵即卸荷，图 3-7 所示为采用 M 型中位机能的电液换向阀的卸荷回路，这种回路切换时压力冲击小，但回路中必须设置单向阀，以使系统能保持 0.3 MPa 左右的压力，供操纵控制油路所用。

②用先导型溢流阀远程控制的卸荷回路。如图 3-3 中若去掉调压阀 4，使二位二通电磁阀直接接油箱，便构成一种用先导型溢流阀的卸荷回路，如图 3-8 所示，这种卸荷回路卸荷压力小，切换时冲击也小。

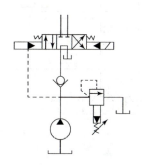

图 3-7 M 型中位机能卸荷回路

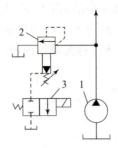

图 3-8 溢流阀远控口卸荷

1—单向定量泵；2—先导型溢流阀；
3—二位二通电磁换向阀

（5）平衡回路

平衡回路的功用在于防止垂直或倾斜放置的液压缸和与之相连的工作部件因自重而自行下落。图 3-9（a）所示为采用单向顺序阀的平衡回路，当 1YA 得电活塞下行时，回油路上就存在着一定的背压，只要将这个背压调得能支撑住活塞和与之相连的工作部件自重，活塞就可以平稳地下落。当换向阀处于中位时，活塞就停止运动，不再继续下移。这种回路当活塞向下快速运动时功率损失大，锁住时活塞和与之相连的工作部件会因单向顺序阀和换向阀的泄漏而缓慢下落，因此它只适用于工作部件重量不大、活塞锁住时定位要求不高的场合。图 3-9（b）所示为采用液控顺序阀的平衡回路。当活塞下行时，控制压力油打开液控顺序阀，背压消失，因而回路效率较高；当停止工作时，液控顺序阀关闭，以防止活塞和工作部件因自重而下降。这种平衡回路的优点是只有上腔进油时活塞才下行，比较安全可靠；缺点是活塞下行时平稳性较差。这是因为活塞下行时，液压缸上腔油压降低，将使液控顺序阀关闭。当顺序阀关闭时，因活塞停止下行，使液压缸上腔油压升高，又打开液控顺序阀。因此，液控顺序阀始终工作于启闭的过渡状态，进而影响工作的平稳性。这种回路适用于运动部件重量不是很大、停留时间较短的液压系统。

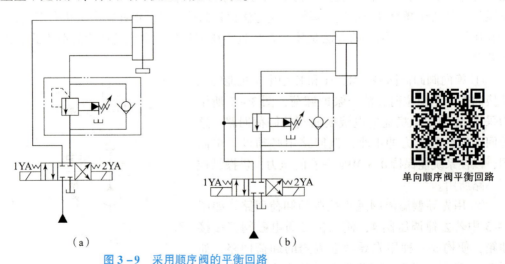

图 3-9 采用顺序阀的平衡回路

（6）保压回路

在液压系统中，有时要求液压执行机构在一定的行程位置上停止运动或在有微小位移的情况下稳定地维持住一定的压力，这就要采用保压回路。最简单的保压回路是密封性能较好的液控单向阀的回路，但是阀类元件处的泄漏使得这种回路的保压时间不能维持太久。常用的保压回路有以下几种：

①利用液压泵的保压回路。

利用液压泵的保压回路也就是在保压过程中，液压泵仍以较高的压力（保压所需压力）工作，此时，若采用定量泵，则压力油几乎全经溢流阀流回油箱，系统功率损失大，易发热，故只在小功率的系统且保压时间较短的场合下才使用；若采用变量泵，在保压时泵的压力较高，但输出流量几乎等于零，因而液压系统的功率损失小，这种保压方法能随泄漏量的变化而自动调整输出流量，故效率较高。

②利用蓄能器的保压回路。

如图3-10（a）所示的回路，当主换向阀在左位工作时，液压缸向前运动且压紧工件，进油路压力升高至调定值，压力继电器动作使二位二通阀通电，泵即卸荷，单向阀自动关闭，液压缸则由蓄能器保压。当缸压不足时，压力继电器复位使泵重新工作。保压时间的长短取决于蓄能器容量，调节压力继电器的工作区间即可调节缸中压力的最大值和最小值。图3-10（b）所示为多缸系统中的保压回路，这种回路当主油路压力降低时，单向阀3关闭，支路由蓄能器保压补偿泄漏，压力继电器5的作用是当支路压力达到预定值时发出信号，使主油路开始动作。

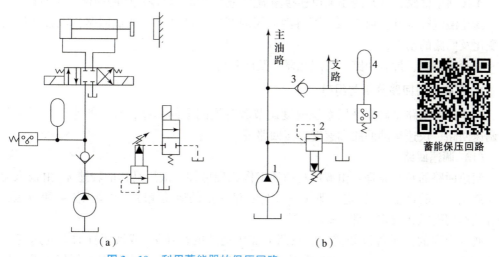

图3-10 利用蓄能器的保压回路

1—液压泵；2—先导型溢流阀；3—单向阀；4—蓄能器；5—压力继电器

③自动补油保压回路。

图3-11所示为采用液控单向阀和电接触式压力表的自动补油式保压回路，其工作原理为：当1YA得电，换向阀右位接入回路，液压缸上腔压力上升至电接触式压力表的上限值时，上触点接电，使电磁铁1YA失电，换向阀处于中位，液压泵卸荷，液压缸由液控单向阀保压。当液压缸上腔压力下降到预定下限值时，电接触式压力表又

发出信号,使1YA得电,液压泵再次向系统供油,使压力上升。当压力达到上限值时,上触点又发出信号,使1YA失电。因此,这一回路能自动地使液压缸补充压力油,令其压力能长期地保持在一定范围内。

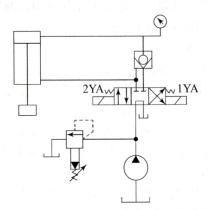

图3-11 自动补油的保压回路

(7) 典型压力回路组装调试训练

①选择组装回路所需要的元器件;

②在实验台上布置好各元器件的大体位置;

③按图纸组装压力控制回路,并检查其可靠性;

④接通主油路,将泵的压油口连接溢流阀的进油口,将溢流阀的回油口接油箱;

⑤让溢流阀全开,启动泵,再将溢流阀的开度逐渐减小,调试回路,观察油压力的变化及回路的动作;

⑥验证结束,拆装回路,清理元器件及试验台。

2. 速度控制回路分析与组建

速度控制回路是研究液压系统速度调节和变换问题的回路,常用的速度控制回路有调速回路、快速运动回路和速度换接回路等。

(1) 调速回路

调速回路的基本原理:由液压马达的工作原理可知,液压马达的转速 n_m 由输入流量和液压马达的排量 V_m 决定,即 $n_m = q/V_m$;液压缸的运动速度 v 由输入流量和液压缸的有效作用面积 A 决定,即 $v = q/A$。

通过上面的关系可以知道,要想调节液压马达的转速 n_m 或液压缸的运动速度 v,则可通过改变输入流量 q、改变液压马达的排量 V_m 和改变缸的有效作用面积 A 等方法来实现。由于液压缸的有效面积 A 是定值,故只有通过改变流量 q 的大小来调速,而输入流量 q 可以通过采用流量阀或变量泵来改变,而液压马达的排量 V_m 则可通过采用变量液压马达来改变,因此调速回路主要有以下三种方式。

①节流调速回路。

节流调速原理:节流调速是通过调节流量阀通流截面面积的大小来改变进入执行机构的流量,从而实现运动速度的调节的。

如图 3-12 所示，如果调节回路里只有节流阀，则液压泵输出的油液全部经节流阀流入液压缸。改变节流阀节流口的大小，只能改变油液流经节流阀速度的大小，而总的流量不会改变，在这种情况下节流阀不能起到调节流量的作用，液压缸的速度不会改变。因此，若要改变进入执行机构的流量，则需在系统中增加溢流阀。

a. 采用节流阀的调速回路。

● 进油节流调速回路：进油节流调速回路是将节流阀装在执行机构的进油路上，用来控制进入执行机构的流量，以达到调速的目的，其调速原理如图 3-13（a）所示。其中定量泵多余的油液通过溢流阀流回油箱，这是进油节流调速回路工作的必要条件，因此溢流阀的调定压力与泵的出口压力 p_p 相等。

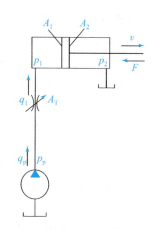

图 3-12 只有节流阀的回路

速度负载特性：当不考虑回路中各处的泄漏和油液的压缩时，活塞运动速度为

$$v = \frac{q_1}{A_1} \tag{3-1}$$

活塞受力方程为

$$p_1 A_1 = p_2 A_2 + F \tag{3-2}$$

式中：F——外负载力；

A_1——液压缸无杆腔活塞面积；

A_2——液压缸有杆腔活塞面积；

p_1——液压缸进油腔压力；

p_2——液压缸回油腔压力。

当回油腔通油箱时，$p_2 \approx 0$，于是

$$p_1 = \frac{F}{A_1}$$

进油路上通过节流阀的流量方程为

$$q_1 = CA_T (\Delta p_T)^m$$

$$q_1 = CA_T (p_p - p_1)^m = CA_T \left(p_p - \frac{F}{A_1}\right)^m \tag{3-3}$$

于是

$$v = \frac{q_1}{A_1} = \frac{CA_T}{A_1^{(1+m)}} (p_p A_1 - F)^m \tag{3-4}$$

式中：C——与油液种类等有关的系数；

A_T——节流阀的开口面积；

Δp_T——节流阀前后的压力差，$\Delta p_T = p_p - p_1$；

m——节流阀的指数，当为薄壁孔口时，$m = 0.5$。

式（3-4）为进油路节流调速回路的速度负载特性方程，它描述了执行元件的速度 v 与负载 F 之间的关系。如以 v 为纵坐标、F 为横坐标，将式（3-4）按不同节流阀

通流截面面积 A_T 作图，可得一组抛物线，称为进油路节流调速回路的速度负载特性曲线，如图3-13（b）所示。

由式（3-4）和图3-13（b）可以看出，在其他条件不变时，活塞的运动速度 v 与节流阀通流截面面积 A_T 成正比，调节 A_T 就能实现无级调速，这种回路的调速范围较大（速比最高可达100）。当节流阀通流截面面积 A_T 一定时，活塞运动速度 v 随着负载 F 的增加按抛物线规律下降。但不论节流阀通流截面面积如何变化，当 $F = p_p A_1$ 时，节流阀两端压差为零，没有流体通过节流阀，活塞也就停止运动，此时液压泵的全部流量经溢流阀流回油箱。该回路的最大承载能力为 $F_{\max} = p_p A_1$。

功率特性：调速回路的功率特性是以其自身的功率损失（不包括液压缸、液压泵和管路中的功率损失）、功率损失分配情况和效率来表达的。在图3-13（a）中，液压泵的输出功率即为该回路的输入功率，即

$$P_p = p_p q_p$$

液压缸输出的有效功率为

$$P_1 = Fv = F\frac{q_1}{A_1} = p_1 q_1$$

回路的功率损失为

$$\begin{aligned}\Delta P &= P_p - P_1 = p_p q_p - p_1 q_1 \\ &= p_p(q_1 + \Delta q) - (p_p - \Delta p_T) q_1 \\ &= p_p \Delta q + \Delta p_T q_1\end{aligned} \quad (3-5)$$

式中：Δq——溢流阀的溢流量，$\Delta q = q_p - q_1$。

由式（3-5）可知，进油路节流调速回路的功率损失由两部分组成，即溢流功率损失 $\Delta P_1 = p_p \Delta q$ 和节流功率损失 $\Delta P_2 = \Delta p_T q_1$。其功率特性如图3-13（c）所示。

回路的输出功率与回路的输入功率之比定义为回路的效率。进油路节流调速回路的回路效率为

$$\eta = \frac{P_p - \Delta P}{P_p} = \frac{p_1 q_1}{p_p q_p} \quad (3-6)$$

节流阀进油调速回路

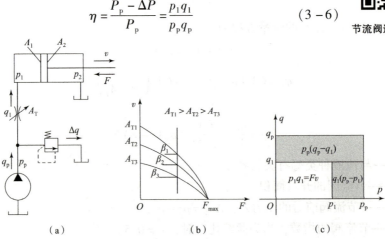

图3-13　进油节流调速回路

(a) 进油节流调速原理图；(b) 速度负载特性；(c) 功率特性

由于回路存在两部分功率损失,因此进口节流调速回路效率较低。当负载恒定或变化很小时,回路效率可达 0.2~0.6;当负载发生变化时,回路的最大效率为 0.385。

● 回油节流调速回路:回油节流调速回路将节流阀串联在液压缸的回油路上,借助于节流阀控制液压缸的排油量 q_2 来实现速度调节。与进口节流调速一样,定量泵多余的油液经溢流阀流回油箱,即溢流阀保持溢流,泵的出口压力即溢流阀的调定压力保持基本恒定,其调速原理如图 3-14(a)所示。

采用同样的分析方法可以得到与进油路节流调速回路相似的速度负载特性:

$$v = \frac{CA_{\mathrm{T}}}{A_2^{(1+m)}}(p_p A_1 - F)^m \tag{3-7}$$

其最大承载能力和功率特性与进油路节流调速回路相同,如图 3-14(c)所示。

虽然进油路和回油路节流调速的速度负载特性公式形式相似、功率特性相同,但它们在以下几方面的性能有明显差别,在选用时应加以注意。

承受负值负载的能力:所谓负值负载就是作用力的方向与执行元件的运动方向相同的负载。回油节流调速的节流阀在液压缸的回油腔能形成一定的背压,能承受一定的负值负载;对于进油节流调速回路,要使其能承受负值负载就必须在执行元件的回油路上加上背压阀,这必然会增加功率消耗,从而增大油液发热量。

运动平稳性:回油节流调速回路由于回油路上存在背压,可以有效地防止空气从回油路吸入,因而低速运动时不易爬行,高速运动时不易振动,即运动平稳性好。进油节流调速回路在不加背压阀时不具备这种特点。

节流阀出口节
流调速回路

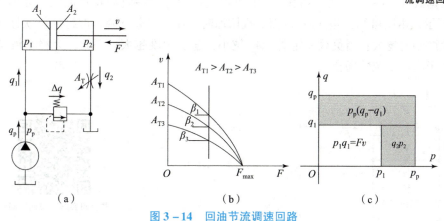

图 3-14 回油节流调速回路
(a)回油节流调速原理图;(b)速度负载特性;(c)功率特性

油液发热对回路的影响:进油节流调速回路中,通过节流阀产生的节流功率损失转变为热量,一部分由元件散发出去,另一部分使油液温度升高,直接进入液压缸,会使缸的内、外泄漏增加,速度稳定性不好;而回油节流调速回路油液经节流阀升温后直接回油箱,经冷却后再进入系统,对系统泄漏影响较小。

实现压力控制的方便性:进油节流调速回路中,进油腔的压力随负载而变化,当工作部件碰到止挡块而停止后,其压力将升到溢流阀的调定压力,可以很方便地利用这一压力变化来实现压力控制；但在回油节流调速回路中，只有回油腔的压力才会随负载变化，当工作部件碰到止挡块后，其压力将降至零，虽然同样可以利用该压力变化来实现压力控制，但其可靠性差，一般不采用。

启动性能：回路节流调速回路中若停车时间较长，液压缸中的油液会泄漏回油箱，重新启动时背压不能立即建立，会引起瞬间工作机构的前冲现象，对于进油节流调速，只要在开车时关小节流阀即可避免启动冲击。

综上所述，进油路、回油路节流调速回路结构简单，价格低廉，但效率较低，只宜用在负载变化不大、低速、小功率场合，如某些机床的进给系统中。

• 旁路节流调速回路：把节流阀装在与液压缸并联的支路上，利用节流阀把液压泵供油的一部分排回油箱，实现速度调节的回路，称为旁油路节流调速回路。如图3-15（a）所示，在这个回路中，由于溢流功能由节流阀来完成，故正常工作时，溢流阀处于关闭状态，即溢流阀作为安全阀用，其调定压力为最大负载压力的1.1~1.2倍，液压泵的供油压力 p_p 取决于负载。

速度—负载特性：考虑到泵的工作压力随负载变化，泵的输出流量 q_p 应计入泵随压力的变化而产生的泄漏量 Δq_p，采用与前述相同的分析方法可得速度表达式为

$$v = \frac{q_1}{A_1} = \frac{q_{pt} - \Delta q_p - \Delta q}{A_1} = \frac{q_{pt} - k\left(\frac{F}{A_1}\right) - CA_T\left(\frac{F}{A_1}\right)^m}{A_1} \quad (3-8)$$

式中：q_{pt}——泵的理论流量；

k——泵的泄漏系数，其余符号意义同前。

根据式（3-8），选取不同的 A_T 值可得到一组速度—负载特性曲线，如图3-15（b）所示，由图可知，当 A_T 一定而负载增加时，速度显著下降，即特性很软且负载越大，速度刚度越大；当负载一定时，A_T 越小，速度刚度越大。因此，旁路节流调速回路适用于高速重载的场合。

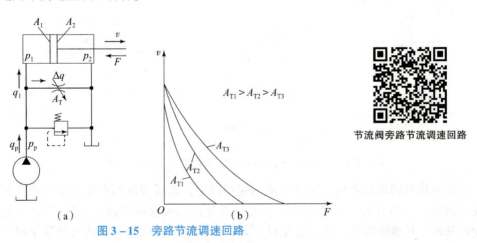

图3-15 旁路节流调速回路
(a) 回路简图；(b) 速度—负载特性图

同时由图3-15（b）可知回路的最大承载能力随节流阀通流截面面积 A_T 的增加而减小，当达到最大负载时，泵的全部流量经节流阀流回油箱，液压缸的速度为零，继

续增大 A_T 已不起调速作用，故该回路在低速时承载能力低、调速范围小。

功率特性：回路的输入功率

$$P_p = p_1 q_p$$

回路的输出功率

$$P_1 = Fv = p_1 A_1 v = p_1 q_1$$

回路的功率损失

$$\Delta P = P_p - P_1 = p_1 q_p - p_1 q_1 = p_1 \Delta q \qquad (3-9)$$

回路效率

$$\eta = \frac{P_1}{P_p} = \frac{p_1 q_1}{p_1 q_p} = \frac{q_1}{q_p} \qquad (3-10)$$

由式（3-9）和式（3-10）可以看出，旁路节流调速只有节流损失，而无溢流损失，因而功率损失比前两种调速回路小，效率高。这种调速回路一般用于功率较大且对速度稳定性要求不高的场合。

b. 采用调速阀、溢流阀的节流调速回路。

采用节流阀的节流调速回路刚性差，主要是由于负载变化引起节流阀前后的压差变化，从而使通过节流阀的流量发生变化。对于一些负载变化较大、对速度稳定性要求较高的液压系统，这种调速回路远不能满足要求，可采用调速阀来改善回路的速度—负载特性。

• 采用调速阀的调速回路：用调速阀代替前述各回路中的节流阀，也可组成进油路、回油路和旁油路节流调速回路，如图3-16（a）~图3-16（c）所示。

调速阀进口调速回路

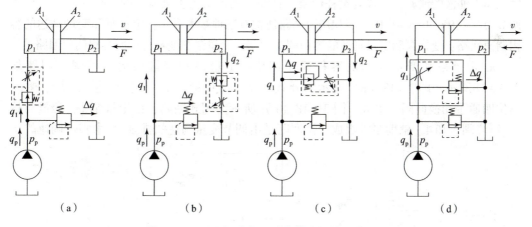

图3-16 采用调速阀、溢流节流阀的调速回路

采用调速阀组成的调速回路，速度刚性比节流阀调速回路好得多。对进、回油路节流调速回路，因液压泵泄漏的影响，速度刚性稍差，但仍比节流阀调速回路好得多。旁油路具有泵输出压力随负载变化及效率较高的特点。图3-17所示为调速阀进油节流调速的速度—负载特性曲线，显然其速度刚性、承载能力均比节流阀调速回路好得多。旁油路节流调速也有泵输出压力随负载变化及效率较高的特点。在采用调速阀的调速回路中，为了保证调速阀中定差减压阀起到压力补偿作用，调速阀两端的压差必

须大于一定的数值，中、低压调速阀为 0.5 MPa，高压调速阀为 1 MPa，否则其负载特性与节流阀调速回路没有区别。同时由于调速阀的最小压差比节流阀的压差大，因此其调速回路的功率损失比节流调速回路要大一些。

综上所述，采用调速阀的节流调速回路的低速稳定性、回路刚度和调速范围等，要比采用节流阀的节流调速回路都好，所以它在机床液压系统中获得广泛的应用。

• 采用溢流节流阀的调速回路：如图 3 – 16（d）所示，溢流节流阀只能用于进油节流调速回路中，液压泵的供油压力随负载而变化，回路的功率损失较小，效率较采用调速阀时高。溢流节流阀的流量稳定性较调速阀差，在小流量时更加显著，因此不宜用在对低速稳定性要求高的精密机床调速系统中。

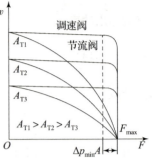

图 3 – 17　调速阀节流调速的速度—负载特性曲线

② 容积调速回路。

容积调速回路是通过改变回路中液压泵或液压马达的排量来实现调速的。其主要优点是功率损失小（没有溢流损失和节流损失）且其工作压力随负载变化而变化，所以效率高、液压油的温度低，适用于高速、大功率系统。

按油路循环方式不同，容积调速回路有开式回路和闭式回路两种。开式回路中泵从油箱吸油，执行机构的回油直接回到油箱，油箱容积大，油液能得到较充分的冷却，但空气和脏物易进入回路。闭式回路中，液压泵将油输出至执行机构的进油腔，又从执行机构的回油腔吸油。闭式回路结构紧凑，只需很小的补油油箱，但冷却条件差。为了补偿工作中油液的泄漏，一般需设补油泵，补油泵的流量为主泵流量的 10% ~ 15%，压力调节为 $3 \times 10^5 \sim 10 \times 10^5$ Pa。容积调速回路通常有三种基本形式：定量泵和变量马达的容积调速回路；变量泵和定量马达的容积调速回路；变量泵和变量马达的容积调速回路。

a. 定量泵和变量马达的容积调速回路：定量泵和变量马达容积调速回路如图 3 – 18 所示。图 3 – 18（a）所示为开式回路，由定量泵 1、变量马达 2、溢流阀 3、三位四通手动换向阀 4 组成；图 3 – 18（b）所示为闭式回路，由定量泵 1、变量马达 2、溢流阀 3 和 4、辅助泵等组成。该回路是由调节变量马达的排量 V_m 来实现调速的。

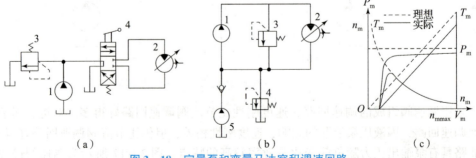

图 3 – 18　定量泵和变量马达容积调速回路

(a) 开式回路；1—定量泵；2—变量马达；3—溢流阀；4—三位四通手动换向阀
(b) 闭式回路；1—定量泵；2—变量马达；3, 4—溢流阀；5—定量泵（辅助泵）；
(c) 工作特性图；n_m—马达输出转速；V_m—马达输出排量；T_m—马达输出转矩；P_m—马达输出功率

在这种回路中，液压泵转速 n_p 和排量 V_p 都是常值，当改变液压马达排量 V_m 时，马达输出转矩的变化与 V_m 成正比，输出转速 n_m 则与 V_m 成反比。马达的输出功率 P_m 和回路的工作压力 p 都由负载功率决定，不因调速而发生变化，所以这种回路常被称为恒功率调速回路。回路的工作特性曲线如图 3-17（c）所示，该回路的优点是能在各种转速下保持输出功率不变，其缺点是调速范围小。同时该调速回路如果用变量马达来换向，在换向的瞬间要经过"高转速—零转速—反向高转速"的突变过程，所以不宜用变量马达来实现平稳换向。

综上所述，定量泵变量马达容积调速回路由于不能用改变马达的排量来实现平稳换向，调速范围比较小，因而较少单独应用。

b. 变量泵和定量马达（缸）容积调速回路：这种调速回路可由变量泵与液压缸或变量泵与定量液压马达组成。其回路原理如图 3-19 所示，图 3-19（a）所示为变量泵与液压缸所组成的开式容积调速回路，图 3-19（b）所示为变量泵与定量液压马达组成的闭式容积调速回路。

其工作原理：图 3-19（a）中液压缸 5 活塞的运动速度 v 由变量泵 1 来调节，2 为溢流阀，4 为换向阀，6 为背压阀。图 3-19（b）所示为采用变量泵 3 来调节定量液压马达 5 的转速，溢流阀 4 用来防止过载，低压辅助泵 1 用来补油，其补油压力由低压溢流阀 6 来调节，同时置换部分已发热的油液，降低系统温度。

当不考虑回路的容积效率时，执行机构的速度 n_m 或（V_m）与变量泵的排量 V_b 的关系为 $n_m = n_b V_b / V_m$ 或 $v_m = n_b V_b / A$，因马达的排量 V_m 和缸的有效工作面积 A 是不变的，若变量泵的转速 n_b 不变，则马达的转速 n_m（或活塞的运动速度 v）与变量泵的排量成正比，是一条通过坐标原点的直线，如图 3-19（c）中虚线所示。实际上回路的泄漏是不可避免的，在一定负载下，需要具有一定流量才能启动和带动负载，所以其实际的 $n_m(V_m)$ 与 V_b 的关系如实线所示。这种回路在低速下承载能力差，速度不稳定。

当不考虑回路的损失时，液压马达的输出转矩 T_m（或缸的输出推力 F）为 $T_m = V_m \Delta p / 2\pi$ 或 $F = A(p_p - p_0)$，它表明当泵的输出压力 p_p 和吸油路（也即马达或缸的排

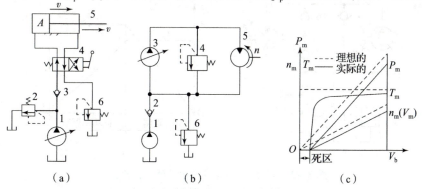

图 3-19 变量泵和定量液动机容积调速回路

(a) 开式回路；1—变量泵；2—溢流阀；3—单向阀；4—二位四通手动换向阀；5—液压缸；6—溢流阀（背压阀）；

(b) 闭式回路；1—定量泵（辅助泵）；2—单向阀；3—变量泵；4、6—溢流阀；5—定量马达；

(c) 闭式回路的特性曲线；n_m—马达输出转速；V_m—马达输出排量；T_m—马达输出转矩；P_m—马达输出功率

油）压力 p_0 不变时，马达的输出转矩 T_m 或缸的输出推力 F 理论上是恒定的，与变量泵的排量无关，故该回路的调速方式又称为恒转矩调速。但实际上由于泄漏和机械摩擦等的影响，会存在一个"死区"，如图 3-19（c）所示。马达或缸的输出功率随变量泵排量的增减而呈线性增减。

这种回路的调速范围主要取决于变量泵的变量范围，其次是受回路的泄漏和负载的影响。

综上所述，变量泵和定量执行机构所组成的容积调速回路为恒转矩输出，可正、反向实现无级调速，调速范围较大，适用于调速范围较大、要求恒扭矩输出的场合，如大型机床的主运动或进给系统中。

c. 变量泵和变量马达的容积调速回路：这种调速回路是上述两种调速回路的组合，其调速特性也具有两者的特点。

图 3-20（a）所示为双向变量泵和双向变量马达组成的容积式调速回路的工作原理。回路中各元件对称布置，改变泵的供油方向即可实现马达的正反向旋转，单向阀 4 和 5 用于给辅助泵 3 双向补油，单向阀 6 和 7 使溢流阀 8 在两个方向上都能对回路起过载保护作用。一般机械要求低速时输出转矩大，高速时能输出较大的功率，这种回路恰好可以满足这一要求。在低速段，先将马达排量调到最大，用变量泵调速，当泵的排量由小调到最大时，马达转速随之升高，输出功率随之线性增加，此时因马达排量最大，故马达能获得最大输出转矩，且处于恒转矩状态；高速段，泵为最大排量，用变量马达调速，将马达排量由大调小，马达转速继续升高，输出转矩随之降低，此时因泵处于最大输出功率状态，故马达处于恒功率状态。

这样，就可使马达的换向平稳，且第一阶段为恒转矩调速，第二阶段为恒功率调速，调速回路特性曲线如图 3-20（b）所示。这种容积调速回路的调速范围是变量泵调节范围和变量马达调节范围的乘积，所以其调速范围大（可达 100），并且有较高的效率，它适用于大功率的场合，如矿山机械、起重机械以及大型机床的主运动液压系统。

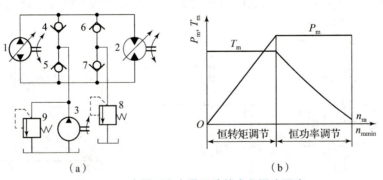

图 3-20　变量泵和变量马达的容积调速回路
（a）工作原理图；（b）调速回路特性曲线
1—双向变量泵；2—双向变量马达；3—单向变量泵；4，5，6，7—单向阀；8，9—安全阀

③容积节流调速回路。

容积节流调速回路的基本工作原理是采用压力补偿式变量泵供油，通过调速阀

（或节流阀）调节进入液压缸的流量来调节液压缸的运动速度，并使泵的输出流量自动地与液压缸所需流量相适应。

常用的容积节流调速回路有以下两种：

a. 限压式容积节流调速回路：图 3-21 所示为限压式变量泵与调速阀组成的调速回路工作原理和调速特性曲线。在图示位置，液压缸 4 的活塞快速向右运动，变量泵 1 按快速运动要求调节其输出流量，同时调节限压式变量泵的压力调节螺钉，使泵的限定压力大于快速运动所需压力（图 3-21（b）中 $A'B$ 段），泵输出的压力油经调速阀 3 进入液压缸 4，其回油经背压阀 5 回油箱。调节调速阀 3 的流量 q_1 即可调节活塞的运动速度 v，由于 $q_1 < q_P$，故压力油迫使泵的出口与调速阀进口之间的油压变高，即泵的供油压力升高，泵的流量便自动减小到 $q_P \approx q_1$。

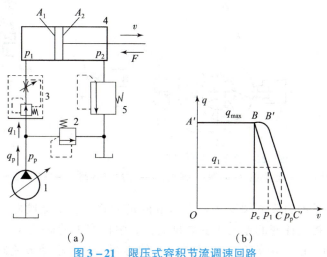

图 3-21　限压式容积节流调速回路

(a) 调速原理图；(b) 调速特性曲线

1—变量泵；2—节流阀；3—调速阀；4—液压缸；5—背压阀

这种调速回路的运动稳定性、速度负载特性、承载能力和调速范围均与采用调速阀的节流调速回路相同。图 3-21（b）所示为其调速特性曲线，由图可知，此回路只有节流损失而无溢流损失。

当不考虑回路中泵和管路的泄漏损失时，回路的效率为

$$\eta_c = \frac{q_1\left(p_1 - p_2 \dfrac{A_2}{A_1}\right)}{q_1 p_p} = \frac{\left(p_1 - p_2 \dfrac{A_2}{A_1}\right)}{p_p}$$

上式表明：泵的输油压力 p_p 调得低一些，回路效率就可高一些，但为了保证调速阀的正常工作压差，泵的压力应比负载压力 p_1 至少大 0.5 MPa。当此回路用于死挡铁停留、压力继电器发信号实现快退时，泵的压力还应调高些，以保证压力继电器可靠发信，故此时的实际工作特性曲线如图 3-21（b）中 $A'B'C'$ 所示。此外，当 p_c 不变时，负载越小，p_1 便越小，回路效率越低。

综上所述：限压式变量泵与调速阀等组成的容积节流调速回路具有效率较高、调速较稳定、结构较简单等优点，目前已广泛应用于负载变化不大的中、小功率组合机

床的液压系统中。

b. 差压式容积节流调速回路：图3-22 所示为差压式变量泵和节流阀组成的容积节流调速回路。该回路采用差压式变量泵供油，通过节流阀来调节进入液压缸或流出液压缸的流量，不但使变量泵输出的流量与液压缸所需要的流量相适应，而且液压泵的工作压力能自动跟随负载压力变化。

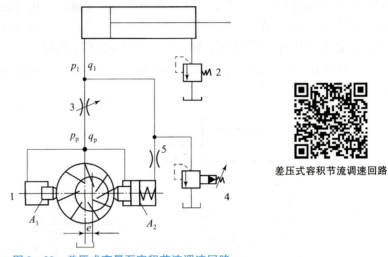

差压式容积节流调速回路

图3-22 差压式变量泵容积节流调速回路
1—差压式变量泵；2—溢流阀；3—可调式节流阀；4—先导式溢流阀；5—固定式节流阀

如图3-22所示的节流阀安装在液压缸的进油路上，节流阀两端的压差反馈作用于变量泵两个控制柱塞的差压式变量泵上，其中柱塞1的面积 A_1 等于活塞2活塞杆的面积 A_2。由力的平衡关系，变量泵定子偏心距 e 的大小受节流阀两端压差的控制，从而控制变量泵的流量。调节节流阀的开口就可以调节进入液压缸的流量 q_1，并使泵的输出流量 q_p 自动与 q_1 相适应。阻尼孔的作用是防止变量泵定子移动过快而发生振荡。

该回路效率比前述容积节流调速回路高，适用于调速范围大、速度较低的中小功率液压系统，常用在某些组合机床的进给系统中。

④ 调速回路的比较和选用。

a. 调速回路的比较如表3-1所示。

表3-1 调速回路的比较

回路类型 主要性能		节流调速回路				容积调速回路	容积节流调速回路	
		用节流阀		用调速阀			限压式	稳流式
		进回油	旁路	进回油	旁路			
机械特性	速度稳定性	较差	差	好		较好		好
	承载能力	较好	较差	好		较好		好
调速范围		较大	小	较大		大		较大

续表

主要性能\回路类型		节流调速回路				容积调速回路	容积节流调速回路	
		用节流阀		用调速阀			限压式	稳流式
		进回油	旁路	进回油	旁路			
功率特性	效率	低	较高	低	较高	最高	较高	高
	发热	大	较小	大	较小	最小	较小	小
适用范围		小功率、轻载的中、低压系统				大功率、重载、高速的中、高压系统	中、小功率的中压系统	

b. 调速回路的选用：调速回路在选用时应主要考虑以下问题。

● 执行机构的负载性质、运动速度、速度稳定性等要求：负载小，且工作中负载变化也小的系统可采用节流阀节流调速；在工作中负载变化较大且要求低速稳定性好的系统，宜采用调速阀节流调速或容积节流调速；负载大、运动速度高、油的温升要求小的系统，宜采用容积调速回路。

一般来说，功率在 3 kW 以下的液压系统宜采用节流调速回路；3～5 kW 范围宜采用容积节流调速回路；功率在 5 kW 以上的宜采用容积调速回路。

● 工作环境要求：处于温度较高的环境下工作，且要求整个液压装置体积小、重量轻的情况，宜采用闭式回路的容积调速。

● 经济性要求：节流调速回路的成本低，功率损失大，效率也低；容积调速回路因变量泵、变量马达的结构较复杂，所以价钱高，但其效率高、功率损失小；而容积节流调速则介于两者之间。所以需综合分析选用哪种回路。

(2) 快速运动回路

快速运动回路又称为增速回路，其功能在于使液压执行原件获得所需的高速，以提高系统的工作效率或充分利用功率。实现快速运动视方法不同有多种方案，下面介绍几种常用的快速运动回路。

①差动连接的快速运动回路。

差动连接的快速运动回路是在不增加液压泵输出流量的情况下来提高工作部件运动速度的一种快速回路，其实质是改变了液压缸的有效作用面积。

图 3-23 所示为用于快、慢速转换的运动回路，其中快速运动采用差动连接的回路。当三位四通电磁换向阀 3 左端的电磁铁通电时，阀 3 左位连入系统，此时，液压缸右腔的油经阀 3 左位、二位二通机动换向阀 5 下位（此时外控顺序阀 7 关闭）连同液压泵输出的压力油进入液压缸 4 的左腔，实现差动连接，使活塞快速向右运动。当快速运动结束，工作部件上的挡铁压下机动换向阀 5 时，泵的压力升高，阀 7 打开，液压缸 4 右腔的回油只能经调速阀 6 流回油箱，这时是工作进给。当换向阀 3 右端的电磁铁通电时，活塞向左快速退回（非差动连接）。采用差动连接的快速回路方法简单，较经济，但快、慢速度的换接不够平稳。必须注意，差动油路的换向阀和油管通道应

按差动时的流量选择，不然流动液阻过大会使液压泵的部分油从溢流阀流回油箱、速度减慢，甚至不起差动作用。

②双泵供油的快速运动回路。

这种回路是利用低压大流量泵和高压小流量泵并联的系统供油，回路如图3-24所示。图中1为高压小流量泵，用以实现工作进给运动；2为低压大流量泵，用以实现快速运动。在快速运动时，液压泵2输出的油经单向阀4和液压泵1输出的油共同向系统供油。在工作进给时，系统压力升高，打开液控顺序阀（卸荷阀）3使液压泵2卸荷，此时单向阀4关闭，由液压泵1单独向系统供油。溢流阀5控制液压泵1的供油压力是根据系统所需的最大工作压力来调节的，而液控顺序阀（卸荷阀）3使液压泵2在快速运动时供油，在工作进给时卸荷，因此它的调整压力应比快速运动时系统所需的压力要高，但比溢流阀5的调整压力低。

双泵供油回路功率利用合理、效率高，并且速度换接较平稳，在快、慢速度相差较大的机床中应用很广泛；缺点是要用一个双联泵，油路系统也稍复杂。

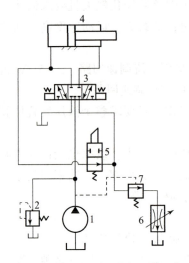

图3-23 差动连接快速运动回路

1—液压泵；2—溢流阀；3—电磁换向阀；4—液压缸；
5—机动换向阀；6—调速阀；7—外控顺序阀

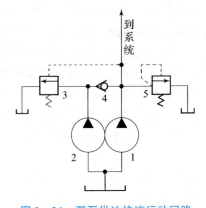

图3-24 双泵供油快速运动回路

1，2—液压泵；3—液控顺序阀（卸荷阀）；
4—单向阀；5—溢流阀

差动连接快速回路

双泵快速回路

③用增速缸的快速运动回路。

图3-25所示为增速缸快速运动回路。增速缸是一种复合缸，由活塞缸和柱塞缸复合而成。当手动换向阀的左位接入系统时，压力油经柱塞孔进入增速缸小腔1，推动活塞快速向右移动；增速缸大腔2所需油液由充液阀3从油箱吸取，活塞缸右腔的油

液经换向阀流回油箱。当执行元件接触工件负载增加时，系统压力升高，顺序阀 4 开启，充液阀 3 关闭，高压油进入增速缸大腔 2，活塞转换成慢速前进，推力增大；换向阀右位接入时，压力油进入活塞缸右腔，打开充液阀 3，大腔 2 的回油流回油箱。该回路增速比大、效率高，但液压缸结构复杂，常用于液压压力机中。

④采用蓄能器的快速运动回路。

采用蓄能器的快速回路是在执行元件不动或需要较少的压力油时，将其多余的压力油储存在蓄能器中，需要快速运动时再释放出来。该回路的关键在于能量储存和释放的控制方式。图 3-26 所示为采用蓄能器的快速回路，用于液压缸间歇式工作。当液压缸不动时，换向阀 3 中位将液压泵与液压缸断开，液压泵的油经单向阀供给蓄能器 4。当蓄能器 4 压力达到卸荷阀 1 的调定压力时，阀 1 开启，液压泵卸荷。当需要液压缸动作时，阀 3 换向，溢流阀 2 关闭后，蓄能器 4 和泵一起给液压缸供油，实现快速运动。该回路可减小液压装置功率，实现高速运动。

(3) 速度换接回路

速度换接回路用来实现运动速度的变换，即在原来设计或调节好的几种运动速度中，从一种速度换成另一种速度。对这种回路的要求是速度换接要平稳，即不允许在速度变换的过程中有前冲（速度突然增加）现象。下面介绍几种回路的换接方法及特点。

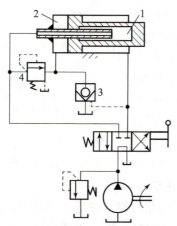

图 3-25　增速缸快速运动回路

1—增速缸小腔；2—增速缸大腔；
3—充液阀；4—顺序阀

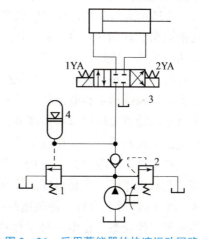

图 3-26　采用蓄能器的快速运动回路

1—卸荷阀；2—溢流阀；3—换向阀；4—蓄能器

增速缸快速回路

蓄能器快速回路

①用行程阀（电磁阀）的速度换接回路。

图 3-27 所示为采用单向行程节流阀的速度换接回路。在图示位置，液压缸 3 右腔

的回油可经行程阀 4 和换向阀 2 流回油箱，使活塞快速向右运动。当快速运动到达所需位置时，活塞上挡块压下行程阀 4，将其通路关闭，这时液压缸 3 右腔的回油就必须经过节流阀 6 流回油箱，活塞的运动转换为工作进给运动（简称工进）。当操纵换向阀 2 换向后，压力油可经换向阀 2 和单向阀 5 进入液压缸 3 右腔，使活塞快速向左退回。

行程阀速度换接回路

在这种速度换接回路中，因为行程阀的油路是由液压缸活塞的行程控制阀芯移动而逐渐关闭的，所以换接时的位置精度高、冲击小，运动速度的变换也比较平稳。这种回路在机床液压系统中应用较多，它的缺点是行程阀的安装位置受到一定限制，所以有时管路连接稍复杂。行程阀也可以用电磁换向阀来代替，这时电磁换向阀的安装位置不受限制，但其换接精度及速度变换的平稳性较差。

② 调速阀（节流阀）串、并联的速度换接回路。

对于某些自动机床、注塑机等，需要在自动工作循环中变换两种以上的工作进给速度，这时需要采用两种或多种工作进给速度的换接回路。

图 3-28 所示为两个调速阀并联以实现两种工作进给速度换接的回路。在图 3-28（a）中，液压泵输出的压力油经调速阀 3 和电磁阀 5 进入液压缸。当需要第二种工作进给速度时，电磁阀 5 通电，其右位接入回路，液压泵输出的压力油经调速阀 4 和电磁阀 5 进入液压缸。这种回路中两个调速阀的节流口可以单独调节，互不影响，即第

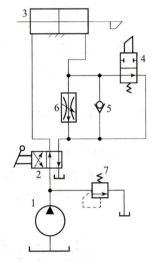

图 3-27　单向行程节流阀的速度换接回路
1—泵；2—换向阀；
3—液压缸；4—行程阀；
5—单向阀；6—节流阀

一种工作进给速度和第二种工作进给速度互相没有什么限制。但当一个调速阀工作时，另一个调速阀中没有油液通过，它的减压阀则处于完全打开的位置，在速度换接开始的瞬间不能起减压作用，容易出现部件突然前冲的现象。

图 3-28（b）所示为另一种调速阀并联的速度换接回路。在这个回路中，两个调速阀始终处于工作状态，在由一种工作进给速度转换为另一种工作进给速度时，不会出现工作部件突然前冲的现象，因而工作可靠。但是液压系统在工作中总有一定量的油液通过不起调速作用的那个调速阀流回油箱，造成能量损失，使系统发热。

图 3-29 所示为两个调速阀串联的速度换接回路。图中液压泵输出的压力油经调速阀 3 和电磁阀 5 进入液压缸，这时的流量由调速阀 3 控制。当需要第二种工作进给速度时，阀 5 通电，其右位接入回路，则液压泵输出的压力油先经调速阀 3，再经调速阀 4 进入液压缸，这时的流量应由调速阀 4 控制，所以这种回路中调速阀 4 的节流口应调得比调速阀 3 小，否则调速阀 4 速度换接将不起作用。这种回路在工作时调速阀 3 一直工作，它限制着进入液压缸或调速阀 4 的流量，因此在速度换接时不会使液压缸产生前冲现象，换接平稳性较好。在调速阀 4 工作时，油液需经两个调速阀，故能量损失较大，系统发热也较大，但比图 3-28（b）所示的回路要小。

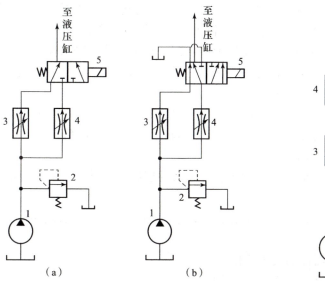

图 3-28 两个调速阀并联速度换接回路	图 3-29 两个调速阀串联速度换接回路
1—液压泵；2—溢流阀；3，4—调速阀；5—电磁阀	1—液压泵；2—溢流阀；3，4—调速阀；5—电磁阀

调速阀并联的速度换接回路　　　调速阀串联速度换接回路

③液压马达串并联速度换接回路。

液压马达串并联速度换接回路如图 3-30 所示。图 3-30（a）所示为液压马达并联回路，液压马达 1、2 的主轴刚性地连接在一起，手动换向阀 3 在左位时，压力油只

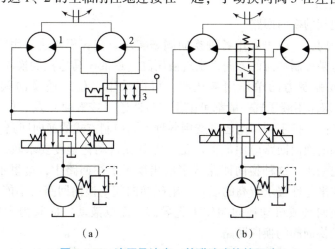

图 3-30　液压马达串、并联速度换接回路

(a) 液压马达并联回路；1，2—双向定量马达；3—二位四通手动换向阀；
(b) 液压马达串、并联回路；1—二位四通电磁换向阀驱动马达 1，马达 2 空转；阀 3 在右位时马达 1、2 并联。若马达 1、2 的排量相等，则并联时进入每个马达的流量减少一半，转速相应降低一半，而转矩增加一倍。图 3-30（b）所示为液压马达串、并联回路，用二位四通阀使两马达串联或并联来使系统实现快慢速切换。二位四通阀的上位接入回路时，两马达并联，为低速，输出转矩大；当下位接入回路时，两马达串联，为高速。

液压马达串、并联速度换接回路主要用于由液压驱动的行走机械中，可根据路况需要提供两挡速度，在平地行驶时为高速，上坡时输出转矩增加，转速降低。

（4）典型速度控制回路组装调试训练

组装各类速度控制回路，验证其工作原理，了解其性能特点，学习常见故障的诊断及排除方法。

①选择组装回路所需要的元器件：泵（定量、变量）、缸、节流阀、溢流阀及其他元器件。

②在实验台上布置好各元器件的大体位置。

③按图纸组装速度控制回路，并检查其可靠性。

④接通主油路，将泵的压油口与节流阀的进油口连起来，再将节流阀的出油口连缸的左腔，缸的右腔连油箱。将泵的压油口连溢流阀的进油口，将溢流阀的回油口连回油箱。

⑤让溢流阀全开，启动泵，再将溢流阀的开度逐渐减小，调试回路，观察缸的速度变化。如果缸不动，则要检查管子是否接好、压力油是否送到位。

⑥验证结束，拆装回路，清理元器件及试验台。

3. 方向控制回路分析与组建

在液压系统中，起控制执行元件的启动、停止及换向作用的回路，称为方向控制回路。方向控制回路有换向回路和锁紧回路。

（1）换向回路

①采用换向阀的换向回路。

执行元件换向，一般可采用各种换向阀来实现。在容积调速的闭式回路中，也可以利用双向变量泵控制油流的方向来实现液压缸（或液压马达）的换向。

依靠重力或弹簧力的单作用液压缸，可以采用二位三通换向阀进行换向，如图 3-31 所示。双作用液压缸一般都可采用二位四通（或五通）及三位四通（或五通）换向阀来进行换向，按不同用途还可选用各种不同控制方式的换向回路。

电磁换向阀的换向回路应用最为广泛，尤其在自动化程度要求较高的组合机床液压系统中被普遍采用。这种换向回路曾多次出现于上述回路中，这里不再赘述。对于流量较大和换向平稳性要求较高的场合，电磁换向阀的换向回路已不能适应上述要求，往往采用手动换向阀或机动换向阀作为先导阀，而以液动换向阀为主阀的换向回路，或者采用电液动换向阀的换向回路。

图 3-32 所示为手动转阀（先导阀）控制液动换向阀的换向回路。回路中用辅助泵 2 提供低压控制油，通过手动先导阀 3（三位四通转阀）来控制液动换向阀 4 的阀芯移动，实现主油路的换向，当转阀 3 在右位时，控制油进入液动换向阀 4 的左端，右

端的油液经转阀回油箱，使液动换向阀 4 左位接入工件，活塞下移；当转阀 3 切换至左位时，即控制油使液动换向阀 4 换向，活塞向上退回；当转阀 3 在中位时，液动换向阀 4 两端的控制油通油箱，在弹簧力的作用下使阀芯回复到中位，主泵 1 卸荷。这种换向回路常用于大型压力机上。

在液动换向阀的换向回路或电液动换向阀的换向回路中，除了用辅助泵供给控制油液外，在一般的系统中也可以把控制油路直接接入主油路。但是，当主阀采用 M 型或 H 型中位机能时，必须在回路中设置背压阀，保证控制油液有一定的压力，以控制换向阀阀芯的移动。

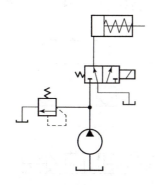

图 3-31 采用二位三通换向阀的
单作用缸换向的回路

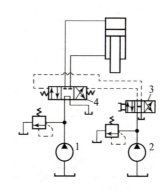

图 3-32 先导阀控制液动换向阀的换向回路
1—主泵；2—辅助泵；3—转阀；4—换向阀

位四通手动换向阀控制双作用液压缸

换向回路

在机床夹具、油压机和起重机等不需要自动换向的场合，常常采用手动换向阀来进行换向。

②采用双向变量泵的换向回路。

采用双向变量泵的换向回路如图 3-33 所示，常用于闭式油路中，通过变更供油方向来实现液压缸或液压马达换向。图中若双向变量泵 1 吸油侧供油不足，则可由补油泵 2 通过单向阀 3 来补充；活塞运行时泵 1 吸油侧多余的油液可通过液压缸 5 进油侧压力控制的二位二通阀 4 和溢流阀 6 流回油箱。

溢流阀 6 和 8 的作用是使液压缸活塞向右或向左运动时泵的吸油侧有一定的吸入压力，改善泵的吸油性能，同时能使活塞运动平稳。溢流阀 7 为防止系统过载的安全阀。

（2）锁紧回路

为了使工作部件能在任意位置上停留，以及在停止工作时防止在受力的情况下发生移动，可以采用锁紧回路。

采用 O 型或 M 型机能的三位换向阀，当阀芯处于中位时，液压缸的进、出口都被封闭，可以将活塞锁紧，这种锁紧回路由于受到滑阀泄漏的影响，故锁紧效果较差。

图 3-34 所示为采用液控单向阀的锁紧回路。在液压缸的进、回油路中都串接液控单向阀（又称液压锁），活塞可以在行程的任何位置锁紧，其锁紧精度只受液压缸内少量的内泄漏影响，因此，锁紧精度较高。采用液控单向阀的锁紧回路，换向阀的中位机能应使液控单向阀的控制油液卸压（换向阀采用 H 型或 Y 型），此时液控单向阀便立即关闭，活塞停止运动。假如采用 O 型机能，在换向阀中位时，由于液控单向阀的控制腔压力油被闭死而不能使其立即关闭，直至由换向阀的内泄漏使控制腔泄压后液控单向阀才能关闭，故会影响其锁紧精度。

锁紧回路

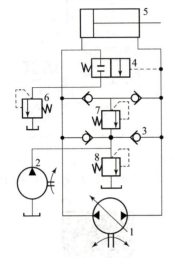

图 3-33 采用双向变量泵的换向回路

1—双向变量泵；2—定量泵；3—单向阀；
4—二位二通换向阀；5—液压缸；
6，7，8—溢流阀

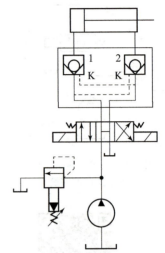

图 3-34 采用液控单向阀的锁紧回路

1，2—液控单向阀

组装各类方向控制回路，验证其工作原理，了解其性能特点，学习其常见故障的诊断及排除方法。

（3）典型换向回路组装调试训练

①选择组装回路所需要的元器件：泵、缸、换向阀、溢流阀及其他元器件。

②在实验台上布置好各元器件的大体位置。

③按图纸组装系统回路，并检查其可靠性。

④接通主油路，将泵的压油口与换向阀的进油口连起来，再将换向阀的一个工作口连接缸的左腔，另一个工作口连接缸的右腔。将泵的压油口连接溢流阀的进油口，将溢流阀的回油口接油箱。

⑤让溢流阀全开，启动泵，再将溢流阀的开度逐渐减小，调试回路，如果缸不动，则要检查管子是否接好、压力油是否送到位。

⑥验证结束，拆装回路，清理元器件及试验台。

4. 多缸动作回路分析与组建

（1）顺序动作回路

在多缸液压系统中，执行元件往往需要按照一定的顺序运动。例如，自动车床中刀架的纵、横向运动及夹紧机构的定位和夹紧等。

顺序动作回路按其控制方式不同，可分为压力控制、行程控制和时间控制三类，其中前两类应用较为广泛。

① 压力控制的顺序动作回路。

压力控制就是利用油路本身的压力变化来控制液压缸的先后动作顺序，它主要利用压力继电器和顺序阀来控制顺序动作的。

a. 压力继电器控制的顺序回路：图3-35所示为压力继电器控制的顺序回路，用于机床的夹紧、进给系统，要求的动作顺序是：先将工件夹紧，然后在动力滑台进行切削加工，动作循环开始时，二位四通电磁阀处于图示位置，液压泵输出的压力油进入夹紧缸的右腔，左腔回油，活塞向左移动，将工件夹紧。夹紧后，液压缸右腔的压力升高，当油压超过压力继电器的调定值时，压力继电器发出信号，指令电磁阀的电磁铁2DT、4DT通电，进给液压缸动作（其动作原理详见速度换接回路）。油路中要求先夹紧后进给，工件没有夹紧则不能进给，这一严格的顺序是由压力继电器来保证的。压力继电器的调整压力应比减压阀的调整压力低 $3 \times 10^5 \sim 5 \times 10^5$ Pa。

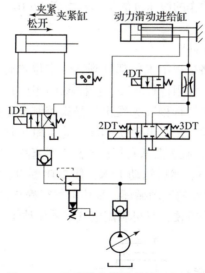

图3-35　压力继电器控制的顺序回路

b. 用顺序阀控制的顺序动作回路：图3-36所示为采用两个单向顺序阀的压力控制顺序动作回路，其中右边单向顺序阀控制两液压缸前进时的先后顺序，左边单向顺序阀控制两液压缸后退时的先后顺序。当电磁换向阀左位工作时，压力油进入液压缸1的左腔，右腔经单向顺序阀中的单向阀回油，此时由于压力较低，右边顺序阀关闭，缸1先向右移动。当液压缸1的运动至终点时，油压升高，达到右边单向顺序阀的调定压力时，顺序阀开启，压力油进入液压缸2的左腔，右腔直接回油，缸2的活塞向右移动。当液压缸 2 达到终点后，电磁换向阀断电复位。如果此时电磁换向阀右位工作，则压力油进入液压缸 2 的右腔，左腔经右边单向顺序阀中的单向阀回油，使缸 2 的活塞向左返回，到达终点时压力油升高打开左边单向顺序阀，使液压缸 1 返回。

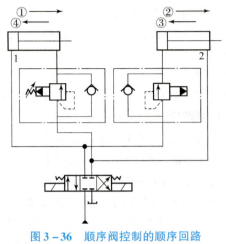

图 3-36 顺序阀控制的顺序回路
1，2—液压缸

这种顺序动作回路的可靠性，在很大程度上取决于顺序阀的性能及其压力调整值。顺序阀的调整压力应比先动作的液压缸的工作压力高 $8 \times 10^5 \sim 10 \times 10^5$ Pa，以免在系统压力波动时发生误动作。

②行程控制的顺序动作回路。

行程控制顺序动作回路是利用工作部件到达一定位置时发出的信号来控制液压缸的先后动作顺序的，它可以利用行程开关、行程阀或顺序缸来实现。

图 3-37 所示为利用电气行程开关发出信号来控制电磁阀先后换向的顺序动作回路。其动作顺序是：按启动按钮，电磁铁 1DT 通电，缸 1 活塞右行；当挡铁触动行程开关 2XK 时，使 2DT 通电，缸 2 活塞右行；当缸 2 活塞右行至行程终点时，触动 3XK，使 1DT 断电，缸 1 活塞左行，然后触动 1XK，使 2DT 断电，缸 2 活塞左行。至此完成了缸 1、缸 2 的全部顺序动作的自动循环。采用电气行程开关控制的顺序回路，调整行程大小和改变动作顺序较为方便，且可利用电气互锁使动作顺序可靠。

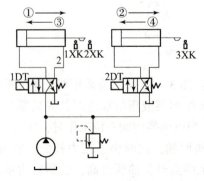

图 3-37 电气行程开关控制的顺序回路

（2）同步回路

使两个或两个以上的液压缸在运动中保持相同位移或相同速度的回路称为同步回路。在一泵多缸的系统中，尽管液压缸的有效工作面积相等，但是由于运动中所受负载不均衡、摩擦阻力不相等、泄漏量不同以及制造上的误差等，不能使液压缸同步动作。同步回路的作用就是为了克服这些影响，以补偿它们在流量上所造成的变化。

①串联液压缸的同步回路。

图3-38所示为串联液压缸的同步回路。图中第一个液压缸回油腔排出的油液被送入第二个液压缸的进油腔，如果串联油腔活塞的有效面积相等，便可实现同步运动。这种回路两缸能承受不同的负载，但泵的供油压力要大于两缸工作压力之和。

由于泄漏和制造误差影响了串联液压缸的同步精度，故当活塞往复多次后会产生严重的失调现象，为此要采取补偿措施。图3-39所示为两个单作用缸串联，并带有补偿装置的同步回路。为了达到同步运动，液压缸1有杆腔A的有效面积应与液压缸2无杆腔B的有效面积相等。在活塞下行的过程中，如果液压缸1的活塞先运动到底，触动行程开关1XK发出信号，使电磁铁1DT通电，此时压力油便经过二位三通电磁换向阀3、液控单向阀5向液压缸2的B腔补油，使缸2的活塞继续运动到底。如果液压缸2的活塞先运动到底，触动行程开关2XK，使电磁铁2DT通电，此时压力油便经二位三通电磁换向阀4进入液控单向阀的控制油口，液控单向阀5反向导通，使缸1能通过液控单向阀5和二位三通电磁换向阀3回油，并使缸1的活塞继续运动到底，对失调现象进行补偿。

液压缸串联同步回路

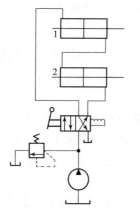

图3-38　串联液压缸的同步回路
1，2—双向液压缸

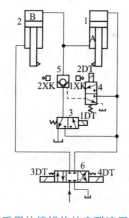

图3-39　采用补偿措施的串联液压缸同步回路
1，2—单活塞杆缸；3，4—二位三通电磁换向阀；
5—液控单向阀；6—三位四通电磁换向阀

②流量控制式同步回路。

a. 用调速阀控制的同步回路：图3-40所示为两个并联的液压缸分别用调速阀控制的同步回路。两个调速阀分别调节两缸活塞的运动速度，若两缸的有效面积相等，则流量的调整也相同；若两缸的有效面积不等，则改变调速阀的流量也能达到同步运动。

用调速阀控制的同步回路结构简单，并且可以调速，但是由于受到油温变化以及调速阀性能差异等影响，同步精度较低，一般在 5% ~ 7%。

b. 用电液比例调速阀控制的同步回路：图 3 – 41 所示为用电液比例调速阀实现同步运动的回路。回路中使用了一个普通调速阀 1 和一个比例调速阀 2，它们装在由多个单向阀组成的桥式回路中，并分别控制着液压缸 3 和 4 的运动。当两个活塞出现位置误差时，检测装置就会发出信号，调节比例调速阀的开度，使缸 4 的活塞跟上缸 3 的活塞运动而实现同步。

这种回路的同步精度较高，位置精度可达 0.5 mm，已能满足大多数工作部件所要求的同步精度。比例阀的性能虽然比不上伺服阀，但费用低，系统对环境的适应性强。因此，用它来实现同步控制是一个新的发展方向。

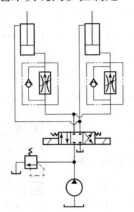

图 3 – 40　调速阀控制的同步回路

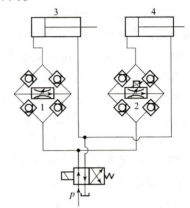

图 3 – 41　电液比例调速阀实现同步回路
1—普通调速阀；2—比例调速阀；3，4—液压缸

（3）多缸快慢速互不干涉回路

在一泵多缸的液压系统中，往往会由于其中一个液压缸的快速运动而导致系统的压力下降，进而影响其他液压缸工作进给的稳定性，因此，在工作进给要求比较稳定的多缸液压系统中，必须采用快慢速互不干涉回路。

在图 3 – 42 所示的回路中，各液压缸分别要完成快进、工作进给和快速退回的自动循环。回路采用双泵的供油系统，泵 1 为高压小流量泵，供给各缸工作进给所需的压力油；泵 2 为低压大流量泵，为各缸快进或快退时输送低压油，它们的压力分别由溢流阀 3 和 4 调定。

当开始工作时，电磁阀 1DT、2DT 和 3DT、4DT 同时通电，液压泵 2 输出的压力油经单向阀 6 和 8 进入液压缸的左腔，此时两泵供油使各活塞快速进给。当电磁铁 3DT、4DT 断电后，活塞由快进转换成工作进给，单向阀 6 和 8 关闭，工进所需压力油由泵 1 供给。如果其中某一液压缸（例如缸 A）先转换成快速退回，即三位四通电磁换向阀 9 失电换向，泵 2 输出的油液经单向阀 6、换向阀 9 和单向调速阀 11 进入液压缸 A 的右腔，左腔经换向阀回油，使活塞快速退回，而其他液压缸仍由泵 1 供油，继续进行工作进给，这时调速阀 5（或 7）使泵 1 仍然保持溢流阀 3 的调整压力，不受快退的影响，防止了相互干扰。在回路中调速阀 5 和 7 的调整流量应适当大于单向调速阀 11 和 13 的调整流量，这样，工作进给的速度由阀 11 和 13 来决定，这种回路可以用在具有多

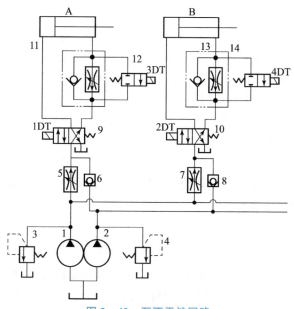

分流阀同步回路

图 3-42 互不干涉回路

1—高压小流量泵；2—低压大流量泵；3，4—溢流阀；5，7，11，13—调速阀；
6，8—单向阀；9，10—换向阀；12，14—电磁换向阀

个工作部件各自分别运动的机床液压系统中。三位四通电磁换向阀 10 用来控制 B 缸的换向，二位二通电磁换向阀 12、14 分别控制 A、B 缸的快速进给。

（4）多缸回路组装调试训练

组装各类多缸控制回路，验证其工作原理，了解其性能特点，学习其常见故障的诊断及排除方法。

① 选择组装回路所需要的元器件。

② 在实验台上布置好各元器件的大体位置。

③ 按图纸组装系统回路，并检查其可靠性。

④ 接通主油路，让溢流阀全开，启动泵，再将溢流阀的开度逐渐减小，调试回路，观察各缸动作情况。如果缸不动，则要检查管子是否接好、压力油是否送到位。

验证结束，拆装回路，清理元器件及试验台。

（二）典型液压系统分析

液压技术广泛地应用于国民经济各个部门和各个行业，不同行业的液压机械在工况特点、动作循环、工作要求、控制方式等方面差别很大。但一台机器设备的液压系统无论有多复杂，其都是由若干个基本回路组成的，基本回路的特性也就决定了整个系统的特性。本章通过介绍几种不同类型的液压系统，使大家能够掌握、分析液压系统的一般步骤和方法。实际设备的液压系统往往比较复杂，要想真正读懂并非一件容易的事情，故必须按照一定的方法和步骤，做到循序渐进、分块进行，逐步完成。读图的大致步骤一般如下：

① 首先要认真分析该液压设备的工作原理和性能特点，了解设备对液压系统的

工作要求。

② 根据设备对液压系统执行元件动作循环的具体要求，从液压泵到执行元件（液压缸或马达）和从执行元件到液压泵同时进行，按油路的走向初步阅读液压系统的原理图，寻找它们的连接关系，并以执行元件为中心将系统分解成若干子系统，读图时要按照先读控制油路后读主油路的读图顺序进行。

③ 按照系统中组成的基本回路（如换向回路、调速回路、压力控制回路等）来分解系统的功能，并根据设备各执行元件间的互锁、同步、顺序动作和防干扰等要求，全面读懂液压系统原理图。

④ 分析液压系统性能优劣，总结、归纳系统的特点，以加深对系统的了解。

1. 组合机床动力滑台液压系统分析

（1）概述

组合机床是一种由通用部件和部分专用部件组合而成的高效、工序集中的专用机床，其具有加工能力强、自动化程度高、经济性好等优点。动力滑台是组合机床上实现进给运动的一种通用部件，配上动力头和主轴箱可以完成钻、扩、铰、镗、铣、攻螺纹等工序，能加工孔和端面，广泛用于大批量生产的流水线。

（2）YT4543 型动力滑台液压系统工作原理

图 3 – 43 所示为 YT4543 型动力滑台的液压系统，该滑台由液压缸驱动，系统用限

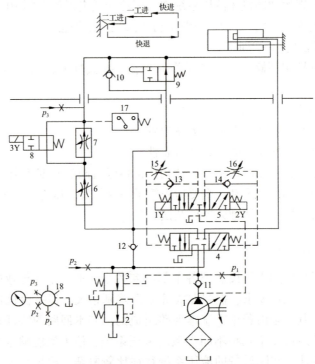

图 3 – 43　YT4543 型动力滑台液压系统

1—限压式变量叶片泵；2—背压阀；3—外控顺序阀；4—液动换向阀（主阀）；5—电磁先导阀；
6，7—调速阀；8—电磁阀；9—行程阀；10，11，12，13，14—单向阀；15，16—节流阀；
17—压力继电器；18—压力表开关；p_1，p_2，p_3—压力表接点

快进工进快退回路　　快进一工进二工进回路

压式变量叶片泵供油、三位五通电液换向阀换向，用液压缸差动连接实现快进、调速阀调节实现工进，由两个调速阀串联、电磁铁控制实现一工进和二工进转换，用死挡铁保证进给的位置精度。可见，系统能够实现快进→一工进→二工进→死挡铁停留→快退→原位停止等功能。表3-2所示为该滑台的动作循环（表中"＋"表示电磁铁得电）。

表3-2　YT4543型动力滑台液压系统动作循环表

动作名称	信号来源	电磁铁工作状态			液压元件工作状态				
		1Y	2Y	3Y	顺序阀3	先导阀5	主阀4	电磁阀8	行程阀9
快进	人工启动按钮	＋	－	－	关闭	左位	左位	右位	右位
一工进	挡块压下行程阀9	＋	－	－	打开	左位	左位	右位	左位
二工进	挡块压下行程开关	＋	－	＋	打开	左位	左位	左位	左位
停留	滑台靠压在死挡块处	＋	－	＋	打开	左位	左位	左位	左位
快退	压力继电器17发出信号	－	＋	＋	关闭	右位	右位	右位	右位
停止	挡块压下终点开关	－	－	－	关闭	中位	中位	右位	右位

具体工作情况如下：

①快进。

手动按下自动循环启动按钮，使电磁铁1Y得电，电液换向阀中的电磁先导阀5左位接入系统，在控制油路的驱动下，液动换向阀4左位接入系统，系统开始实现快进。由于快进时滑台上无工作负载，故液压系统只需克服滑台上负载的惯性力和导轨的摩擦力，泵的出口压力很低，使限压式变量叶片泵1处于最大偏心距状态，输出最大流量，外控顺序阀3处于关闭状态，通过单向阀12的单向导通和行程阀9右位接入系统，使液压缸处于差动连接状态，实现快进。这时油路的流动情况为：

控制油路、进油路：泵1→电磁先导阀5（左位）→单向阀13→液动换向阀4（左位）；

回油路：液动换向阀4（右边）→节流阀16→电磁先导阀5（左位）→油箱。

主油路、进油路：泵1→单向阀11→液动换向阀4（左位）→行程阀9常位→液压缸左腔；

回油路：液压缸右腔→液动换向阀4（左位）→单向阀12→行程阀9常位→液压缸左腔。

②一工进。

当滑台快进到预定位置时，滑台上的行程挡块压下行程阀9，使行程阀左位接入系统，单向阀12与行程阀9之间的油路被切断，单向阀10反向截止，电磁铁3Y又处于失电状态，压力油只能经过调速阀6、电磁阀8的右位进入液压缸左腔。由于调速阀6接入系统，造成系统压力升高，系统进入容积节流调速工作方式，使系统第一次工进开始。这时其余液压元件所处状态不变，但外控顺序阀3被打开，由于压力的反馈作用，使限压式变量叶片泵1输出流量与调速阀6的流量自动匹配。这时油路的流动情况为：

进油路：泵1→单向阀11→液动换向阀4（左位）→调速阀6→电磁阀8（右位）→液压缸左腔；

回油路：液压缸右腔→液动换向阀4（左位）→外控顺序阀3→背压阀2→油箱。

③二工进。

当滑台第一次工作进给结束时，装在滑台上的另一个行程挡块压下一行程开关，使电磁铁3Y得电，电磁阀8左位接入系统，压力油经调速阀6、调速阀7后进入液压缸左腔，此时，系统仍然处于容积节流调速状态，第二次工进开始。由于调速阀7的开口比调速阀6小，故使系统工作压力进一步升高，限压式变量叶片泵1的输出流量进一步减少，滑台的进给速度降低。这时油路的流动情况为：

进油路：泵1→单向阀11→液动换向阀4（左位）→调速阀6→调速阀7→液压缸左腔；

回油路：液压缸右腔→液动换向阀4（左位）→外控顺序阀3→背压阀2→油箱。

④进给终点停留。

当滑台以二工进速度运动到终点时，碰上事先调整好的死挡块，使滑台不能继续前进，被迫停留。此时，油路状态保持不变，泵1仍在继续运转，使系统压力不断升高，泵的输出流量不断减少，直到流量全部用来补偿泵的泄漏，系统没有流量。由于流过调速阀6和7的流量为零，阀前后的压力差为零，故从泵1出口到液压缸之间的压力油路段变为静压状态，使整个压力油路上的油压相等，即液压缸左腔的压力升高到泵出口的压力。由于液压缸左腔压力的升高，故引起压力继电器17动作并发出信号给时间继电器（图3-43中未画出），经过时间继电器的延时处理，使滑台在死挡铁停留一定时间后开始下一个动作。

⑤快退。

当滑台停留一定时间后，时间继电器发出快退信号，使电磁铁1Y失电、2Y得电，电磁先导阀5右位接入系统，控制油路换向，使液动换向阀4右位接入系统，因而主油路换向。由于此时滑台没有外负载，故系统压力下降，限压式变量叶片泵1的流量又自动增至最大，有杆腔进油、无杆腔回油，使滑台实现快速退回。这时油路的流动情况为：

控制油路、进油路：泵1→电磁先导阀5（右位）→单向阀14→液动换向阀4（右边）；

回油路：液动换向阀4（左边）→节流阀15→电磁先导阀5（右位）→油箱。

主油路、进油路：泵1→单向阀11→液动换向阀4（右位）→液压缸右腔；

回油路：液压缸左腔→单向阀10→液动换向阀4（右位）→油箱。

⑥原位停止。

当滑台快退到原位时，另一个行程挡块压下原位行程开关，使电磁铁1Y、2Y和3Y都失电，电磁先导阀5在对中弹簧的作用下处于中位，液动换向阀4左右两边的控制油路都通油箱，因而液动换向阀 4 也在其对中弹簧的作用下回到中位，液压缸两腔封闭，滑台停止运动，泵 1 卸荷。这时油路的流动情况为：

卸荷油路：泵 1→单向阀 11→液动换向阀 4（中位）→油箱。

(3) YT4543 型动力滑台液压系统的特点

由以上分析可以看出，该液压系统主要由以下一些基本回路组成：由限压式变量液压泵、调速阀和背压阀组成的容积节流调速回路；限量式变量液压泵和液压缸差动连接的快速运动回路；电液换向阀的换向回路；由行程阀、电磁阀、顺序阀和两个调速阀等组成的快慢速换接回路；采用电液换向阀 M 型中位机能和单向阀的卸荷回路等。该液压系统的主要性能特点如下：

①采用了限压式变量液压泵、调速阀和背压阀组成的容积节流调速回路，它能保证液压缸稳定的低速运动、较好的速度刚性和较大的调速范围。回油路上的背压阀除了可防止空气渗入系统外，还可使滑台承受一定的负值负载。

②系统采用了限压式变量液压泵和液压缸差动连接实现快进，得到较大的快进速度，能量利用也比较合理。滑台工作间歇停止时，系统采用单向阀和 M 型中位机能换向阀串联使液压泵卸荷，既减少了能量损耗，又使控制油路保持一定的压力，保证下一工作循环的顺利启动。

③系统采用行程阀和外控顺序阀实现快进与工进的转换，不仅简化了油路，而且使动作可靠、换接位置精度较高。两次工进速度的换接采用布局简单、灵活的电磁阀，保证了换接精度，避免了换接时滑台的前冲；采用死挡块作为限位装置，定位准确、可靠，重复精度高。

④系统采用换向时间可调的三位五通电液换向阀来切换主油路，使滑台的换向平稳，冲击和噪声小。同时电液换向阀的五通结构使滑台进和退时分别从两条油路回油，这样滑台快退时系统没有背压，减少了压力损失。

⑤系统回路中的三个单向阀 10、11 和 12 的用途完全不同。阀 11 使系统在卸荷情况下能够得到一定的控制压力，实现系统在卸荷状态下的平稳换向；阀 12 实现快进时的差动连接，工进时压力油与回油隔离；阀 10 实现快进与两次工进时的反向截止与快退时的正向导通，使滑台快退时的回油通过管路和液动换向阀 4 直接回油箱，以尽量减少系统快退时的能量损失。

2. 汽车起重机液压系统分析

（1）概述

汽车起重机机动性好，适应性强，自备动力，能在野外作业，操作简便灵活，能以较快速度行走，在交通运输、城建、消防、大型物料场、基建、急救等领域得到了广泛的应用。汽车起重机上采用液压起重技术，具有承载能力大，可在有冲击、振动和环境较差的条件下工作。由于系统执行元件需要完成的动作较为简单，位置精度要求较低，所以系统以手动操纵为主。对于起重机械液压系统，设计中确保工作可靠与安全至关重要。

汽车起重机是用相配套的载重汽车为基本部分，在其上添加相应的起重功能部件，组成完整的汽车起重机，并且利用汽车自备的动力作为起重机的液压系统动力。起重机工作时，汽车的轮胎不受力，依靠四条液压支腿将整个汽车抬起来，并将起重机的各个部分展开，进行起重作业。当需要转移起重作业现场时，只需要将起重机的各个部分收回到汽车上，使汽车恢复到车辆运输功能状态，进行转移。

图 3-44 所示为汽车起重机的工作结构原理图，它主要由以下五部分构成：

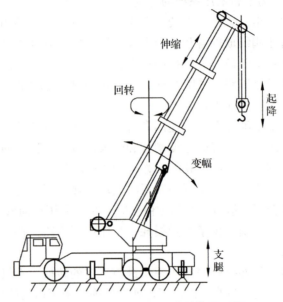

图 3-44　汽车起重机工作结构原理图

① 支腿装置：起重作业时使汽车轮胎离开地面，架起整车，不使载荷压在轮胎上，并可调节整车的水平度。

② 吊臂回转机构：使吊臂实现 360°任意回转，并在任何位置均能够锁定停止。

③ 吊臂伸缩机构：使吊臂在一定尺寸范围内可调，并能够定位，用以改变吊臂的工作长度。一般为 3 节或 4 节套筒伸缩结构。

④ 吊臂变幅机构：使吊臂在一定角度范围内任意可调，用以改变吊臂的倾角。

⑤ 起降机构：使重物在起吊范围内任意升降，并在任意位置负重停止，起吊和下降速度在一定范围内无级可调。

（2）Q2-8 型汽车起重机工作原理

Q2-8 型汽车起重机是一种中小型起重机（最大起重能力 8 t），其液压系统如图 3-45 所示，表 3-3 列出了该汽车起重机液压系统的工作情况。它是通过手动操纵来实现多缸的各自动作的。起重作业时一般为单个动作，少数情况下有两个缸的复合动作。为简化结构，系统采用一个液压泵给各执行元件串联供油。在轻载情况下，各串联的执行元件可任意组合，使几个执行元件同时动作，如伸缩和回转，或伸缩和变幅同时进行等。

汽车起重机液压系统中液压泵的动力是由汽车发动机通过装在底盘变速箱上的取力箱提供。液压泵为高压定量齿轮泵。由于发动机的转速可以通过节气门人为调节控制，因此尽管是定量泵，但在一定的范围内，其输出的流量也可以通过控制汽车节气门开度的大小来进行人为控制，从而实现无级调速。该泵的额定压力为 21 MPa，排量为 40 mL/r，额定转速为 1 500 r/min。液压泵通过中心回转接头 9、开关 10 和过滤器 11 从油箱吸油；输出的压力油经中心回转接头 9、多路手动换向阀组 1 和 2 的操作，将压力油串联地输送到各执行元件。当起重机不工作时，液压系统处于卸荷状态。系统工作的具体情况如下：

典型双泵回路

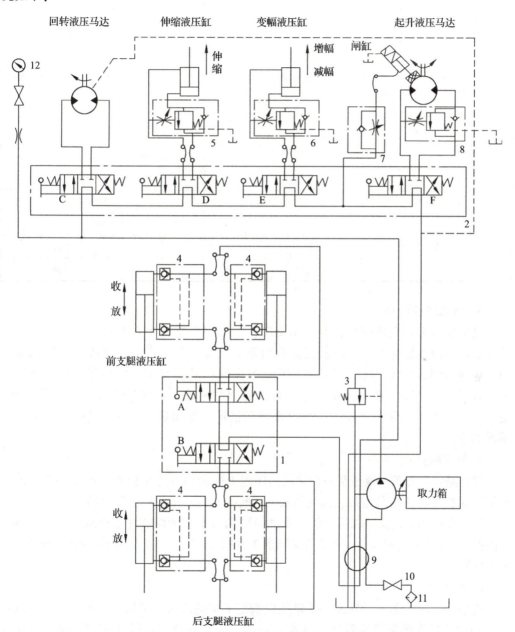

图 3－45　Q2－8 型汽车起重机液压系统图

1，2—手动换向阀组；3—溢流阀；4—双向液压锁；5，6，8—平衡阀；
7—节流阀；9—中心回转接头；10—开关；11—过滤器；
12—压力计；A，B，C，D，E，F—手动换向阀

表 3-3　Q2-8 型汽车起重机液压系统的工作情况

手动阀位置						系统工作情况						
阀A	阀B	阀C	阀D	阀E	阀F	前支腿液压缸	后支腿液压缸	回转液压马达	伸缩液压缸	变倾液压缸	起升液压马达	制动液压缸
左位	中位	中位	中位	中位	中位	伸出	不动	不动	不动	不动	不动	制动
右位	中位	中位	中位	中位	中位	缩回	不动	不动	不动	不动	不动	制动
中位	左位	中位	中位	中位	中位	不动	伸出	不动	不动	不动	不动	制动
中位	右位	中位	中位	中位	中位	不动	缩回	不动	不动	不动	不动	制动
中位	中位	左位	中位	中位	中位	不动	不动	正转	不动	不动	不动	制动
中位	中位	右位	中位	中位	中位	不动	不动	反转	不动	不动	不动	制动
中位	中位	中位	左位	中位	中位	不动	不动	不动	缩回	不动	不动	制动
中位	中位	中位	右位	中位	中位	不动	不动	不动	伸出	不动	不动	制动
中位	中位	中位	中位	左位	中位	不动	不动	不动	不动	减幅	不动	制动
中位	中位	中位	中位	右位	中位	不动	不动	不动	不动	增幅	不动	制动
中位	中位	中位	中位	中位	左位	不动	不动	不动	不动	不动	正转	松开
中位	中位	中位	中位	中位	右位	不动	不动	不动	不动	不动	反转	松开

①支腿缸收放回路。

汽车起重机的底盘前后各有两条支腿，在每一条支腿上都装着一个液压缸，支腿的动作由液压缸驱动。两条前支腿和两条后支腿分别由多路换向阀 1 中的三位四通手动换向阀 A 和 B 控制其伸出或缩回。换向阀均采用 M 型中位机能，且油路采用串联方式。每个液压缸的油路上均设有双向锁紧回路，以保证支腿被可靠地锁住，防止在起重作业时发生"软腿"现象或行车过程中支腿自行滑落。这时油路的流动情况如下。

a. 前支腿：

进油路：取力箱→液压泵→手动换向阀组 1 中的阀 A（左位或右位）→两个前支腿缸进油腔（阀 A 左位进油，前支腿放下；阀 A 右位进油，前支腿收回）；

回油路：两个前支腿缸回油腔→手动换向阀组 1 中的阀 A（左位或右位）→阀 B（中位）→中心回转接头 9→手动换向阀组 2 中阀 C、D、E、F 的中位→中心回转接头 9→油箱。

b. 后支腿：

进油路：取力箱→液压泵→手动换向阀组 1 中的阀 A（中位）→阀 B（左位或右位）→两个后支腿缸进油腔（阀 B 左位进油，后支腿放下；阀 B 右位进油，后支腿收回）；

回油路：两个后支腿缸回油腔→手动换向阀组 1 中的阀 B（左位或右位）→阀 A（中位）→中心回转接头 9→手动换向阀组 2 中阀 C、D、E、F 的中位→中心回转接头 9→油箱。

前后四条支腿可以同时收和放，当手动换向阀组 1 中的阀 A 和 B 同时左位工作时，四条支腿都放下；阀 A 和 B 同时右位工作时，四条支腿都收回；当手动换向阀组 1 中的阀 A 左位工作、阀 B 右位工作时，前支腿放下，后支腿收回；当手动换向阀组 1 中的阀 A 右位工作、阀 B 左位工作时，前支腿收回，后支腿放下。

②吊臂回转回路。

吊臂回转机构采用液压马达作为执行元件。液压马达通过蜗轮蜗杆减速箱和一对内啮合的齿轮传动来驱动转盘回转。由于转盘转速较低（1～3 r/min），故液压马达的转速也不高，没有必要设置液压马达的制动回路。系统中用手动换向阀组 2 中的一个三位四通手动换向阀 C 来控制转盘正、反转和锁定不动三种工况。这时油路的流动情况为：

进油路：取力箱→液压泵→手动换向阀组 1 中的阀 A、阀 B 中位→中心回转接头 9→手动换向阀组 2 中的阀 C（左位或右位）→回转液压马达进油腔；

回油路：回转液压马达回油腔→手动换向阀组 2 中的阀 C（左位或右位）→手动换向阀组 2 中的阀 D、E、F 的中位→中心回转接头 9→油箱。

③伸缩回路。

起重机的吊臂由基本臂和伸缩臂组成，伸缩臂套在基本臂之中，用一个由三位四通手动换向阀 D 控制的伸缩液压缸来驱动吊臂的伸出和缩回。为防止因自重而使吊臂下落，油路中设有平衡回路。这时油路的流动情况为：

进油路：取力箱→液压泵→手动换向阀组 1 中的阀 A、阀 B 中位→中心回转接头 9→手动换向阀组 2 中的阀 C 中位→换向阀 D（左位或右位）→伸缩缸进油腔；

回油路：伸缩缸回油腔→手动换向阀组 2 中的阀 D（左位或右位）→手动换向阀组 2 中的阀 E、F 中位→中心回转接头 9→油箱。

当手动换向阀组 2 中的阀 D 左位工作时，伸缩缸上腔进油，缸缩回；阀 D 右位工作时，伸缩缸下腔进油，缸伸出。

④变幅回路。

吊臂变幅是用一个液压缸来改变起重臂的角度的。变幅液压缸由三位四通手动换向阀 E 控制。同理，为防止在变幅作业时因自重而使吊臂下落，在油路中设有平衡回路。这时油路的流动情况为：

进油路：取力箱→液压泵→手动换向阀组 1 中的阀 A、阀 B 中位→中心回转接头 9→阀 C 中位→阀 D 中位→阀 E（左位或右位）→变幅缸进油腔；

回油路：变幅缸回油腔→阀 E（左位或右位）→阀 F 中位→中心回转接头 9→油箱。

当手动换向阀组 2 中的阀 E 左位工作时，变幅缸上腔进油，缸减幅；阀 E 右位工作时，变幅缸下腔进油，缸增幅。

⑤起降回路。

起降机构是汽车起重机的主要工作机构，它由一个低速大转矩定量液压马达来带动卷扬机工作。液压马达的正、反转由三位四通手动换向阀 F 控制。起重机起升速度的调节是通过改变汽车发动机的转速从而改变液压泵的输出流量和液压马达的输入流量来实现的。在液压马达的回油路上设有平衡回路，以防止重物自由落下。在液压马达上还设有单向节流阀的平衡回路，以防止重物自由落下。此外，在液压马达上还设有由单向节流阀和单作用液压缸组成的制动回路，当系统不工作时，通过闸缸中的弹簧力实现对卷扬机的制动，防止起吊重物下滑。当起重机负重起吊时，利用制动器延时张开的特性，可以避免卷扬机起吊时发生溜车下滑现象。这时油路的流动情况为：

进油路：取力箱→液压泵→手动换向阀组 1 中的阀 A、阀 B 中位→中心回转接头 9→阀 C 中位→阀 D 中位→阀 E 中位→阀 F（左位或右位）→卷扬机液压马达进油腔；

回油路：卷扬机液压马达回油腔→阀 F（左位或右位）→中心回转接头 9→油箱。

（3）Q2-8 型汽车起重机性能分析

由图 3-45 可以看出，该液压系统由调速、调压、锁紧、换向、制动、平衡、多缸卸荷等液压基本回路组成，其性能特点有：

①在调速回路中，用手动调节换向阀的开度大小来调整工件机构（起降机构除外）的速度，方便灵活，但工人的劳动强度较大。

②在调压回路中，用安全阀来限制系统最高工作压力，防止系统过载，对起重机起到超重起吊的安全保护作用。

③在锁紧回路中，采用由液控单向阀构成的双向液压锁将前后支腿锁定在一定位置上，工作可靠、安全，确保整个起吊过程中每条支腿都不会出现软腿的现象，有效时间长。

④在平衡回路中，采用经过改进的单向液控顺序阀作平衡阀，以防止在起升、吊臂伸缩和变幅作业过程中因重物自重而下降，且工作稳定、可靠。但在一个方向有背压，会对系统造成一定的功率损耗。

⑤在多缸卸荷回路中，采用多路换向阀结构，其中的每一个三位四通手动换向阀的中位机能都为 M 型，并且将阀在油路中串联起来使用，这样可以使任何一个工作机构单独动作，也可在轻载下任意组合地同时动作。但采用 6 个换向阀串联连接会使液压泵的卸荷压力加大、系统效率降低。

⑥在制动回路中，采用由单向节流阀和单作用闸缸构成的制动器，制动可靠，动作快，由于要用液压油输入液压缸压缩弹簧来松开制动，因此制动松开的动作慢，可防止负重起重时的溜车现象发生，确保起吊安全。

（三）FluidSIM-H 软件认知

1. 界面介绍

在程序/Festo Didactic 目录下，启动 FluidSIM-H 软件。几秒钟后，FluidSIM-H 软件的主窗口显示在屏幕上，如图 3-46 FluidSIM-H 软件工作界面所示。

项目三　锅炉门液压启闭系统的安装与调试

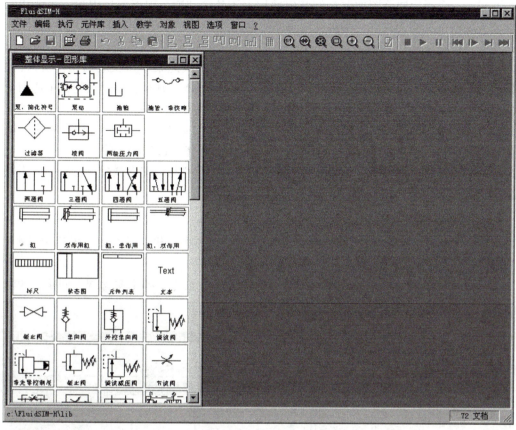

图 3 – 46　FluidSIM – H 软件工作界面

窗口左边显示出 FluidSIM – H 的整个元件库，其包括新建回路图所需的液压元件和电气元件；窗口顶部的菜单栏列出了仿真和新建回路图所需的功能；工具栏给出了常用菜单功能。

工具栏包括下列九组功能：

①工具栏中的 ▢▢▢▢ 四个按钮的功能分别为新建、浏览、打开和保存回路图。

②工具栏中的 ▢ 按钮功能为打印窗口内容，如打印回路图和元件图片。

③工具栏中的 ▢▢▢▢ 四个按钮对应编辑回路图中的撤销、剪切、复制、粘贴功能。

④工具栏中的 ▢▢▢▢▢ 按钮组的功能为调整元件位置。

⑤工具栏中的 ▢ 按钮的功能为显示网格或在主屏区显示或隐藏表格。

⑥工具栏中 ▢▢▢▢▢ 按钮的功能为缩放回路图、元件图片和其他窗口。

⑦工具栏中 ▢ 按钮的功能为回路图检查，检查通过后可直接进行仿真。

⑧工具栏中 ▢▢▢ 按钮用于仿真回路图及控制动画播放（基本功能）。

⑨工具栏中 ▢▢▢▢ 按钮用于仿真回路图及控制动画播放（辅助功能）。

· 157 ·

对于一个指定回路图而言，通常仅使用上述几个功能。根据窗口内容、元件功能和相关属性（回路图设计、动画和回路图仿真），FluidSIM – H 软件可以识别所属功能，未用工具按钮变灰。

大多数新版微软 Windows 应用软件中都可以使用快捷菜单。在应用软件窗口内，当用户单击鼠标右键时，快捷菜单就会出现。在 FluidSIM – H 软件中，快捷菜单适用于窗口内容。快捷菜单含有许多有用的功能，其为主菜单栏的子集。

状态栏位于窗口底部，用于显示操作 FluidSIM – H 软件期间的当前计算和活动信息。在编辑模式中，FluidSIM – H 软件可以显示由鼠标指针选定的元件。

在 FluidSIM – H 软件中，操作按钮、滚动条和菜单栏与大多数微软 Windows 应用软件相类似。

2. 现有回路图仿真

FluidSIM – H 软件安装盘中含有许多回路图，作为演示和学习资料，在 FluidSIM – H 软件中，这些回路图可按下列步骤打开和仿真：

①单击 按钮或在"文件"菜单下执行"浏览"命令，弹出包含现有回路图的浏览窗口，如图 3 – 47 所示。

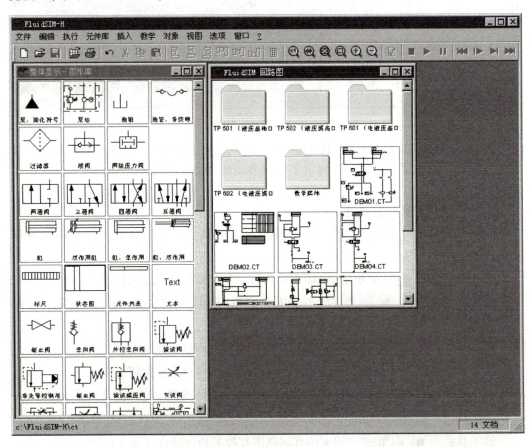

图 3 – 47　元件库

浏览窗口显示现有回路图的目录，该目录按字母顺序排列。当前目录名显示在浏览窗口的标题栏上，FluidSIM – H 软件中回路图文件的扩展名为 ct。双击目录微缩图标，可进入各子目录。在当前子目录中，可以新建用于存放回路图的附加子目录，这些子目录自动由 FluidSIM – H 软件搜索，并可对其新建微缩目录图标。

②双击相应微缩图标，打开回路图（demo1.ct 文件）。回路图也可以通过文件选择对话框打开。通过单击 按钮或在"文件"菜单下执行"打开"命令，即可显示如图 3 – 48 所示回路图。

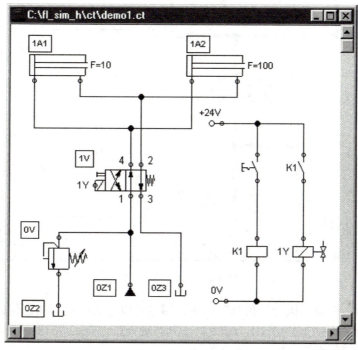

图 3 – 48 回路图

③单击 按钮或在"执行"菜单下执行"启动"命令，或按下功能键［F9］，执行仿真功能。FluidSIM – H 软件切换到仿真模式时，启动回路图仿真。当处于仿真模式时，鼠标指针形状变为手形 。在仿真期间，FluidSIM – H 软件首先计算所有的电气参数，接着建立液压回路模型。基于所建模型，即可计算液压回路中压力和流量分布。根据回路复杂性和计算机能力，回路图仿真也许要花费大量时间。只要计算出结果，管路就用颜色表示，且液压缸活塞杆伸出，管路颜色含义如表 3 – 4 所示。

表 3 – 4 管路颜色含义

电缆和液压管路的颜色	颜色含义
暗红色液压管路	压力大于或等于最大压力的 50%
黄褐色液压管路	压力小于最大压力的 50%
淡红色电缆	有电流流动

④在需要打开文件时也可通过在文件选择对话框中双击文件图标打开，如图3-49所示。

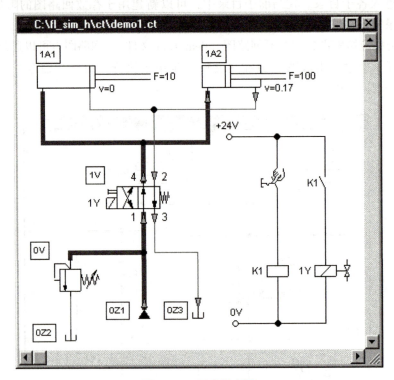

图3-49 回路仿真图

在"选项"菜单下执行"仿真"命令，用户可以定义颜色与状态值之间的匹配关系，暗红色管路的颜色浓度与压力相对应，其与最大压力有关。FluidSIM-H软件能够区别三种管路颜色浓度，其含义见表3-5。

表3-5 管路颜色浓度含义

暗红色管路的颜色浓度	颜色浓度含义
——	压力大于或等于最大压力的50%，但小于最大压力的75%
——	压力大于或等于最大压力的75%，但小于最大压力的90%
——	压力大于或等于最大压力的90%

压力值、流量值、电压值和电流值可在仪表上显示，即使没有仪表，用户也可获得回路图中全部或所选择的变量值。各变量值的计算是液压缸精确、实时比例动画播放的基础。实时比例可以保证下列性能：若一个液压缸比另一个液压缸运动速度快两倍，则这两个液压缸之间的关系可显示于动画中，即其实时关系保持不变。

⑤通过鼠标单击回路图中的手控阀和电气开关，可实现手动切换：将鼠标指针移到左边开关上，当鼠标指针变为手指形时，表明该开关可以被操作。当用户单击手动

开关时，就可以仿真回路图实际性能。在本例中，一旦单击该开关，则开关闭合，自动开始重新计算，接着显示新的压力和流量值，液压缸活塞返回至初始位置。

⑥只有当启动（▶）或暂停（⏸）仿真时，才可能使元件切换。当用户仿真另一个回路图时，其可以不关闭当前回路图。FluidSIM - H 软件允许用户同时打开几个回路图，也就是说，FluidSIM - H 软件能够同时仿真几个回路图。

⑦单击■按钮或者在"执行"菜单下执行"停止"命令，可以将当前回路图由仿真模式切换到编辑模式。将回路图由仿真模式切换到编辑模式时，所有元件都将被置回"初始状态"。特别是当将开关置成初始位置以及将控制阀切换到静止位置时，液压缸活塞将回到上一个位置，且删除所有计算值。

⑧单击⏸按钮或者在"执行"菜单下执行"暂停"命令，或按功能键 [F8]，用户可以将编辑状态切换为仿真状态，但并不启动仿真。在启动仿真之前，若设置元件，则这个特征是有用的。

还有下列辅助功能：按钮⏮行使复位和重新启动仿真功能；按钮▶行使按单步模式仿真功能；按钮⏭行使仿真至系统状态变化，以便进行复位和重新启动仿真功能。

3. 新回路设计与仿真

在 FluidSIM - H 软件中，仿真是以物理模型为基础，这些物理模型的建立是基于 Festo Didactic GmbH & Co 实验设备上的元件，因此，计算值应与测量值相一致。实际上，在比较计算值和测量值时，测量值常具有较大波动，这主要是由于元件制造误差和油液温度等因素造成的。

新建如图 3 - 50 所示 FliuidSIM - H 新建窗口，且只能在编辑模式下新建或修改回路图。编辑模式由鼠标指针来指示。每个新建绘图区域都自动含有一个文件名，且可按该文件名进行保存。这个文件名显示在新建窗口的标题栏上。通过元件库右边的滚动条，用户可以浏览元件。采用鼠标，用户可以从元件库中将元件"拖动"和"放置"在绘图区域。将鼠标指针移动到元件库中的元件上（这里将鼠标指针移动到液压缸上），按下鼠标左键，则液压缸被选中，鼠标指针由箭头变为四方向箭头交叉✥形式，元件随鼠标指针移动而移动。将鼠标指针移动到绘图区域，释放鼠标左键，则液压缸就被拖至绘图区域，如图 3 - 51 所示。

采用这种方法，可以从元件库中"拖动"每个元件，并将其放到绘图区域中的期望位置上。按同样方法，也可以重新布置绘图区域中的元件。为了简化新建回路图，元件自动在绘图区域中定位。

若有意将液压缸移至绘图区域外，如绘图窗口外，则鼠标指针会变为禁止符号⊘，且不能放下元件。根据需要可将第二只液压缸拖至绘图区域。若要删除选定的第一只液压缸，只需通过单击✂按钮（剪切）或在"编辑"菜单下执行"删除"命令，或者按下 [Del] 键即可。"编辑"菜单中的命令只与所选元件有关。

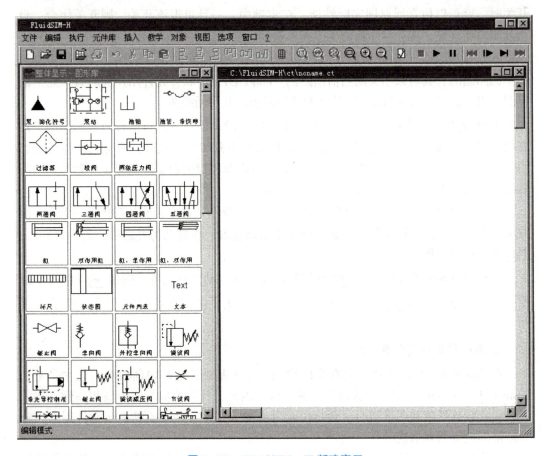

图 3-50　FliuidSIM-H 新建窗口

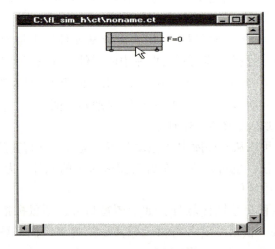

图 3-51　拖放液压缸符号

按要求将 n 位四通换向阀、液压源和油箱拖至绘图区域，并按下列方式排列元件，如图 3-52 所示。

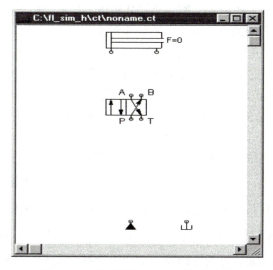

图 3-52 拖放换向阀、油箱、液压源

现为确定换向阀驱动方式,双击换向阀,弹出"控制阀结构"对话框,如图 3-53 所示。换向阀两端的驱动方式可以单独定义,其可以是一种驱动方式,也可以为多种驱动方式,如"手控""机控""液控/电控"或"气控/电控"。单击驱动方式下拉菜单右边的向下箭头可以设置驱动方式,若不希望选择驱动方式,则应直接从驱动方式下拉菜单中选择空白符号。此外,对于换向阀的每一端驱动,都可以设置为"弹簧复位"或"先导式"。

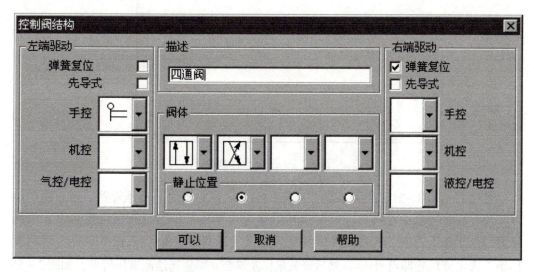

图 3-53 "控制阀结构"对话框

换向阀名称的设置:在图 3-53 所示对话框上侧键入换向阀名称,该名称可用于状态图和元件列表中。阀体换向阀最多具有四个工作位置,对每个工作位置来说都可以单独选择。单击阀体下拉菜单右边的向下箭头并选择图形符号,就可以设置每个工作位置。若不希望选择工作位置,则应直接从阀体下拉菜单中选择空白符号。"静止位置"选项用于定义换向阀的静止位置(有时也称为中位)。静止位置是指换向阀不受任何驱动的工作位置(只有当静止位置与弹簧复位设置相一致时,静止位置定义才有效)。从左边下拉菜单中选择"手控"方式,换向阀右端选择"弹簧复位",单击"可以"按钮,关闭对话框。此时经过设置后的换向阀如图3-54所示。

图 3-54

液压管路连接:将鼠标指针移至液压缸右油口上。在编辑模式下,当将鼠标指针移至液压缸右油口上时,其形状变为十字线圆点形式⊕,按下鼠标左键,并移动鼠标指针,此时鼠标指针形状变为十字线圆点箭头形式⊕。保持鼠标左键不放,将鼠标指针⊕移动到换向阀A口上,鼠标指针形状变为十字线圆点箭头向内形式⊕。释放鼠标左键,则在两个选定油口之间立即显示出液压管路,如图3-55所示。

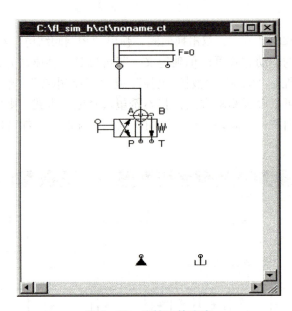

图 3-55 连接元件油路

通过FluidSIM-H软件可在两个选定的油口之间自动绘制液压管路。当在两个油口之间不能绘制液压管路时,鼠标指针形状变为禁止符号⊘。在编辑模式下,当鼠标指针位于液压管路之上时,其形状变为选定液压管路符号⊣⊢。按下鼠标左键向左移动,选定液压管路符号⊣⊢,然后释放鼠标左键会立即重新绘制液压管路,如图3-56所示。

在编辑模式下可以选择或移动元件和管路。在"编辑"菜单下执行"删除"命令,或按下[Del]键,可以删除元件和管路。

继续连接其他元件,则回路如图3-57所示。

项目三 锅炉门液压启闭系统的安装与调试

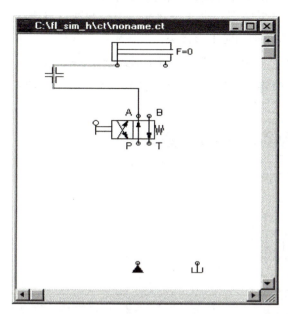

图 3－56 移动管路位置

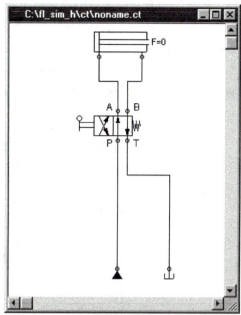

图 3－57 回路图绘制完成

现在回路图已被完整绘制，准备对其进行仿真。单击 ▶ 按钮或在"执行"菜单下执行"启动"命令，或者使用功能键［F9］，启动仿真。仿真期间，可以计算所有压力和流量，所有管路都被着色，液压缸活塞杆伸出，如图 3－58 所示。

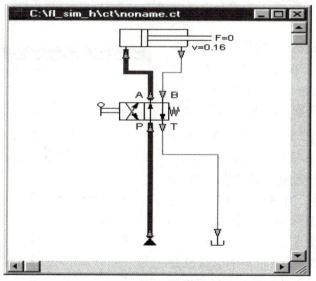

图 3－58 回路仿真

在液压缸活塞杆伸出以后，无杆腔压力不可避免地会升高，FluidSIM－H 软件可以识别这种情况，并重新计算参数。液压源出口压力可增至安全阀设定压力，为使工作压力不超过最大值，液压源出口处应安装溢流阀。单击 ■ 按钮或在"执行"菜单下执

· 165 ·

行"停止"命令，或者使用功能键［F5］激活编辑模式，将溢流阀和油箱拖至窗口内。实际上，为了将元件与现有管路连接，常需要一个T形接头。当绘制油口与现有管路之间的管路时，FluidSIM-H软件可以自动创建T形接头。按住鼠标左键移动，在释放鼠标左键处的管路上会出现T形接头。采用十字线圆点箭头形式指针绘制液压源出口管路与溢流阀进口之间的管路，此时将油箱与溢流阀出口连接起来，如图3-59所示。

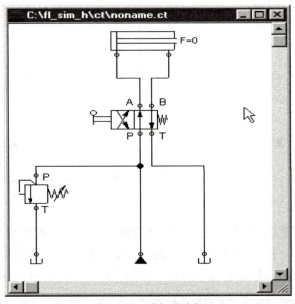

图3-59 增加溢流阀

单击 按钮或在"文件"菜单下执行"保存"命令，保存回路图。如果是新建回路图，则FluidSIM-H软件会自动打开文件选择对话框，以便用户可定义回路图名。单击 按钮，启动仿真，液压缸活塞杆将伸出，只要活塞杆完全伸出，系统状态就会发生变化，该状态由Fluid-SIM-H软件识别，并进行重新计算。此时溢流阀打开，显示压力分布。图3-60所示为液压回路仿真。

在状态转换期间，FluidSIM-H软件不仅可对元件实现手动动画，而且可提供多种元件状态图。如图3-61所示的溢流阀开关状态图展示了处于打开和关闭位置的溢流阀。

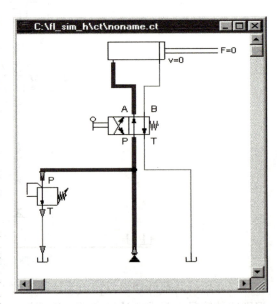

图3-60 液压回路仿真

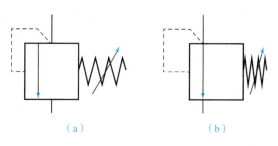

图 3-61 溢流阀开关状态图

在仿真模式下,单击鼠标可以切换手动阀和开关:将鼠标指针放在换向阀左端上,鼠标指针形状由手形 ![手形] 变为手指形 ![手指形],这表明换向阀可被切换。单击换向阀左端,并保持鼠标按键不放,即可仿真其实际性能。在本例中,当换向阀换向时,FluidSIM – H 软件可以自动开始重新计算,结果溢流阀关闭,液压缸活塞杆回缩。一旦液压缸活塞杆完全回缩,则溢流阀再次开启。对于不能锁定切换状态的元件,只有保持按下鼠标左键,其才能处于工作状态。停止仿真,用户处于编辑模式,这样用户可以从元件库中选择状态图,并将其拖至绘图区域。

状态图记录了关键元件的状态量,并将其绘制成曲线,将状态图移至绘图区域中的空位置,拖动液压缸,将其放在状态图上,启动仿真,观察状态图,如图 3-62 所示。

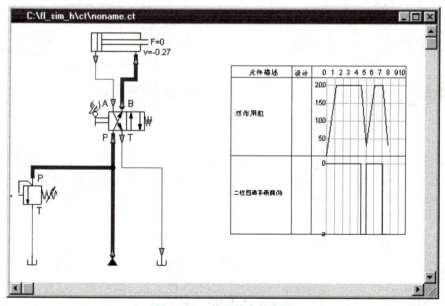

图 3-62 使用仿真状态图

注意:在相同回路图中,可以使用几个状态图,且不同元件也可以共享同一个状态图。一旦把元件放在状态图上,其就包含在状态图中,若再次将元件放在状态图上,则状态图不接受。在状态图中可以记录和显示各元件的状态量,并记录状态图中的状态量。在 FluidSIM – H 软件中,元件库中的每个元件都对应一个物理模型,基于这些模型，FluidSIM-H 软件首先创建整个系统模型，然后在仿真期间对其进行处理。气动回路的仿真与液压回路的仿真基本一致，其中气动元件管路颜色含义如表 3-6 所示。

表 3-6 管路颜色含义

颜　色	含　义
暗蓝色	气管路中有压力
淡蓝色	气管路中无压力
淡红色	电缆，有电流流动

三、项目实施

（一）理解系统原理图，熟悉元件

① 系统原理图如图 3-63 所示。

② 系统回路及元件图如图 3-64 所示。

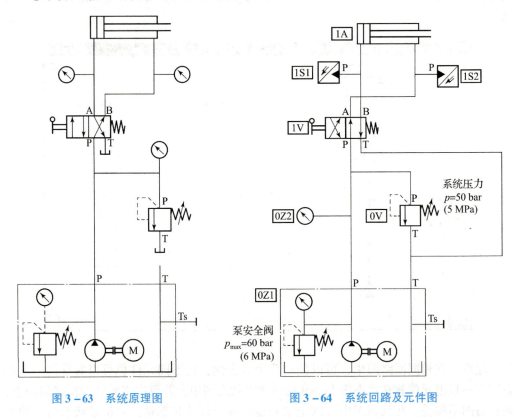

图 3-63　系统原理图　　　　图 3-64　系统回路及元件图

③ 元件清单如表 3-7 所示。

表 3-7 元件清单

名称	编号	数量
液压泵	0Z1	1
压力表	0Z2	1
压力传感器	1S1, 1S2	2
溢流阀	0V	1
二位四通阀,手控	1V	1
液压缸	1A	1
油管		6
三通接头		2
秒表		1

(二) 回路仿真连接

用 FluidSIM-H 软件仿真、组装并检测液压回路,连接液压泵并调节溢流阀 0V 使系统压力调至 50 bar[①],压力传感器 1S1、1S2 用于测量液压缸行程压力和背压。由于压力传感器响应速度快,故可以避免由于压力表响应缓慢造成的动态下的读数错误。

当按下二位四通换向阀的手柄时,液压缸的无杆腔进油,活塞杆伸出。当松开二位四通阀换向手柄时,在复位弹簧的作用下,阀芯回到原始位置,液压缸有杆腔进油,活塞杆将很快退回到最末端。在测量压力和时间之前,为了排除液压缸中可能残留在油液中的空气(在前几项试验中可能进入活塞腔内),需将活塞杆伸出和缩回多次。操纵液压缸往复运动并记录行程压力、背压和行程时间。

仿真系统参数见表 3-8。

表 3-8 仿真系统参数

前进行程	行程压力 p_{1S1}	背压 p_{1S2}	行程时间 t
	2.4 bar	2 bar	1.2 s
返回行程	背压 p_{1S1}	行程压力 p_{1S2}	行程时间 t
	5.3 bar	11 bar	0.8 s
计算所需数据			
活塞无杆腔面积	A_{PN}	=	2.0 cm²
活塞有杆腔面积	A_{PR}	=	1.2 cm²
活塞行程	s	=	200 mm
泵的流量	q	=	2 L/min

---

① 1 bar = 0.1 MPa。

四、习题巩固

①在液压系统中为什么要设置背压回路？背压回路与平衡回路有何区别？

②在液压系统中，当工作部件停止工作以后，使泵卸荷有什么好处？有哪些卸荷方法？

③为什么说单作用增压器的增压倍数等于增压器大、小两腔有效面积之比？

④如何调节执行元件的速度？常见的调速方法有哪些？

⑤如何判断节流调速回路是否处于正常工作状态？

⑥容积节流调速回路的流量阀和变量泵之间是如何实现流量匹配的？

⑦泵—马达式容积调速回路能否做成开式油路？试与闭式油路做比较。

⑧在液压系统中为什么要设置快速运动回路？执行元件实现快速运动的方法有哪些？

⑨不同操纵方式换向阀组合的换向回路各有什么特点？

⑩举例说明，如果一个液压系统要同时控制几个执行元件按规定的顺序动作，则应采用何种液压回路。

⑪如图3-43所示的YT4543型动力滑台液压系统是由哪些基本液压回路组成的？阀12在油路中起什么作用？

项目四　动力滑台液压系统设计

在进行液压传动系统设计时，首先要明确执行机构的类型、运动方式和受力情况，然后才能设计出符合要求的液压传动系统。液压传动系统的设计是整机设计的一部分，因此在设计过程中要注意与整机的衔接以及与其他部分的配合。掌握好液压回路的设计技术便是增加了自己的就业砝码，要拿出"只争朝夕，不负韶华"的干劲攻克项目难关方能使自己尽快成才。本项目重点介绍机床动力滑台液压系统设计。动力滑台实物如图4-1所示。

"一带一路"带动液压系统设计大发展

奋斗的青春之液压技术能手先进事迹

图4-1　机床动力滑台实物

一、项目引入

（一）项目介绍

卧式单面多轴钻孔组合机床动力滑台的液压系统。按加工需要，动力滑台的工作循环是：快速前进→工作进给→快速退回→原位停止。液压系统的主要参数为：切削力 $F_g = 20\,000$ N；移动部件（工作台、夹具及工件）总重力 $G = 10\,000$ N；快进行程 $L_1 = 100$ mm；工进行程 $L_2 = 50$ mm；快进、快退的速度为 4 m/min；工进速度为 0.05 m/min；加速、减速时间 $\Delta t = 0.2$ s；该动力滑台采用水平放置的平导轨，静摩擦系数 $f_s = 0.2$，动摩擦系数 $f_d = 0.1$。

（二）项目任务

①根据要求设计液压系统；
②用 FluidSIM-H 仿真软件对液压回路进行仿真。

(三) 项目目标

①掌握液压系统设计的一般流程；
②使用软件 FluidSIM – H 进行辅助设计。

二、知识储备

(一) 卧式钻、镗组合机床动力滑台液压系统设计

设计一台卧式钻、镗组合机床动力滑台液压系统。
①工作循环回路为快进—工进—快退—原位停止。
②轴向最大切削力为 12 000 N；工作进给速度为在 $0.33 \times 10^{-3} \sim 20 \times 10^{-3}$ m/s 范围内无级变速；动力滑台重力 $F_g = 20\ 000$ N；快进和快退的速度均为 0.1 m/s；导轨为平导轨，静、动摩擦系数分别为 $f_s = 0.2$，$f_d = 0.1$；往返运动的加速和减速时间均为 0.2 s；快进行程 L_1 和工进行程 L_2 均为 0.1 m。
③要求采用液压与电气结合，实现自动循环。

1. 选定执行元件

执行元件初步采用差动型液压缸，其左、右腔有效工作面积之比为 2∶1。

2. 拟定液压系统原理图

①调速方式的选择。该机床负载小，中等功率，且要求低速运动平稳、速度负载特性好，因此采用调速阀进油路节流调速回路，并在回油路上加背压阀。
②快速回路和速度换接方式的选择。选用差动连接实现快进；快进转为工进时要求平稳，故选用行程阀来实现，工进转为快退则利用压力继电器来实现。
③油源选择。此液压系统的特点是快速时要求低压、大流量、时间短，工进时高压、小流量、时间长，因此采用双联叶片泵或限压式变量泵，考虑到系统要求平稳、可靠，因此选择双联叶片泵。
④液压系统的组合。在上述所选基本回路的基础上，确定完整的液压系统原理图，如图 4 – 2 所示。
⑤列出系统工作循环表，检查动作循环。从表 4 – 1 和图 4 – 2 中可以看出，当液压缸快进时，由于空载，压力很小，液控顺序阀 3 和 5 均未打开，换向阀 9 工作在左位，双泵同时通过换向阀 9、单向行程调速阀 7 中的机动二位二通阀向液压缸左腔供油；同时，由于液控顺序阀 5 未打开，液压缸右腔的油经换向阀 9、单向阀 6、单向行程调速阀 7 中的机动二位二通阀向液压缸左腔供油，即形成差动快速回路，液压缸快速左行。
当工进时，液压缸运动部件压下单向行程调速阀 7 中的机动二位二通阀（断开），同时液压缸因承受最大轴向切削力 12 000 N，系统压力增大会使液控顺序阀 3 和 5 均打开，差动快速回路被消除，这样液压缸右腔的油经换向阀 9、液控顺序阀 5、背压阀 4 流回

油箱，泵 2 通过液控顺序阀 3 卸荷，系统只由小流量泵 1 供油，经换向阀 9、单向行程调速阀 7 中的节流调速阀向液压缸左腔供油，实现工进。当工进终了时，压力继电器发出信号，则控制系统使 1YA 断电、2YA 通电，换向阀 9 工作在右位，系统压力减小，液控顺序阀 3 和 5 均关闭，双泵经换向阀 9 向液压缸右腔供油，液压缸左腔的油经单向行程调速阀 7 中的单向阀、换向阀 9 流回油箱，液压缸快退返回。

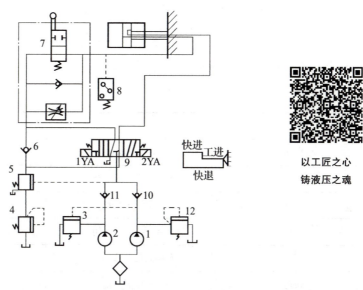

图 4-2 钻、镗组合机床液压系统原理图

1—小流量泵；2—大流量泵；3、5—液控顺序阀；4—背压阀；6、10、11—单向阀；
7—单向行程调速阀；8—压力继电器；9—换向阀；12—溢流阀

表 4-1 系统工作循环

电磁铁 动作循环	1YA	2YA	行程阀	压力继电器
快进	+	−	−	−
工进	+	−	+	+（工进终了）
快退	−	+	−	−
停止	−	−	−	−

（二）卧式钻、镗组合机床动力滑台液压系统计算

计算卧式钻、镗组合机床动力滑台液压系统参数。

1. 选择执行元件

对执行元件初步采用差动型液压缸，其前、后腔有效工作面积之比为 2∶1。

2. 负载计算

①切削阻力：$F_t = 12\,000$ N。

②导轨静摩擦阻力 $F_f = f_s F_g = 0.2 \times 20\ 000 = 4\ 000$（N）；导轨动摩擦阻力 $F_d = f_d F_g = 0.1 \times 20\ 000 = 2\ 000$（N）。

③动力滑台快进时的惯性阻力 F_m 为

$$F_m = \frac{F_g \Delta v}{g \Delta t} = \frac{20\ 000}{9.8} \times \frac{0.1}{0.2} = 1\ 020\ （N）$$

动力滑台由工进到减速停止的惯性阻力 F_{m1} 为

$$F_{m1} = \frac{F_g \Delta v}{g \Delta t} = \frac{20\ 000}{9.8} \times \frac{20 \times 10^{-3}}{0.2} = 204\ （N）$$

液压缸各动作阶段的负载如表 4-2 所示。

表 4-2 液压缸各动作阶段的负载

动作阶段	负载计算公式	液压缸负载 F/N
启动	$F = f_s F_g / \eta_m$	4 444
加速	$F = (f_d F_g + F_m) / \eta_m$	3 356
快进	$F = f_d F_g / \eta_m$	2 222
工进	$F = (f_d F_g + F_t) / \eta_m$	15 556
制动	$F = (f_d F_g - F_{m1}) / \eta_m$	1 996
快退	$F = f_d F_g / \eta_m$	2 222
制动	$F = (f_d F_g - F_{m1}) / \eta_m$	1 089

3. 运动分析

①快进时间：

$$t_1 = \frac{L_1}{v_1} = \frac{0.1}{0.1} = 1\ （s）$$

②工进时间：

工进最长时间：

$$t_{2\max} = \frac{L_2}{v_{2\min}} = \frac{0.1}{0.33 \times 10^{-3}} = 300\ （s）$$

工进最短时间：

$$t_{2\max} = \frac{L_2}{v_{2\min}} = \frac{0.1}{20 \times 10^{-3}} = 5\ （s）$$

③快退时间：

$$t_3 = \frac{L_1 + L_2}{v_3} = \frac{0.1 + 0.1}{0.1} = 2\ （s）$$

4. 绘制液压系统负载图和速度图

根据上述计算数据，可绘出液压缸负载图（见图 4-3（a））和液压缸速度图（见图 4-3（b））。

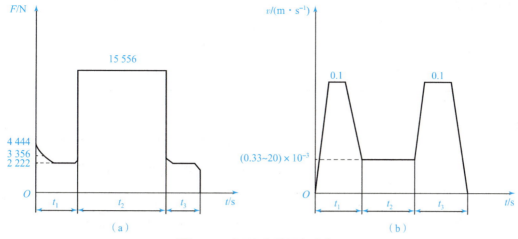

图 4-3 液压缸负载图和速度图

走向全球的中国液压技术

把握液压技术发展方向 – 助力我国液压技术发展

5. 确定液压系统参数

① 初选液压缸工作压力。组合机床液压系统的工作压力一般为 $(30 \sim 50) \times 10^5$ Pa，初选液压缸的工作压力 $p_1 = 44 \times 10^5$ Pa。为防止钻孔时动力滑台发生前冲，取液压缸回油腔背压 $p_2 = 6 \times 10^5$ Pa，取快进、快退回油压力损失 $\Delta p_2 = 5 \times 10^5$ Pa。

② 计算液压缸尺寸。由于设定液压缸前、后腔有效面积之比为 2∶1，得出液压缸无杆腔有效面积 A_1 为

$$A_1 = \frac{F_{max}}{\left(p_1 - \frac{1}{2}p_2\right)} = \frac{15\,556}{\left(44 - \frac{6}{2}\right) \times 10^5} \approx 37.9 \times 10^{-4} \,(\text{m}^2)$$

液压缸内径 D 为

$$D = \sqrt{\frac{4A_1}{\pi}} = \sqrt{\frac{4 \times 38 \times 10^{-4}}{\pi}} = 6.96 \times 10^{-2} \,(\text{m})$$

活塞杆直径 d 为

$$d = 0.7D \approx 5 \times 10^{-2} \text{ m}$$

重算液压缸有效工作面积，无杆腔面积为

$$A_1 = \frac{\pi D^2}{4} = \frac{3.14 \times (7 \times 10^{-2})^2}{4} \approx 38.5 \times 10^{-4} \,(\text{m}^2)$$

有杆腔面积为

$$A_2 = \frac{\pi}{4}(D^2 - d^2) = \frac{3.14}{4} \times (7^2 - 5^2) \times 10^{-4} \approx 18.8 \times 10^{-4} \,(\text{m}^2)$$

活塞杆面积为
$$A_3 = A_1 - A_2 = 19.7 \times 10^{-4} \text{ m}^2$$

③ 计算液压缸在各段中的压力、流量和功率,如表 4-3 所示。

表 4-3 液压缸在各阶段的压力、流量、功率

工况		负载 F_0/N	回路压力损失 $\Delta p_x/10^5$ Pa	回油腔压力 $p_2/10^5$ Pa	进油腔压力 $p_1/10^5$ Pa
快进（差动连接）	启动	4 444	0	$p_2 = p_1$	$p_1 = \dfrac{F_0}{A_3} = \dfrac{4\ 444}{19.7 \times 10^{-4}} \times 10^{-5} = 22.6$
	加速	3 356	5	$p_2 = p_1$	$p_1 = \dfrac{F_0}{A_3} + \Delta p_2 = \dfrac{3\ 356}{19.7 \times 10^{-4}} \times 10^{-5} + 5 = 22$
	快进	2 222	5	$p_2 = p_1$	$p_1 = \dfrac{F_0}{A_3} + \Delta p_2 = \dfrac{2\ 222}{19.7 \times 10^{-4}} \times 10^{-5} + 5 = 16.3$
	流量 $q/10^{-3}$（m³·s⁻¹）				$q = A_3 \times v_1 = 19.7 \times 10^{-4} \times 0.1 \times 10^3 = 0.2$
	功率 P_N/W				$P_N = p_1 \times q = 16.3 \times 10^5 \times 0.2 \times 10^{-3} = 0.326 \times 10^3$
工进	工进	15 556	/	6	$p_1 = \dfrac{F_0}{A_1} + \dfrac{p_2}{2} = \dfrac{15\ 556}{38.5 \times 10^{-4}} \times 10^{-5} + \dfrac{6}{2} = 43.4$
	流量 $q/10^{-3}$（m³·s⁻¹）				$q = A_1 \times v_2 = 38.5 \times 10^{-4} \times 20 \times 10^{-3} \times 10^3 = 0.077$
	功率 P_N/W				$P_N = p_1 \times q = 43.4 \times 10^5 \times 0.077 \times 10^{-3} = 0.334 \times 10^3$
快退	启动	4 444	0	/	$p_1 = \dfrac{F_0}{A_2} = \dfrac{4\ 444}{18.8 \times 10^{-4}} \times 10^{-5} = 23.6$
	加速	3 356	5	/	$p_1 = \dfrac{F_0}{A_2} + 2 \times \Delta p_2 = \dfrac{3\ 356}{18.8 \times 10^{-4}} \times 10^{-5} + 2 \times 5 = 27.8$
	快退	2 222	5	/	$p_1 = \dfrac{F_0}{A_2} + 2 \times \Delta p_2 = \dfrac{2\ 222}{18.8 \times 10^{-4}} \times 10^{-5} + 2 \times 5 = 21.8$
	制动	1 089	5	/	$p_1 = \dfrac{F_0}{A_2} + 2 \times \Delta p_2 = \dfrac{1\ 089}{18.8 \times 10^{-4}} \times 10^{-5} + 2 \times 5 = 15.8$
	流量 $q/10^{-3}$（m³·s⁻¹）				$q = A_2 \times v_1 = 18.8 \times 10^{-4} \times 0.1 \times 10^3 = 0.19$
	功率 P_N/W				$P_N = p_1 \times q = 21.8 \times 10^5 \times 0.19 \times 10^3 = 0.41 \times 10^3$

注：取工进时最大速度 $v_2 = 20 \times 10^{-3}$ m/s。

④绘制液压缸工况图。根据表 4–4 绘制液压缸工况图：图 4–4（a）所示为流量图，图 4–4（b）所示为压力图，图 4–4（c）所示为功率图。

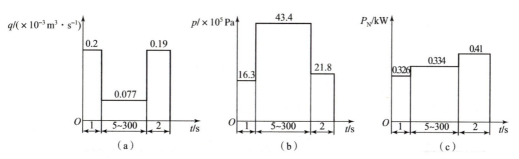

图 4–4　液压缸参数图

（a）流量图；（b）压力图；（c）功率图

抓住机遇－努力拼搏－
液压领域大展宏图

6. 液压系统主要性能验算

（1）压力损失验算

有同类型液压系统作参考时可不作验算，下面只作工进时的压力损失验算。设进油管、回油管长 $L = 1.5$ m，内径 $d = 12 \times 10^{-3}$ m，流量 $q = 0.077 \times 10^{-3}$ m³/s，设所选用的液压油 15℃时的黏度 $\nu = 1.5$ cm²/s。

①用雷诺数判断流态。

$$Re = \frac{vd}{\nu} = \frac{\frac{4q}{\pi d^2}d}{\nu} = \frac{1.273 \times q}{d\nu} = \frac{1.273 \times 0.077 \times 10^{-3}}{12 \times 10^{-3} \times 1.5 \times 10^{-4}} = 545 < 2\,000$$

所以流态为层流。

②计算沿程压力损失。

进油路沿程压力损失 Δp_1 为

$$\Delta p_1 = \lambda \rho \frac{l}{d} \frac{v^2}{2}$$

式中 $\lambda = \frac{75}{Re} = \frac{75\nu}{vd}$，$v = \frac{4q}{\pi d^2}$，$\rho = 900$ kg/m³。将这三项代入上式得

$$\Delta p_1 = 4.3 \times 10^4 \times \frac{\nu L q}{d^4}$$

取 $\nu = 1.5 \times 10^{-4}$ m²/s，$q = 0.077 \times 10^{-3}$ m³/s，$L = 1.5$ m，$d = 12 \times 10^{-3}$ m，得 $\Delta p_1 = 0.36 \times 10^5$ Pa，取 $\Delta p_1 = 0.4 \times 10^5$ Pa。

回油路沿程压力损失 Δp_2 可按上述同样的方法计算，得

$$\Delta p_2 = 4.3 \times 10^4 \times \frac{1.5 \times 10^{-4} \times 1.5 \times 0.038\,5 \times 10^{-3}}{(12 \times 10^{-3})^4} \approx 0.2 \times 10^5 \text{ Pa}$$

沿程压力总损失 $\sum \Delta p_1$ 为

$$\sum \Delta p_1 = \Delta p_1 + \frac{1}{2}\Delta p_2 = 0.5 \times 10^5 \text{ Pa}$$

③ 计算局部压力损失 Δp_v。

根据表 4-3 和图 4-3 得

$$\Delta p_v = \left[2 \times \left(\frac{4.62}{25}\right)^2 + 2 \times \left(\frac{4.62}{25}\right)^2 + 5 + \frac{1}{2} \times 1.5 \times \left(\frac{2.31}{25}\right)^2 + \frac{1}{2} \times 6\right] \times 10^5$$
$$= 8.2 \times 10^5 \text{（Pa）}$$

上式中注意：调速阀、溢流阀压力损失可认为不变；由于是差动液压缸（$A_1 \approx A_2$），故回油路压力损失折合到进油路取半值。

图 4-2 中液压系统局部压力损失见表 4-4。

表 4-4 局部压力损失

名 称	实际通过流量 $q \times \frac{10^{-3}}{60}/(\text{m}^3 \cdot \text{s}^{-1})$	公称流量 $q_r \times \frac{10^{-3}}{60}/(\text{m}^3 \cdot \text{s}^{-1})$	公称压力损失 $\Delta p_r/10^5$ Pa
单向阀 6	4.62	25	2
换向阀 9	4.62	25	2
单向行程调速阀 7	4.62	25	5
液控顺序阀 3	2.31	25	1.5
液控顺序阀 5	2.31	10	6

④ 估算集成连接压力损失：假定液压元件采用集成安装，则集成连接压力损失为

$$\Delta p_j = 0.3 \times 10^5 \text{ Pa}$$

⑤ 计算工进总压力损失 $\sum p$。

$$\sum p = \sum \Delta p_1 + \Delta p_v + \Delta p_j = (0.5 + 8.2 + 0.3) \times 10^5 \text{ Pa} = 9 \times 10^5 \text{ Pa}$$

将该数值加上液压缸负载和压力继电器要求的压力（取 5×10^5 Pa），可得溢流阀调整压力参考值 p，即

$$p = \sum p + p_1 + 5 \times 10^5 \text{ Pa}$$

将 $\sum p = 9 \times 10^5$ Pa，$p_1 = \frac{F_0}{A_1} = \frac{15\,556}{38.5 \times 10^{-4}} = 40.4 \times 10^5$ Pa 代入，得

为民族液压品牌而战

$$p = 9 \times 10^5 \text{ Pa} + 40.4 \times 10^5 \text{ Pa} + 5 \times 10^5 \text{ Pa} = 54.4 \times 10^5 \text{ Pa}$$

该压力值比估算值 $p_{H1} = 56.4 \times 10^5$ Pa 小，因此主油路上的元件和油管直径均不变。但应当注意，快退时由于流量大，系统总的压力损失要比工进时大，若此时工进负载小，则溢流阀压力要按快退时所需的压力调定。

(2) 系统发热与温升验算

由于机床工作时间主要是工进时间，因此只需要验算工进时的温升。

① 小流量泵的输入功率 P_{N1}。

工进时小流量泵的压力 $p_{B1} = p_{H1} = 56.4 \times 10^5$ Pa，流量 $q_1 = 0.1 \times 10^{-3}$ m³/s，查双联

泵效率 $\eta_p = 0.75$，则

$$P_{N1} = \frac{p_{B1} \times q_1}{\eta_p} = \frac{56.4 \times 10^5 \times 0.1 \times 10^{-3}}{0.75} = 755 \text{ (W)}$$

②大流量泵功率 P_{N2}。

工进时大流量泵卸荷。顺序阀的压力损失 $\Delta p_s = 1.5 \times 10^5$ Pa，大流量泵的压力 $p_{B2} = \Delta p_s = 1.5 \times 10^5$ Pa，流量 $q_2 = 0.15 \times 10^{-3}$ m³/s，共进时的沿程压力总损失为 $\sum \Delta p_1$，由于 $A_1 \approx 2A_2$，所以回油压力损失 Δp_2 折算到大流量泵的功率 P_{N2} 为

$$P_{N2} = \frac{\Delta p_s \times q_2}{\eta_p} = \frac{1.5 \times 10^5 \times 0.15 \times 10^{-3}}{0.75} = 30 \text{ (W)}$$

③双联泵的功率 P_N。

$$P_N = P_{N1} + P_{N2} = 755 + 30 = 785 \text{ (W)}$$

④有效功率 P_{N0}。

工进时液压缸负载 $F = 14\,000$ N，取工进时的速度 $v = 1.67 \times 10^{-3}$ m/s，则有效功率为

$$P_{N0} = Fv = 14\,000 \times 1.67 \times 10^{-3} = 23.4 \text{ (W)}$$

⑤系统发热功率 P_{Nh}。

$$P_{Nh} = P_N - P_{N0} \approx 762 \text{ W}$$

⑥散热面积 A。

油箱容积 $V = 105$ L，油箱近似散热面积 A 为

$$A = 0.065 \times \sqrt[3]{V^2} = 0.065 \times \sqrt[3]{105^2} = 1.447 \text{ (m}^2\text{)}$$

⑦油液温升 ΔT。

设采用风冷，油箱传热系数 $k_t = 23$ W/(m²·℃)，可得油液温升为

$$\Delta T = \frac{P_{Nh}}{k_t A} = \frac{762}{23 \times 1.447} \approx 22.9 \text{ (℃)}$$

设夏天室温为30℃，则油温为 30 + 22.9 = 52.9（℃），没有超过允许油温（50℃~60℃），说明上述设计是可行的。

三、项目实施

（一）负载分析

液压缸在工作过程中的负载介绍如下。

切削力：$F_g = 20\,000$ N。

静摩擦力：$F_{fs} = 0.2 \times 10\,000$ N $= 2\,000$ N。

动摩擦力：$F_{fd} = 0.1 \times 10\,000$ N $= 1\,000$ N。

惯性力：$F_a = \dfrac{10\,000 \times 4/60}{9.8 \times 0.2}$ N $= 342$ N。

筑梦前行 – 液压成套
设备领域的践行者

取液压缸机械效率 $\eta_m = 0.95$，则液压缸在各工作阶段的总机械负载可以算出，如表 4 – 5 所示。

表 4 – 5　液压缸各运动阶段负载

动作	液压缸负载 F/N	液压缸推力（F/η_m）/N
启动	$F = F_{fs} = 2\ 000$	2 105
加速	$F = F_{fd} + F_a = 1\ 000 + 342 = 1\ 342$	1 413
快进	$F = F_{fd} = 1\ 000$	1 053
工进	$F = F_{fd} + F_g = 1\ 000 + 20\ 000 = 21\ 000$	22 105
快退	$F = F_{fd} = 1\ 000$	1 053

根据液压缸的工况分析绘制其负载、速度循环图，如图 4 – 5 和图 4 – 6 所示。

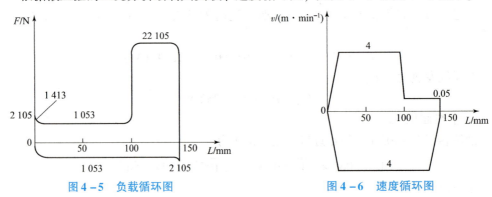

图 4 – 5　负载循环图　　　　　　　图 4 – 6　速度循环图

（二）确定液压缸的工作压力和尺寸

1. 初选液压缸的工作压力

根据液压缸的最大推力或参考同类型组合机床，按表 4 – 5 初选液压缸的工作压力 $p_c = 4$ MPa。

2. 计算液压缸尺寸

因题中要求快进、快退速度相等，故可选用差动液压缸，使活塞杆面积的关系为 $A_1 = 2A_2$，于是 $d = 0.707D$。

液压缸内径尺寸为

$$D = \sqrt{\frac{4F}{\pi p_c}} = \sqrt{\frac{4 \times 22\ 105}{3.14 \times 4 \times 10^6}} = 83.9 \times 10^{-3}\ (\text{m}) = 83.9\ \text{mm}$$

活塞杆直径为

$$d = 0.707D = 0.707 \times 83.9 = 59.3\ (\text{mm})$$

取标准直径：$D = 90$ mm，$d = 63$ mm。

按液压缸标准直径可计算出液压缸无杆腔有效作用面积 A_1 和有杆腔有效作用面积 A_2，即

$$A_1 = \frac{\pi}{4}D^2 = \frac{\pi}{4} \times 90^2 \text{ mm}^2 = 63.6 \times 10^{-4} \text{ m}^2$$

$$A_2 = \frac{\pi}{4}(D^2 - d^2) = \frac{\pi}{4} \times (90^2 - 63^2) \text{ mm}^2 = 32.4 \times 10^{-4} \text{ m}^2$$

按最低工进速度验算液压缸尺寸，由产品样本上查得调速阀最小稳定流量 $q_{\min}$ = 0.05 L/min，已知最小工进速度 $v_{\min}$ = 0.05 m/min，则

$$\frac{q_{\min}}{v_{\min}} = \frac{0.05 \times 10^{-3}}{0.05} \text{ m}^2 = 10 \times 10^{-4} \text{ m}^2$$

因为 $A_1 > A_2 > 10 \times 10^{-4} \text{ m}^2$，所以液压缸有效作用面积能满足其最低工进速度的要求。

3. 液压缸工作循环中各阶段的压力、流量及功率计算

根据负载循环图、速度循环图和缸的有效作用面积，可以算出液压缸工作过程中各阶段的压力、流量和功率。为了防止在钻孔钻通时滑台突然前冲，在回油路中装有背压阀，在计算工进时背压按 p_b = 0.8 MPa 代入，快退时背压按 p_b = 0.5 MPa 代入。计算公式和计算结果如表 4-6 所示。

表 4-6 液压缸工作循环中各阶段的压力、流量和功率

工作循环	计算公式	负载 F/N	进油压力 p_c/MPa	回油压力 p_b/MPa	所需流量 /(L·min^{-1})	输入功率 P_c/kW
差动快进	$p_c = \dfrac{F + \Delta p A_2}{A_1 - A_2}$ $q_c = v(A_1 - A_2)$ $P_c = p_c q_c$	1 053	0.85	1.35	12.5	0.174
工进	$p_c = \dfrac{F + p_b A_2}{A_1}$ $q_c = A_1 v$ $P_c = p_c q_c$	22 105	3.88	0.8	0.32	0.021
快退	$p_c = \dfrac{F + p_b A_1}{A_2}$ $q_c = A_2 v$ $P_c = p_c q_c$	1 053	1.31	0.5	12.9	0.281

注：①差动连接时，液压缸的回油口到进油口之间的压力损失 Δp = 0.5 MPa，回油压力 $p_b = p_c + \Delta p$。
②快退时，液压缸有杆腔进油，压力为 p_c；无杆腔回油，压力为 p_b。

（三）拟订液压系统原理图

1. 调速回路的选择

由以上计算可知，本系统功率小，负载变化不大，滑台工进速度低，可采用进口节流的调速形式。为了解决进口节流调速回路在孔钻通时滑台突然前冲的现象，回油

路上设置背压阀。油路循环采用开式油路。液压缸工进时压力高、流量小，快进、快退时压力小、流量大。为了提高系统效率，选用双泵的供油方式。

因系统要求工作滑台快进和快退时的速度相等，所以选用单活塞杆液压缸，快进时采用差动连接。为使快进转工进时位置准确、平稳可靠，选用行程阀控制的速度换接回路。

2. 压力控制回路的选择

本例采用了双泵供油方式，故用液控顺序阀实现低压大流量泵泄荷，用溢流阀调整高压小流量泵的供油压力。

3. 换向回路的选择

本系统对换向的平稳性没有严格的要求，所以选用电磁换向阀的换向回路。为便于实现差动连接，选用三位五通换向阀。为提高换向的位置精度，采用死挡铁和压力继电器的行程终点返程控制。

4. 合成液压系统

将上述选定的液压回路进行组合，并根据需要做必要的调整，即可绘制出液压系统原理图，如图4-7所示。根据液压系统原理图可列出系统中各电磁铁的动作顺序，如表4-7所示。

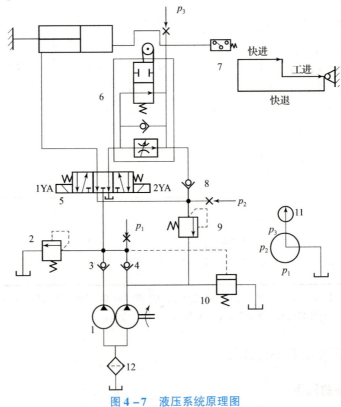

图4-7 液压系统原理图

1—双联叶片泵；2—溢流阀；3，4，8—单向阀；5—三位五通电磁换向阀；6—单向行程调速阀；
7—压力继电器；9—背压阀；10—液控顺序阀；11—压力表；12—过滤器

表 4-7　电磁铁动作顺序

电磁铁动作	1YA	2YA	行程阀
快进	+	-	-
工进	+	-	+
快退	-	+	+
停止	-	-	-

（四）计算和选择液压元件

1. 选择液压泵

（1）液压泵的最大工作压力

由表 4-6 可知，工进阶段液压缸的工作压力为 3.88 MPa，若取进油路总的压力损失 $\sum \Delta p = 0.5$ MPa，压力继电器可靠动作需要的压力差为 0.5 MPa，则高压小流量泵最高工作压力为

$$p_{p1} = p_c + \sum \Delta p + 0.5 = 3.88 + 0.5 + 0.5 = 4.88 \text{（MPa）}$$

快退时液压缸的工作压力为 1.31 MPa，取进油路总的压力损失 $\sum \Delta p = 0.5$ MPa，则低压大流量泵最高工作压力为

$$p_{p2} = p_c + \sum \Delta p = 1.31 + 0.5 = 1.81 \text{（MPa）}$$

（2）液压泵的最大流量

由表 4-6 知，最大流量在快退阶段，其值为 12.9 L/min，此阶段由两泵同时供油，取泄漏系数 $K = 1.1$，则两个泵的总流量为

$$q_p = 1.1 \times 12.9 = 14.2 \text{（L/min）}$$

最小流量在工进时，其值为 0.32 L/min，此阶段由高压小流量泵供油，低压大流量泵卸荷，取溢流阀最小溢流量为 2.5 L/min，则高压小流量泵的流量为

$$q_{p1} = 1.1 \times 0.32 + 2.5 = 2.85 \text{（L/min）}$$

根据以上计算结果，查产品样本，选 YB-4/12 型双联叶片泵，该泵额定压力为 6.3 MPa，额定转速为 960 r/min。

2. 选择电动机

由表 4-6 可知，最大功率出现在快退阶段，若取泵的总效率 $\eta_p = 0.75$，则驱动液压泵的电动机功率为

$$P_1 = \frac{p_{p2}(q_{p1} + q_{p2})}{\eta_p} = \frac{1.81 \times 10^6 \times (4 + 12) \times 10^{-3}}{0.75 \times 60} = 644 \text{（W）}$$

查电动机产品样本，选 Y90S-6 型异步电动机，额定功率为 0.75 kW，额定转速为 910 r/min。

3. 选择选择液压控制阀和辅助元件

根据液压阀在系统中的最高工作压力与通过该阀的最大流量，可选出这些元件的

型号及规格。本例中所有阀的额定压力都为 6.3 MPa，额定流量根据各阀通过的最大流量来确定，如表 4-8 所示。

表 4-8 液压元件明细

序 号	元件名称	通过流量/(L·min^{-1})	型 号
1	双联叶片泵	16	YB-4/12
2	溢流阀	4	Y-18B
3	单向阀	4	I-25B
4	单向阀	12	I-25B
5	三位五通电磁换向阀	32	35D1-63BY
6	单向行程调速阀	0.07~25	QC11-25B
7	压力继电器	—	DP1-63B
8	单向阀	16	I-25B
9	背压阀	0.16	B-10B
10	液控顺序阀	12	XY-25B
11	压力表	—	Y-63B
12	过滤器	32	XU-B32×100

4. 选择油管尺和油箱容量

油管尺寸一般由所选标准液压元件接口尺寸确定，也可按管路元件允许流速进行计算。本例选用内径为 15 mm、外径为 19 mm 的 10 号冷拔钢管。

中压系统的油箱容积一般取泵额定流量的 5~7 倍，本例取 7 倍，故油箱的容积为

$$V = 7 \times 16 = 112 \text{（L）}$$

5. 液压系统技术性能验算

（1）回路压力损失的验算

由于系统的具体管路布置尚未确定，故整个回路的压力损失无法估算，仅阀类元件对压力损失所造成的影响可以看出来，供调定系统中某些压力值参考。这里估算从略。

（2）油液温升的验算

在整个工作循环中，工进阶段所占用的时间最长，所以系统的发热主要是由工进阶段造成的，故按工进工况验算系统温升。

液压缸在工作时，负载 F = 21 000 N，运动速度 v = 0.05 m/min，则液压缸的输出功率为

$$P_c = F \times v = 21\,000 \times 0.05/60 = 17.5 \text{（W）}$$

液压缸在工进时，经前面的计算得高压小流量泵的最高工作压力为 p_{p1} = 4.88 MPa，大流量泵的卸荷压力取 p_{p2} = 0.2 MPa，泵的总效率 η_p = 0.8，则液压缸的输入功率为

$$P_{\text{pi}} = \frac{q_{\text{p1}} \times p_{\text{p1}} + q_{\text{p2}} + p_{\text{p2}}}{\eta_{\text{p}} \times 60}$$

$$= \frac{4 \times 10^{-3} \times 4.88 \times 10^6 + 12 \times 10^{-3} \times 0.2 \times 10^6}{0.8 \times 60}$$

$$= 457 \text{ (W)}$$

液压系统总效率为

$$\eta = \frac{P_{\text{c}}}{P_{\text{pi}}} = \frac{17.5}{457} = 0.04$$

系统发热量为

$$H = P_{\text{pi}}(1 - \eta) = 457 \times (1 - 0.04) = 439 \text{ (W)}$$

油箱散热面积为

$$A = 0.065 \sqrt[3]{V^2} = 0.065 \times \sqrt[3]{112^2} = 1.51 \text{ (m}^2\text{)}$$

若散热系数取 $C_{\text{T}} = 10 \text{ W/(m}^2 \cdot \text{℃})$，则可求出系统温升为

$$\Delta T = \frac{H}{C_{\text{T}} A} = \frac{439}{10 \times 1.51} = 29.1 \text{ (℃)}$$

由于系统温升小于30℃，故能满足系统允许温升的要求。

四、习题巩固

1. 液压系统工况图的作用是什么？
2. 液压系统元件的选用要求有哪些？
3. 如何画出液压系统原理图？
4. 如何实现温度平衡？

项目五 分检装置气动系统的安装与调试

气压传动工作原理类似于液压传动工作原理,其主要由动力元件、执行元件、控制元件以及一些必要的辅助元件组成,这些元件是组成气压传动系统最基本的单元。气动技术发展日新月异,是自动化设备的必备技术。因此,掌握气动技术、服务于祖国建设对机电类大学生来说责无旁贷。本项目通过分检装置气动系统引入气泵使用及气动回路的相关知识。

匠心成就梦想之向先进人物学习

一、项目引入

(一) 项目介绍

某生产线采用双作用气缸(1A)将圆柱形工件推向测量装置,工件通过气缸的连续运动而被分离。气缸动作由控制阀上的旋钮控制。根据生产节拍,要求气缸的进程时间 $t_1 = 0.6 \text{ s}$,回程时间 $t_3 = 0.4 \text{ s}$。气缸在前进的末端位置停留时间 $t_2 = 1.0 \text{ s}$,周期循环时间 $t_4 = 2.0 \text{ s}$。出料装置示意如图 5-1 所示。

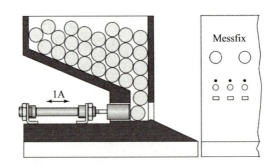

图 5-1 出料装置示意

(二) 项目任务

①参观机加工实训车间压缩空气供气系统;
②根据用气需求选择合适的供气设备;
③合理配管;
④设计并绘制回路图;

⑤组装和调试气动回路；
⑥调节延时阀；
⑦拆卸控制回路并将元件收回。

(三) 项目目标

①理解压缩空气净化处理流程；
②掌握压缩空气配管方法；
③能间接控制双作用气缸；
④能够使用延时阀；
⑤能设计并构建气路控制系统（连续循环）。

二、知识储备

(一) 气压传动基础知识的认识

1. 气压传动系统组成

气压传动简称气动，其是以压缩空气为工作介质来传递动力和控制信号，控制与驱动各种机械和设备，以实现生产过程的机械化和自动化的。因为以压缩空气为工作介质具有防火、防爆、防电磁干扰，抗振动、冲击、辐射，无污染，结构简单，工作可靠等特点，所以气动技术与液压、机械、电气和计算机技术一起，互相补充，已发展成为实现生产过程自动化的一个重要手段，在机械、冶金、轻纺、食品、化工、交通运输、航空航天、国防建设等各个行业部门得到广泛应用。

（1）气压传动系统的工作原理

气压传动系统的工作原理是利用空气压缩机将电动机或其他原动机输出的机械能转变为空气的压力能，然后在控制元件的控制和辅助元件的配合下，通过执行元件把空气的压力能转变为机械能，从而完成直线或回转运动并对外做功。

（2）气压传动系统的组成

典型的气压传动系统一般由以下几部分组成：

①气压发生装置是将原动机输出的机械能转变为空气的压力能，其主要设备是空气压缩机。

②控制元件的作用是控制压缩空气的压力、流量和流动方向，以保证执行元件具有一定的输出力和速度，并按设计的程序正常工作，如压力阀、流量阀、方向阀和逻辑阀等。

③辅助元件是用于保证气动系统正常工作的一些辅助装置，如过滤器、干燥器、消声器和油雾器等。

如图5-2所示，原动机驱动空气压缩机1，空气压缩机将原动机的机械能转换为气体的压力能；元件2为后冷却器；元件3为除油器；元件4为干燥器；元件5为储气罐，用于储存压缩空气并稳定压力；元件6为过滤器；元件7为调压器（减压器），用于将气体压力调节到气压传动装置所需的工作压力,并保持稳定;元件 8 为气压表;元件 9 为油雾器,用于将润滑油喷成雾状,悬浮于压缩空气内,使控制阀及气缸得到润滑。经过处理的压缩空气,经气压控制元件 10、11、12、14 和 15 控制进入气压执行元件 13,推动活塞带动负载工作。气压传动系统的能源装置一般都安装在距控制、执行元件较远的空气压缩机站内,压缩空气用管道输送给执行元件,而经过滤后的部分一般都集中安装在气压传动工作机构附近,把各种控制元件按要求进行组合后即构成气压传动回路。

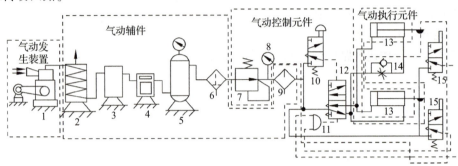

图 5-2 气压传动系统工作原理图

1—空气压缩机;2—后冷却器;3—除油器;4—干燥器;5—储气罐;6—过滤器;7—调压器;
8—气压表;9—油雾器;10—手动二位三通换向阀;11—操作按钮;12—二位五通换向阀;
13—气缸;14—单向节流阀;15—二位三通换向阀

2. 气压传动的特点

(1)气压传动的优点

气压传动的优点如表 5-1 所示。

表 5-1 气压传动的优点

1	清洁、便宜	气压传动的工作介质是空气,它取之不尽用之不竭,用后的空气可以排到大气中去,不会污染环境,即气源的获取比较容易,在当今的工厂里,压缩空气输送管路像电气配线一样比比皆是。这是气压传动系统成本低的一个主要因素
2	压力损失小	气压传动的工作介质黏度很小,仅为油液的百分之一,所以流动阻力很小,压力损失小,便于集中供气和远距离输送。气压传动不像液压传动那样在每台机器附近要设置一个动力源,因此使用更方便
3	工作环境适应性好	气压传动在易燃、易爆、多尘埃、强辐射、振动等恶劣工作环境下仍能可靠地工作
4	较好的自保持能力	气压传动即使气源停止工作,或气阀关闭,仍可维持一个稳定压力。而液压传动要维持一定的压力,需要有能源或加蓄能器
5	无过载危险	气压传动在一定的超负载工况下运行也能保证系统安全工作,且不易发生过热现象
6	动作速度和反应快	液压油在管道中的流动速度为 1~5 m/s,而气体流速可以大于 10 m/s,甚至接近声速,因此在 0.02~0.03 s 内即可以达到所要求的工作压力和速度

(3) 气压传动的缺点

①气压传动系统的工作压力低,因此气压传动装置的推力一般不宜大于 10 ~ 40 kN,仅适用于小功率场合,在相同输出力的情况下,气压传动装置比液压传动装置尺寸大。

②由于空气的可压缩性大,故气压传动系统的速度稳定性差,这样会给位置和速度控制精度带来误差。

③气压传动系统的噪声大,尤其是排气时,须加消声器。

④气压传动工作介质本身没有润滑性,如不采用无给油气压传动元件,则需另加油雾器装置润滑,而液压系统无此问题。

3. 气压工作介质

气压传动的工作介质主要是压缩空气。空气由若干种气体混合组成,主要有氮气(N_2)、氧气(O_2)及少量的氩气(Ar)和二氧化碳(CO_2)等。此外,空气中常含有一定量的水蒸气,通常把不含水蒸气的空气称为干空气,而把含有水蒸气的空气称为湿空气。

氮气和氧气是空气中含量比例最大的两种气体,它们的体积比近似于 4∶1,因为氮气是惰性气体,具有稳定性,不会自燃,所以用空气作为工作介质可以用在易燃、易爆场所。

(1) 空气性质

①密度:单位体积内的空气质量称为密度。在绝对温度为 273.16 K、绝对压力为 1.013×10^5 Pa 时,空气的密度为 1.293 kg/m³ 左右。

②可压缩性和膨胀性:气体受压力的作用而使其体积发生变化的性质被称为气体的可压缩性;气体受温度的影响而使其体积发生变化的性质称为气体的膨胀性。

气体的可压缩性和膨胀性比液体大得多,由此形成了液压传动与气压传动许多不同的特点。液压油在温度不变的情况下,当压力为 0.2 MPa 时,压力每变化 0.1 MPa,其体积变化为 1/20 000;而在同样情况下,气体的体积变化为 1/2,即空气的可压缩性是油液的 10 000 倍。水在压力不变的情况下,温度每变化 1℃时,体积变化为 1/20 000;而空气在同样条件下,体积的改变为 1/273,即空气的膨胀性是水的 73 倍。

空气的可压缩性及膨胀性大,造成了气压传动的软特性,即气缸活塞的运动速度受负载变化影响很大,因此很难得到稳定的速度和精确的位移,这些都是气压传动的缺点。但同时又可利用这种软特性来适应某些生产要求。

③黏性:空气的黏性也是由于分子间存在内聚力,在分子进行相对运动时产生的内摩擦力而表现出的性质。由于气体分子之间距离大、内聚力小,因此与液体相比,气体的黏度要小得多。空气的黏度仅与温度有关,而压力对黏度的影响小到可以忽略不计。与液体不同的是,气体的黏度随温度的升高而增加。

④湿度:在一定的温度和压力下,空气中水蒸气的含量并不是无限的,当水蒸气的含量达到一定值时,再加入水蒸气就会有水滴析出,此时水蒸气的含量达到最大值,即饱和状态,这种湿空气称为饱和湿空气。当空气中所含的水蒸气未达到饱和状态时,这种湿空气称为未饱和湿空气。

(2) 对空气的要求

由空气压缩机输出的压缩空气虽然能满足气压传动系统工作时的压力和流量要求，但因所含的杂质较多，故还不能直接给气压传动装置使用。气压传动系统中对压缩空气的主要要求有：在压缩空气中，不能含有过多的油蒸气；不能含有灰尘等杂质，以免阻塞气压传动元件的通道；空气的湿度不能过大，以免在工作中析出水滴，影响正常操作；对压缩空气必须进行净化处理，设置除油、除水、干燥、除尘等净化辅助设备。

一般来说，液压油液的污染是液压传动系统发生故障的主要原因，它严重地影响着液压传动系统工作的可靠性及液压元件的寿命。因此，液压油液的正确使用、管理以及污染控制是提高液压传动系统可靠性及延长液压元件使用寿命的重要手段。对于气压传动系统来说，只要能满足对压缩空气的要求和进行必要的净化，通常来讲均能使气压系统正常工作。

（二）气压传动组成部分结构原理分析

气压传动利用空压机把电动机或其他原动机输出的机械能转换为空气的压力能，然后在控制元件的作用下，通过执行元件把压力能转换为直线运动或回转运动形式的机械能，从而完成各种动作，并对外做功。气压传动与液压传动具有类似性，可通过对两者元件与回路进行对比学习来找出其共性和特性。

空气压缩机1

空气压缩机2

1. 气源装置的认识

气源装置包括压缩空气的发生装置以及压缩空气的存储、净化等辅助装置，它为气动系统提供合乎质量要求的压缩空气，是气动系统的一个重要组成部分。气源装置一般由气压发生装置、净化及储存压缩空气的装置和设备、传输压缩空气的管道系统和气动三联件四部分组成，如图5-3所示。空气压缩机1是用来产生压缩空气的。空气压缩机的吸气口装有过滤器，可以减少进入空气压缩机内气体的灰尘。后冷却器2用来冷却空气压缩机排出的高温气体，使汽化的水和油凝结出来。油水分离器3用来分离并排出凝结出来的水滴、油滴和杂质等。储气罐4和7用来储存压缩空气，稳定压缩空气的压力，同时使压缩空气中的部分油分和水分沉积在储气罐底部以便除去。储气罐4输出的压缩空气可用于一般要求的气压传动系统，储气罐7输出的压缩空气可用于要求较高的气动系统（如气动仪表及射流元件组成的控制回路等）。干燥器5用来进一步吸收压缩空气中的油分和水分，使之成为干燥空气。过滤器6用来进一步过滤压缩空气中的灰尘、杂质和颗粒。8为加热器，可将空气加热，使热空气吹入闲置的干燥器中进行再生，以备两个干燥器交替使用。9为四通阀，用于转换两个干燥器的工作状态。气动三联件的组成和布置由用气设备确定，图 5-3 中没有画出。

(1) 气压发生装置

气压发生装置主要是指空气压缩机（简称空压机），其是气源装置的核心，用以将原动机输出的机械能转化为气体的压力能。

①空气压缩机的分类。

空气压缩机有以下几种分类方法：

a. 按工作原理分类，如表 5-2 所示。

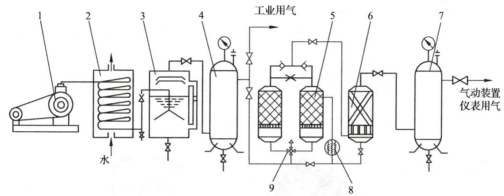

图 5-3 气源装置的组成和布置示意图

1—空气压缩机；2—后冷却器；3—油水分离器；4，7—储气罐；
5—干燥器；6—过滤器；8—加热器；9—四通阀

表 5-2 按工作原理分类

容积型	按结构原理分	往复式	活塞式
			膜片式
		回转式	滑片式
			螺杆式
			转子式
速度型			离心式和轴流式

b. 按输出压力分类，如表 5-3 所示。

表 5-3 按输出压力分类

鼓风机	$p \leqslant 0.2$ MPa
低压空气压缩机	0.2 MPa $< p \leqslant 1$ MPa
中压空气压缩机	1 MPa $< p \leqslant 10$ MPa
高压空气压缩机	10 MPa $< p \leqslant 100$ MPa
超高压空气压缩机	$p > 100$ MPa

c. 按输出流量分类，如表 5-4 所示。

表 5-4 按输出流量分类

微型空气压缩机	$q \leqslant 0.017 \text{ m}^3/\text{s}$
小型空气压缩机	$0.017 \text{ m}^3/\text{s} < q \leqslant 0.17 \text{ m}^3/\text{s}$
中型空气压缩机	$0.17 \text{ m}^3/\text{s} < q \leqslant 1.7 \text{ m}^3/\text{s}$
大型空气压缩机	$q > 1.7 \text{ m}^3/\text{s}$

②空气压缩机的工作原理。

气动系统中最常用的是往复活塞式空气压缩机，其工作原理如图 5-4（a）所示。

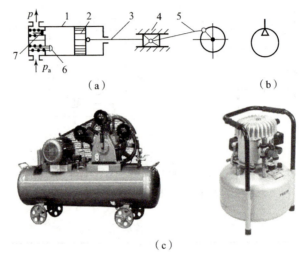

图 5-4 往复活塞式空气压缩机
(a) 原理图；(b) 图形符号；(c) 实物
1—气缸；2—活塞；3—活塞杆；4—滑块；5—曲柄连杆机构；6—吸气阀；7—排气阀

当活塞 2 向右运动时，由于左腔容积增加，故压力下降，而当压力低于大气压力时，吸气阀 6 被打开，气体进入气缸 1 内，此为吸气过程；当活塞向左运动时，吸气阀 6 关闭，缸内气体被压缩，压力升高，此过程即为压缩过程；当缸内气体压力高于排气管道内的压力时，顶开排气阀 7，压缩空气被排入排气管内，此过程为排气过程。至此完成一个工作循环。电动机带动曲柄做回转运动，然后通过连杆、滑块和活塞杆推动活塞做往复运动，空气压缩机就连续输出高压气体。

③空气压缩机的选用原则。

选择空气压缩机的主要依据是：气动系统所需的工作压力和流量。气源的工作压力应比气动系统中的最高工作压力高 20% 左右，因为要考虑供气管道的沿程损失和局部损失。如果系统中某些地方的工作压力要求较低，则可以采用减压阀来供气。一般气动系统的工作压力为 0.4~0.8 MPa，故常选用低压空气压缩机，有特殊需要时亦可选用中、高压或超高压空气压缩机。

输出流量的选择要根据整个气动系统对压缩空气的需要再加一定的备用余量，作为选择空气压缩机（或机组）流量的依据。空气压缩机铭牌上的流量是自由空气流量。

④空气压缩机的管理。

为了使空气压缩机经常保持稳定状态运转，其日常检查项目有：

a. 是否向后冷却器供给冷却水。

b. 空气压缩机的发热是否异常。

c. 卸载压力继电器动作是否正常，压力继电器设定值是否适当。

d. 空气压缩机是否发出异常声音。

e. 润滑油量是否正常，是否使用了规定的润滑油。

f. 吸入端的滤气器网眼是否堵塞。

g. 溢流阀动作是否正常，设定值是否合理。

h. 压力计指示压力是否正常，压力计是否失常。

i. 气罐的排水器工作是否正常。

（2）压缩空气的净化、储存装置

像液压系统对液压油的洁净程度有较高要求一样，气动系统对压缩空气也有较高的质量要求，由空气压缩机排出的空气不能直接被气动装置使用。空气压缩机从大气中吸入含有水分和灰尘的空气，经压缩后空气的温度提高到140℃～170℃，此时空气压缩机里的润滑油也有部分变成气态，这样空气压缩机排出的压缩空气就是含有油分、水分及灰尘的高温气体。如果将这种压缩空气直接送给气动系统，则将会产生下列影响：

①汽化后的润滑油会形成一种有机酸，腐蚀设备。同时油蒸气也是易燃物，有引起爆炸的危险。

②混在压缩空气中的杂质沉积在管道和元件通道内，减小了通流截面面积，增加了流通阻力，也可能堵塞气动元件的一些小尺寸通道，造成气体压力信号不能正常传递，导致整个系统工作失效。

③压缩空气中的饱和水分会在一定条件下凝结成水，并集聚在系统中的一些部位，对元件和管道有锈蚀作用。

④压缩空气中的灰尘等杂质会磨损气缸、气动马达和气动换向阀中的相对运动表面，降低系统的使用寿命。

由此可见，对空气压缩机排出的压缩空气进行净化处理是十分必要的。因此必须设置一些除油、除水、除尘的，提高压缩空气质量的气源净化辅助设备。

压缩空气净化设备一般包括后冷却器、油水分离器、储气罐和干燥器。

①后冷却器：后冷却器安装在空气压缩机出口管道上，空气压缩机排出的140℃～170℃的压缩空气经过后冷却器，温度降至40℃～50℃，这样就可使压缩空气中的油雾和水汽达到饱和而使其大部分凝结成滴而析出。后冷却器的结构形式有蛇形管式、列管式、散热片式和套管式等，冷却方式有水冷和气冷两种。蛇形管式和列管式后冷却器结构如图5-5所示。

②油水分离器：油水分离器安装在后冷却器后的管道上，作用是分离压缩空气中所含的水分、油分等杂质，使压缩空气得到初步净化。油水分离器的结构形式有环形回转式、撞击折回式、离心旋转式、水浴式以及以上形式的组合使用等。油水分离器

主要利用回转离心、撞击、水浴等方法使水滴、油滴及其他杂质颗粒从压缩空气中分离出来。撞击折回式油水分离器的结构形式如图 5-6 所示。

③ 储气罐：储气罐的主要作用是储存一定数量的压缩空气，减少气源输出气流脉动，增加气流连续性，减弱空气压缩机排出气流脉动引起的管道振动；进一步分离压缩空气中的水分和油分。气罐一般采用焊接结构，可做成立式和卧式，其中立式占地面积小，便于排污操作，故一般采用立式。在设计时为了更好地分离油、水等杂质，常使进气管在下、出气管在上，以利于进一步分离空气中的油和水。此外每个气罐上都应考虑安装压力表或安全阀，并开有人孔或手孔，以便清理。底部应装有排放污水的阀门。储气罐的结构如图 5-7 所示。

油水分离器

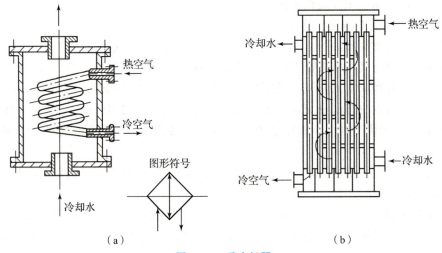

图 5-5 后冷却器
（a）蛇形管式；（b）列管式

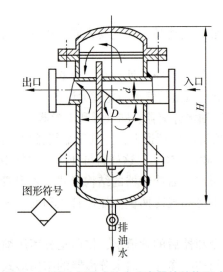

图 5-6 撞击折回式油水分离器的结构形式

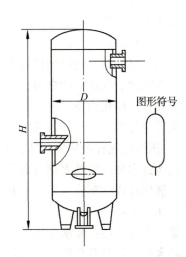

图 5-7 储气罐的结构

④干燥器：干燥器一般安装在冷却器和储气罐之后，用来进一步除去压缩空气中含有的水分、油分和颗粒杂质等，使压缩空气干燥。其提供的压缩空气主要用于对气源质量要求较高的气动装置、气动仪表等。干燥器的类型主要有冷冻式、吸附式、吸收式和中空膜式等。冷冻式干燥器的结构如图5-8所示。

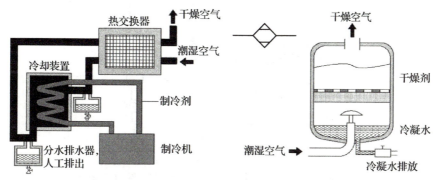

图5-8 冷冻式干燥器的结构

(3) 管道系统

①管道系统包括管道和管接头。

a. 管道：气动系统中常用的管道有硬管和软管。硬管以钢管和紫铜管为主，常用于高温高压和固定不动的部件之间的连接。软管有各种塑料管、尼龙管和橡胶管等，其特点是经济、拆装方便、密封。

b. 管接头：管接头是连接、固定管道所必需的辅件，分为硬管接头和软管接头两类。硬管接头的连接形式有螺纹连接及薄壁管扩口式卡套连接两种，与液压用管接头基本相同，对于通径较大的气动设备、元件、管道等可采用法兰连接。

c. 管道系统的选择：气源管道的管径大小是根据压缩空气的最大流量和允许的最大压力损失决定的。为免除压缩空气在管道内流动时压力损失过大，空气主管道流速应在6~10 m/s（相应压力损失小于0.03 MPa），用气车间空气流速应不大于10~15 m/s，并限定所有管道内的空气流速不大于25 m/s，最大不得超过30 m/s。

管道的壁厚主要是考虑强度问题，可查相关手册。

②管道系统的设计和布置。

a. 管道系统设计计算的原则：气源管道管径大小是根据压缩空气的最大流量和允许的最大压力损失决定的。空气主管道流速应在6~10 m/s，分支管道中的空气流速一般不大于25 m/s。管道的壁厚主要考虑强度问题，可查相关手册。

b. 管道系统布置的主要原则。

• 管道系统的布置应尽量与其他管网（如水管、煤气管、暖气管等）和电线的布置统一协调。

• 干线管道应顺气流流动方向向下倾斜3°~5°，并在管道的终点（最低点）设置集水罐，定期排放积水和污物。

• 支管必须在主管的上部采用大角度拐弯后再向下引出，可以防止积水流入支管，如图5-9所示。

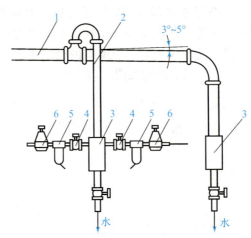

图 5-9 管道布置示意图

1—主管；2—支管；3—集水罐；4—阀门；5—过滤器；6—减压阀

● 如果管道较长，则可在靠近用气点处安装一个适当的储气罐，以满足大的间断供气量。

（4）气动三联件

空气过滤器、减压阀和油雾器被称为气动三联件。气动三联件无管连接而成的组件称为三联件。三联件是多数气动系统中不可缺少的气源装置，安装在用气设备近处，是压缩空气质量的最后保证。三联件的安装顺序依进气方向分别为空气过滤器、减压阀和油雾器，在使用中可以根据实际要求采用一件或两件，也可多于三件。

①空气过滤器。

空气过滤器的作用是滤除压缩空气中的水分、油滴及杂质，以达到气动系统所要求的净化程度。它属于二次过滤器，大多与减压阀、油雾器一起构成气动三联件，安装在气动系统的入口处。

a. 工作原理：图 5-10 所示为普通空气过滤器（二次过滤器）的结构图。其工作原理是：压缩空气从输入口进入后，被引入旋风叶子 1，旋风叶子上有许多成一定角度的缺口，迫使空气沿切线方向产生强烈旋转。这样夹杂在空气中的较大水滴、油滴和灰尘便依靠自身的惯性与存水杯 3 的内壁碰撞，并从空气中分离出来沉到杯底，而微粒灰尘和雾状水汽则由滤芯 2 滤除。为防止气体旋转将存水杯中积存的污水卷起，在滤芯下部设挡水板 4；为保证其正常工作，必须及时将存水杯 3 中的污水通过手动排水阀 5 放掉。

空气过滤器要根据气动设备要求的过滤精度和自由空气流量来选用。空气过滤器一般装在减压阀之前，也可单独使用；要按壳体上的箭头方向正确连接其进、出口，不可将进、出口接反，也不可将存水杯朝上倒装。

b. 主要性能指标。

● 过滤度指允许通过的杂质颗粒的最大直径，可根据需要选择相应的过滤度。

● 水分离率指分离水分的能力，定义为

$$\eta = \frac{\varphi_1 - \varphi_2}{\varphi_1}$$

式中：φ_1，φ_2——分水滤气器前、后空气的相对湿度，规定分水滤气器的水分离率不小于65%。

• 流量特性表示一定压力的压缩空气进入空气过滤器后，其输出压力与输入流量之间的关系。在额定流量下，输入压力与输出压力之差应不超过输入压力的5%。

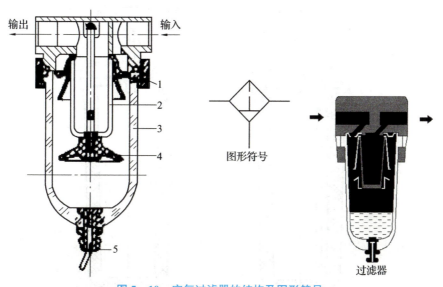

图5-10　空气过滤器的结构及图形符号

1—旋风叶子；2—滤芯；3—存水杯；4—挡水板；5—排水阀

②油雾器。

油雾器是一种特殊的注油装置，它以压缩空气为动力，将润滑油喷射成雾状并混合于压缩空气中，使压缩空气具有润滑气动元件的能力。目前气动控制阀、气缸和气动马达主要是靠这种带有油雾的压缩空气来实现润滑的，其优点是方便、干净、润滑质量高。

a. 工作原理和结构：图5-11所示为油雾器的结构。当压缩空气从输入口进入后，通过喷油器1下端的小孔进入阀座4的腔室内，在截止阀的钢球2上下表面形成差压。由于泄漏和弹簧3的作用，钢球处于中间位置，压缩空气进入存油杯5的上腔，油面受压，压力油经吸油管6将单向阀7的钢球顶起，钢球上部管道有一个方形小孔，钢球不能将上部管道封死，压力油不断流入视油器9内，再滴入喷油器1中，被主管气流从上面的小孔引射出来，雾化后从输出口输出。节流阀8可以调节油量，使油滴量在0~120滴/min内变化。

b. 主要性能指标：

• 流量特性：表征在给定进口压力下，随着空气流量的变化，油雾器进、出口压力降的变化情况。

• 起雾油量：存油杯中油位处于正常工作油位，油雾器进口压力为规定值，油滴量约为5滴/min（节流阀处于全开）时的最小空气流量。

油雾器的选择主要是根据气压系统所需额定流量与油雾粒度大小来确定油雾器的形式和通径，所需油雾粒度在50μm左右选用普通型油雾器。油雾器一般安装在减压阀之后，尽量靠近换向阀；油雾器进、出口不能接反，使用中一定要垂直安装，存油杯不可倒置，它可以单独使用，也可以与空气过滤器、减压阀一起构成气动三联件联合使用。油雾器的给油量应根据需要调节，一般 10 m³ 的自由空气供给 1 mL 的油量。

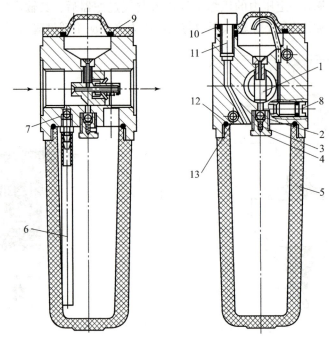

图 5-11　油雾器结构

1—喷油器；2—钢球；3—弹簧；4—阀座；5—存油杯；6—吸油管；7—单向阀；8—节流阀；9—视油器；10—密封件；11—注油塞；12—杯体密封；13—接口

③减压阀。

气动三联件中所用的减压阀起减压和稳压作用，工作原理与液压系统减压阀相同。

④气动三联件的安装次序。

气动系统中气动三联件的安装次序如图 5-12 所示。在气压传动系统中，气动三联件是指空气过滤器、减压阀和油雾器，有些电磁阀和气缸能够实现无油润滑（靠润滑脂实现润滑功能），便不需要使用油雾器。三联件是多数气动系统中不可缺少的气源装置，安装在用气设备附近，是压缩空气质量的最后保证。三联件的安装顺序依进气方向分别为空气过滤器、减压阀和油雾器。空气过滤器和减压阀组合在一起可以称为气动二联件，还可以将空气过滤器和减压阀集装在一起，便成为过滤减压阀（功能与空气过滤器和减压阀结合起来使用一样）。有些场合不能允许压缩空气中存在油雾，则需要使用油雾分离器将压缩空气中的油雾过滤掉。总之，这几个元件可以根据需要进行选择，并可以将它们组合起来使用。

目前新结构的三联件插装在同一支架上，形成无管化连接，其结构紧凑，装拆及更换元件方便，应用普遍。

空气过滤器用于对气源的清洁，可过滤压缩空气中的水分，避免水分随气体进入装置。

减压阀可对气源进行稳压，使气源处于恒定状态，可减小因气源气压突变时对阀门或执行器等硬件造成损伤。

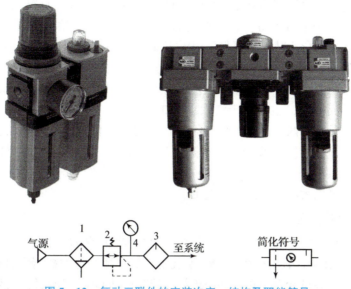

图 5－12　气动三联件的安装次序、结构及职能符号
1—空气过滤器；2—减压阀；3—油雾器；4—压力表

油雾器可对机体运动部件和不方便加润滑油的部件进行润滑，以大大延长机体的使用寿命。

气源处理三联件使用说明：

a. 过滤器排水有压差排水与手动排水两种方式。手动排水时在水位达到滤芯下方水平之前必须排出。

b. 压力调节时，在转动旋钮前应先拉起再旋转，压下旋转钮即定位。旋转钮向右旋转为调高出口压力，向左旋转为调低出口压力。调节压力时应逐步均匀地调至所需压力值，不应一步调节到位。

c. 给油器的使用方法：给油器使用 JIS K2213 机油（ISO VG32 或同级用油），加油量应不超过杯子八分满。数字 0 为油量最小，9 为油量最大。自 9 到 0 位置不能旋转，须顺时针旋转。

气源处理三联件注意事项：

a. 部分零件使用 PC（聚碳酸酯）材质，禁止接近或在有机溶剂环境中使用。PC 杯清洗应用中性清洗剂。

b. 使用压力不应超过其使用范围。

c. 当出口风量明显减少时，应及时更换滤芯。

（5）消声器

气缸、气马达及气阀等排出的气体速度较高，气体直接排气，体积急剧膨胀，引起气体振动，产生强烈的排气噪声，排气速度和功率越大，产生的噪声也越大，有时可达 100～120 dB。噪声是一种公害，为了保护人体健康，噪声高于 90 dB 时必须设法降低。消声器就是通过阻尼或增加排气等方法降低排气速度和功率，以达到降低噪声的目的的。常用的消声器有三种，即吸收型、膨胀干涉型和膨胀干涉吸收型。

吸收型消声器，这种消声器是依靠吸声材料来消声的。吸声材料主要有玻璃纤维、毛毡、泡沫塑料、烧结材料等。将这些材料装于消声器内，使气流通过时受到阻力，声波被吸收一部分转化为热能，可使气流噪声降低约 20 dB，主要用于消除小、高频噪声，在气压装置件中广泛应用。膨胀干涉型消声器，这种消声器的结构很简单，相当于一段比排气孔大的管件。当气流通过时，让气流在其内部扩散、膨胀、碰壁冲击、反射、互相干涉而消声，主要用于消除小、低频噪声，尤其是低频噪声。膨胀干涉吸收型消声器，它是上述两种消声器的组合，也称混合型消声器。气流由斜孔引入，气流束互相冲击、干涉，进一步减速，再通过反射到消声器内壁的吸声材料排向空气。此种消声器消声效果好，低频可消声 20 dB，高频可消声约 45 dB。消声器选择的主要依据是排气孔直径的大小及噪声频率范围。

2. 使用气动执行元件

气动执行元件是将压缩空气的压力能转换为机械能的装置，包括气缸和气动马达。

图 5-13 所示为一个生产线位置转换装置，应选择合适的执行元件进行控制，按照下列知识点可以在试验台上进行回路连接，让其运动起来，让我们一起来看看。

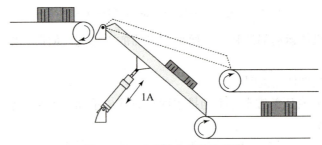

图 5-13 生产线位置转换装置

（1）气缸

气缸是气动系统的执行元件之一，它是将压缩空气的压力能转换为机械能并驱动工作机构做往复直线运动或摆动的装置。与液压缸相比，它具有结构简单、制造容易、工作压力低和动作迅速等优点，故应用十分广泛。

①气缸的分类。

气缸种类很多，结构各异，分类方法也很多，常见的有以下几种。

a. 按压缩空气在活塞端面作用力的方向不同分为单作用气缸和双作用气缸，如图 5-14 所示。

图 5-14 气缸

(a) 双作用气缸；(b) 双作用气缸（实训用）；(c) 单作用气缸（实训用）

b. 按结构特点不同分为活塞式、薄膜式、柱塞式和摆动式气缸等。

c. 按安装方式可分为耳座式、法兰式、轴销式、凸缘式、嵌入式和回转式气缸等，如图5-15所示。

d. 按功能分为普通式、缓冲式、气—液阻尼式、冲击式和步进式气缸等。

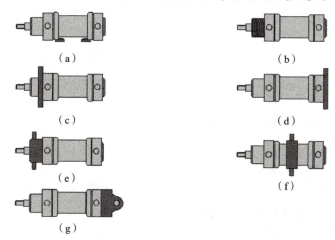

图 5-15　气缸安装位置图

(a) 脚架安装；(b) 螺纹安装；(c) 前法兰安装；(d) 后法兰安装；
(e) 前耳轴安装；(f) 中间耳轴安装；(g) 后耳轴安装

②气缸的工作原理和用途。

大多数气缸的工作原理与液压缸相同，以下介绍几种具有特殊用途的气缸。

a. 薄膜式气缸：薄膜式气缸是一种利用膜片在压缩空气作用下产生变形来推动活塞杆做直线运动的气缸。图5-16所示为薄膜式气缸的结构简图。它可以是单作用式的，也可以是双作用式的。它主要由缸体、膜片、膜盘和活塞杆等零件组成。薄膜式气缸的膜片有盘形膜片和平膜片两种，一般用夹织物橡胶制成，厚度为5～6 mm，也可用钢片、锡磷青铜片制成，但仅限于在行程较小的薄膜式气缸中使用。薄膜式气缸与活塞式气缸相比较，具有结构紧凑、简单、成本低、维修方便、寿命长和效率高等优点。但因膜片的变形量有限，其行程较短，一般不超过40～50 mm，且气缸活塞上的输出力随行程的加大而减小，因此它的应用范围受到一定限制，适用于气动夹具、自动调节阀及短行程工作场合。

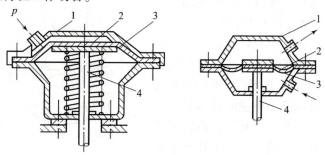

图 5-16　薄膜式气缸

1—缸体；2—膜片；3—膜盘；4—活塞杆

b. 冲击气缸：冲击气缸是把压缩空气的压力能转换为活塞和活塞杆的高速运动，输出动能，产生较大的冲击力，从而打击工件做功的一种气缸。

冲击气缸结构简单、成本低、耗气功率小，且能产生相当大的冲击力，应用十分广泛。它可完成下料、冲孔、弯曲、打印、铆接、模锻和破碎等多种作业。为了有效地应用冲击气缸，应注意正确地选择工具，并正确地确定冲击气缸尺寸，选用适当的控制回路。

c. 标准化气缸：我国目前已生产出五种从结构到参数都已经标准化、系列化的气缸（简称标准化气缸）供用户优先选用，在生产过程中应尽可能使用标准化气缸，这样可使产品具有互换性，给设备的使用和维修带来方便。

● 标准化气缸的系列和标记：标准化气缸的标记是用符号 QG 表示气缸，用符号 A、B、C、D、H 表示五种系列。具体的标志方法是：

| QG | A、B、C、D、H | 缸径×行程 |

五种标准化气缸的系列为：

QGA——无缓冲普通气缸；

QGB——细杆（标准杆）缓冲气缸；

QGC——粗杆缓冲气缸；

QGD——气—液阻尼气缸；

QGH——回转气缸。

例如，QGA80×100 表示直径为 80 mm、行程为 100 mm 的无缓冲普通气缸。

● 标准化气缸的主要参数：标准化气缸的主要参数是缸径 D 和行程 S。缸径标志了气缸活塞杆的输出力，行程标志了气缸的作用范围。

标准化气缸的缸径 D（单位 mm）有下列 11 种规格：40，50，63，80，100，125，160，200，250，320，400。

标准化气缸的行程 S：无缓冲气缸和气—液阻尼缸取 $S=(0.5\sim2)D$，有缓冲气缸取 $S=(1\sim10)D$。

(2) 气动马达

气动马达是将压缩空气的压力能转换成旋转的机械能的装置。气动马达有叶片式、活塞式、齿轮式等多种类型，在气压传动中使用最广泛的是叶片式和活塞式气动马达，现以叶片式气动马达为例简单介绍气动马达的工作原理。

图 5-17 所示为双向旋转叶片式气动马达的结构示意图。当压缩空气从进气口进入气室后立即喷向叶片 1，作用在叶片的外伸部分产生转矩，带动转子 2 做逆时针转动，输出机械能。若进气、出气口互换，则转子反转，输出相反方向的机械能。转子转动的离心力和叶片底部的气压力、弹簧力（图中未画出）使得叶片紧贴在定子 3 的内壁上，以

单叶片摆动气动马达　　气动马达

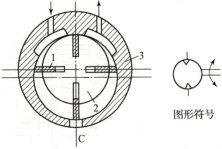

图 5-17　双向旋转叶片式气动马达
1—叶片；2—转子；3—定子

保证密封，提高容积效率。叶片式气动马达主要用于风动工具、高速旋转机械及矿山机械等。气动马达具有防爆、高速等优点，也有输出功率小、耗气量大、噪声大和易产生振动等缺点。

3. 使用气动控制元件

气动控制元件按其功能和作用分为压力控制阀、流量控制阀和方向控制阀三大类。此外，还有通过控制气流方向和通断实现各种逻辑功能的气动逻辑元件等。

图 5-18 所示为一个用于实现冲压折边机冲压运动的气动系统原理图，通过以下知识的学习，请指出该系统的各功能部分，正确识别各图形符号所对应的元件，并能在试验台上进行回路连接。

冲压折边机气动系统

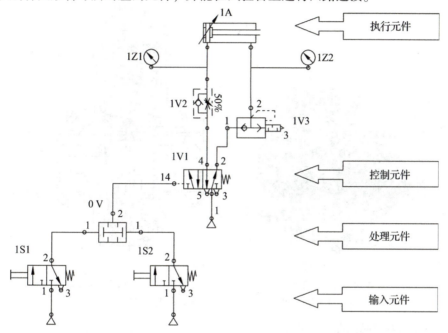

图 5-18 冲压折边机冲压运动的气动系统原理图

注：数字和圆圈为各元件的接口

（1）压力控制阀和基本压力控制回路

气动压力控制阀主要有减压阀、溢流阀和顺序阀。图 5-19 所示为压力控制阀图形符号。它们都是利用作用于阀芯上的流体（空气）压力和弹簧力相平衡的原理来进行工作的。而在气压传动中，一般都是由空气压缩机将空气压缩后储存于储气罐中，

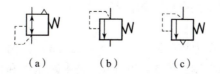

图 5-19 压力控制阀（直动型）图形符号

（a）调压阀（减压阀）；（b）顺序阀；（c）安全阀（溢流阀）

然后经管路输送给各传动装置使用，储气罐提供的空气压力高于每台装置所需的压力，且压力波动也较大。因此必须在每台装置入口处设置一减压阀，以将入口处的空气降低到所需的压力，并保持该压力值的稳定。图 5-20 所示为 QTY 直动型调压阀（减压阀），其通过调节手柄 1 来控制阀口开度的大小，即可控制输出压力的大小。

压力控制回路的功用是使系统保持在某一规定的压力范围内。常用的有一次压力控制回路、二次压力控制回路和高低压转换回路。

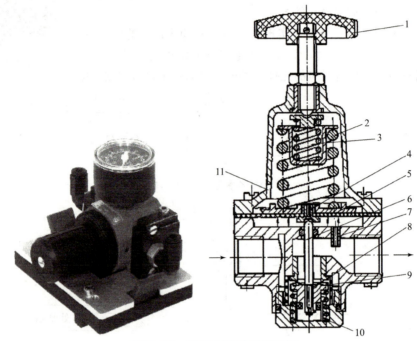

图 5-20　QTY 型直动型调压阀

1—手柄；2，3—调压弹簧；4—溢流口；5—膜片；6—阀杆；7—阻尼孔；
8—阀芯；9—阀座；10—复位弹簧；11—排气孔

① 一次压力控制回路。

图 5-21 所示为一次压力控制回路。此回路用于控制储气罐的压力，使之不超过规定的压力值。常用外控溢流阀 1 或电接点压力表 2 来控制空气压缩机的转、停，使储气罐内压力保持在规定范围内。采用溢流阀，结构简单，工作可靠，但气量浪费大；采用电接点压力表，对电动机及控制要求较高，常用于对小型空压机的控制。

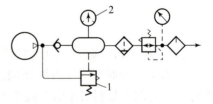

图 5-21　一次压力控制回路

1—溢流阀；2—压力表

② 二次压力控制回路。

图 5-22 所示为二次压力控制回路，图 5-22（a）是由气动三联件组成的，主要由溢流减压阀来实现压力控制；图 5-22（b）是由减压阀和换向阀构成的，其对同一系统实现输出高低压力 p_1、p_2 的控制；图 5-22（c）是由减压阀来实现对不同系统输出不同压力 p_1、p_2 的控制。为保证气动系统使用的气体压力为一稳定值，多用空气过

滤器、减压阀、油雾器（气动三联件）组成的二次压力控制回路，但要注意，供给逻辑元件的压缩空气不要加入润滑油。

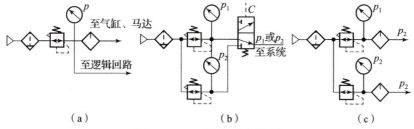

图 5－22　二次压力控制回路

（a）由溢流减压阀控制压力；（b）由换向阀控制高低压力；（c）由减压阀控制高低压力

（2）流量控制阀与速度控制回路

气动流量控制阀主要有节流阀、单向节流阀和排气节流阀等，都是通过改变控制阀的通流截面面积来实现流量控制的元件。因此，只以排气节流阀为例介绍其流量阀的工作原理。如图 5－23 所示，气流从 A 口进入阀内，由节流口 1 节流后经消声套 2 排出。因而它不仅能调节执行元件的运动速度，还能起到降低排气噪声的作用。排气节流阀通常安装在换向阀的排气口处与换向阀联用，起单向节流阀的作用。

速度控制回路气动系统因使用的功率都不大，所以主要的调速方法是节流调速。

①单向调速回路。

图 5－24 所示为双作用缸单向调速回路。图 5－24（a）所示为供气节流调速回路。在图示位置，当气控换向阀不换向时，进入气缸 A 腔的气流流经节流阀，B 腔排出的气体直接经换向阀快排。当节流阀开度较小时，由于进入 A 腔的流量较小，故压力上升缓慢。当气压达到能克服

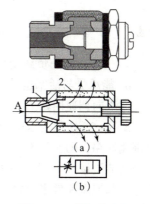

图 5－23　排气节流阀
（a）结构示意图；（b）图形符号
1—节流口；2—消声套

负载时，活塞前进，此时 A 腔容积增大，结果使压缩空气膨胀、压力下降，使作用在活塞上的力小于负载，因而活塞就停止前进。待压力再次上升时，活塞才再次前进。这种由于负载及供气的原因使活塞忽走忽停的现象，叫气缸的爬行。所以节流供气的不足之处主要表现为：一是当负载方向与活塞的运动方向相反时，活塞运动易出现不平稳现象，即爬行现象；二是当负载方向与活塞运动方向一致时，由于排气经换向阀快排，几乎没有阻尼，负载易产生跑空现象，使气缸失去控制。所以节流供气多用于垂直安装的气缸的供气回路中，在水平安装的气缸供气回路中一般采用如图 5－24（b）所示的节流排气回路。由图示位置可知，当气控换向阀不换向时，从气源来的压缩空气经气控换向阀直接进入气缸的 A 腔，而 B 腔排出的气体必须经节流阀到气控换向阀而排入大气，因而 B 腔中的气体就具有一定的压力，此时活塞在 A 腔与 B 腔的压力差作用下前进，减少了爬行发生的可能性。调节节流阀的开度即可控制不同的排气速度，从而也就控制了活塞的运动速度。排气节流调速回路具有下述特点：

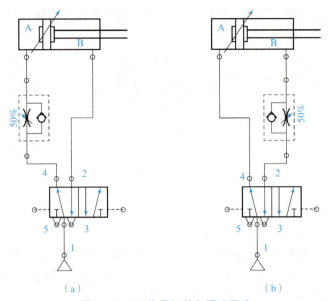

图 5-24 双作用缸单向调速回路

注：数字和空心圆圈代表气动元件接口

a. 气缸速度随负载变化较小，运动较平稳；

b. 能承受与活塞运动方向相同的负载（反向负载）。

②双向调速回路。

图 5-25 所示为双向调速回路，图 5-25（a）所示为采用单向节流阀式的双向节流调速回路，图 5-25（b）所示为采用排气节流阀的双向节流调速回路。它们都是采用排气节流调速方式，当外负载变化不大时，进气阻力小，负载变化对速度影响小，比进气节流调速效果要好。

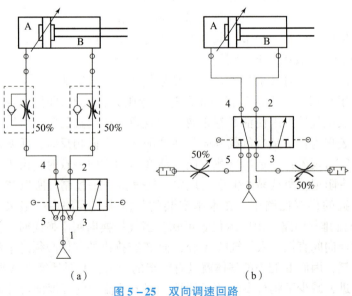

图 5-25 双向调速回路

注：数字和空心圆圈代表气动元件接口

（3）方向控制阀与常用方向控制回路

气动方向控制阀按其作用特点可分为单向型和换向型两种，其阀芯结构主要有截止式和滑阀式。

①单向型方向控制阀。

单向型方向控制阀包括单向阀、或门型梭阀、与门型梭阀和快速排气阀，其中单向阀与液压单向阀类似。

a. 或门型梭阀在气压传动系统中，当两个通路 P_1 和 P_2 均与另一通路 A 相通，而不允许 P_1 与 P_2 相通时，就要用或门型梭阀，如图 5-26 所示。由于阀芯像织布梭子一样来回运动，因而称为梭阀，该阀相当于两个单向阀的组合。在逻辑回路中，它起到或门的作用。

如图 5-26（a）所示，当 P_1 进气时，将阀芯推向右边，通路 P_2 被关闭，于是气流从 P_1 进入通路 A；反之，气流则从 P_2 进入 A，如图 5-26（b）所示。当 P_1 和 P_2 同时进气时，哪端压力高，A 就与哪端相通，另一端就自动关闭。图 5-26（c）所示为该阀的图形符号。

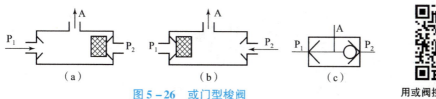

图 5-26　或门型梭阀

用或阀控制单作用气缸

b. 与门型梭阀（双压阀）又称双压阀，该阀只有当两个输入口 P_1、P_2 同时进气时，A 口才能输出。图 5-27 所示为与门型梭阀，当 P_1 或 P_2 单独输入时，如图 5-27（a）和图 5-27（b）所示，此时 A 口无输出；只有当 P_1、P_2 同时有输入时，A 口才有输出，如图 5-27（c）所示。当 P_1、P_2 气体压力不等时，则气压低的通过 A 口输出。图 5-27（d）所示为该阀的图形符号。

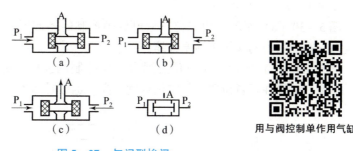

图 5-27　与门型梭阀

用与阀控制单作用气缸

c. 快速排气阀又称快排阀，它是为加快气缸运动做快速排气用的。图 5-28 所示为膜片式快速排气阀，当 P 口进气时，膜片被压下封住排气口，气流经膜片四周小孔由 A 口流出，同时关闭下口。当气流反向流动时，A 口气压将膜片顶起封住 P 口，A 口气体经 T 口迅速排掉。

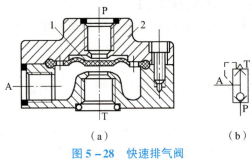

图 5-28 快速排气阀

（a）结构示意图；（b）图形符号

1—膜片；2—阀体

② 换向型方向控制阀。

换向型方向控制阀（简称换向阀）的功能与液压的同类阀相似，操作方式、切换位置和职能符号也基本相同。图 5-29 所示为二位三通电磁换向阀结构原理图。常用的方向控制回路有以下几种。

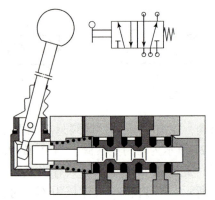

图 5-29 二位三通电磁换向阀结构原理图

a. 单作用气缸换向回路。

图 5-30（a）所示为由二位三通电磁阀控制的换向回路，通电时，活塞杆伸出；断电时，在弹簧力的作用下活塞杆缩回。

图 5-30（b）所示为由三位五通电磁阀控制的换向回路，该阀具有自动对中功能，可使气缸停在任意位置，但定位精度不高、定位时间不长。

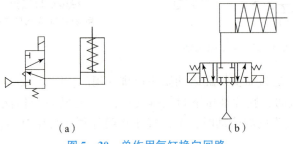

用二位三通手用换向阀控制单作用气缸

图 5-30 单作用气缸换向回路

b. 双作用气缸换向回路。

图 5-31（a）所示为小通径的手动换向阀控制二位五通主阀操纵气缸换向；图 5-31（b）所示为二位五通双电控阀控制气缸换向；图 5-31（c）所示为两个小通径的手动阀控制二位五通主阀操纵气缸换向；图 5-31（d）所示为三位五通阀控制气缸换向。该回路有中停功能，但定位精度不高。

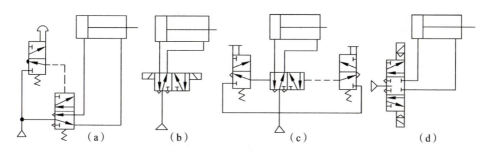

图 5-31　双作用气缸换向回路

（三）气压传动常用回路分析及应用

气动回路与液压回路相比有几个基本的不同点，这都是由空气与液体性质不同而引起的，因此在应用或设计气动回路时应当慎重考虑。

① 空压机等气压发生装置的规格，多数情况与气动回路设计无直接关系。

② 气动回路中不设回气管道。

③ 管道的长短不是妨碍使用气动的根本原因，100 m 以外的设备使用气动的例子有很多。

④ 气动元件的安装位置对其功能影响很大，对油雾器等的安装位置更应特别注意。

1. 常用气动回路

（1）安全保护回路

若气动机构负荷过载或气压的突然降低以及气动执行机构的快速动作等都可能危及操作人员或设备的安全，因此在气动回路中，常常要加入安全回路。需要指出的是，在设计任何气动回路，特别是安全回路时，都不可能缺少过滤装置和油雾器。因为脏污空气中的杂物可能会堵塞阀中的小孔和通路，使气路发生故障；缺乏润滑油时，很可能使阀发生卡死或磨损，以致整个系统的安全都发生问题。下面介绍几种常用的安全保护回路。

①过载保护回路：图 5-32 所示为过载保护回路。按下手动换向阀 1，在活塞杆伸出的过程中若遇到障碍 6，则无杆腔压力升高，打开顺序阀 3，使阀 2 换向，阀 4 随即复位，活塞立即退回，实现过载保护。若无障碍 6，则气缸向前运动时压下阀 5，活塞即刻返回。

②互锁回路：图 5-33 所示为互锁回路。在该回路中，四通阀的换向受三个串联的机动三通阀控制，只有三个阀都接通，主阀才能换向。

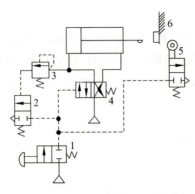
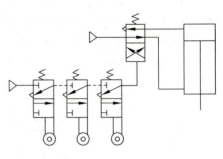

图 5-32 过载保护回路　　　　　图 5-33 互锁回路

1—手动换向阀；2—二位二通换向阀；3—顺序阀；
4—二位四通换向阀；5—位置阀；6—障碍物

③双手同时操作回路：所谓双手同时操作回路就是使用两个启动阀的手动阀，只有同时按动两个阀才动作的回路。这种回路可确保安全，常用在锻造、冲压机械上，可避免产生误动作，以保护操作者的安全。图 5-34 所示为双手同时操作回路。图 5-34（a）使用逻辑与回路，为使主控阀 3 换向，必须使压缩空气信号进入阀 3 左侧，为此必须使两只三通手动阀 1 和 2 同时换向，而且这两只阀必须安装在单手不能同时操作的位置上，在操作时，如任何一只手离开，则控制信号消失，主控阀复位，活塞杆后退。图 5-34（b）所示的是使用三位主控阀的双手同时操作回路，把此主控阀 1 的信号 A 作为手动阀 2 和 3 的逻辑与回路，亦即当手动阀 2 和 3 同时动作时，主控阀 1 换向到上位，活塞杆前进；把信号 B 作为手动阀 2 和 3 的逻辑或非回路，即当手动阀 2 和 3 同时松开时（图示位置），主控阀 1 换向到下位，活塞杆返回，若手动阀 2 或 3 发生任何一个动作，则将使主控阀复位到中位，活塞杆处于停止状态。

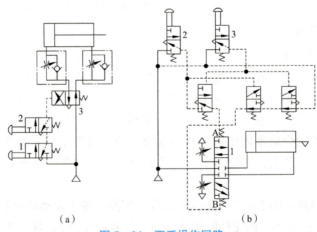

图 5-34 双手操作回路
(a) 逻辑与回路；1，2—手动阀；3—主控阀
(b) 三位主控阀双手同时操作回路；1—主控阀；2，3—手动阀

（2）延时回路

图 5-35 所示为延时回路。图 5-35（a）所示为延时输出回路，当控制信号切换

阀4后，压缩空气经单向节流阀3向储气罐2充气，当充气压力经过延时升高至使阀1换位时，阀1就有输出。图5-35（b）所示为延时接通回路，按下阀8，则气缸向外伸出，当气缸在伸出行程中压下阀5后，压缩空气经节流阀到储气罐6，延时后才将阀7切换，气缸退回。

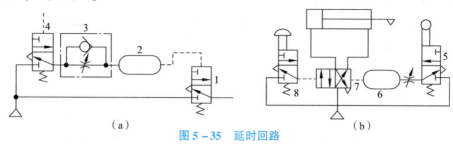

图5-35 延时回路

1，4，5—二位三通换向阀；2，6—储气罐；3—单向节流阀；
7—二位四通换向阀；8—手动二位三通换向阀

（3）顺序动作回路

顺序动作是指在气动回路中，各个气缸按一定顺序完成各自的动作。例如，单缸有单往复动作、二次往复动作和连续往复动作等；多缸按一定顺序进行单往复或多往复顺序动作等。

①单缸往复动作回路：图5-36所示为三种单往复动作回路，图5-36（a）所示为行程阀控制的单往复回路，当按下阀1的手动按钮后压缩空气使阀3换向，活塞杆向前伸出，当活塞杆上的挡铁碰到行程阀2时，阀3复位，活塞杆返回。图5-36（b）所示为压力控制的往复动作回路，当按下阀1的手动按钮后，阀3的阀芯右移，气缸无杆腔进气使活塞杆伸出（右行），同时气压还作用在顺序阀4上。当活塞到达终点后，无杆腔压力升高并打开顺序阀，使阀3又切换至右位，活塞杆缩回（左行）。图5-36（c）所示为利用延时回路形成的时间控制单往复动作回路，当按下阀1的手动按钮后，阀3换向，气缸活塞杆伸出，当压下行程阀2延时一段时间后，阀3才能换向，然后活塞杆再缩回。

双作用气缸单往复运动控制

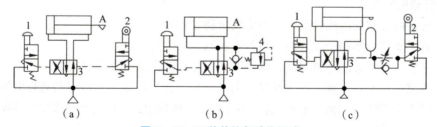

图5-36 三种单往复动作回路

1—按钮阀；2—行程阀；3—气控换向阀；4—顺序阀

由以上可知，在单往复动作回路中，每按下一次按钮，气缸就完成一次往复动作。

②连续往复动作回路：图5-37所示为连续往复动作回路，它能完成连续的动作循环。当按下阀1的按钮后，阀4换向，活塞向前运动，这时由于阀3复位而将气路封闭，使阀4不能复位，活塞继续前进，到行程终点压下行程阀2，使阀4控制气路排气，在弹

簧作用下阀4复位，气缸返回，在终点压下阀3，在控制压力下阀4又被切换到左位，活塞再次前进。就这样一直连续往复，只有在提起阀1的按钮后，阀4复位，活塞才会返回而停止运动。

2. 气动系统的安装与调试

图5-38所示为一个用于实现部件压力装配动作的气动系统原理图，根据以下知识应能指出该系统的各功能部分，识别各图形符号所对应的相关元件，并能在试验台上进行回路连接，现在马上了解一下新知识点。

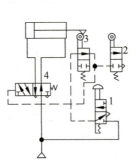

图5-37　连续往复动作回路
1—手动二位三通换向阀；2，3—机控二位二通换向阀；
4—二位五通换向阀

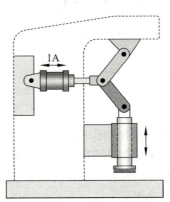

图5-38　压力装配装置

双作用气缸双往复运动控制

用二位五通手用换向阀控制双作用气缸

（1）气动系统的安装
①管道的安装。
　a. 安装前要彻底清理管道内的粉尘及杂物。
　b. 管子支架要牢固，工作时不得产生振动。
　c. 接管时要充分注意密封性，防止漏气，尤其注意接头处及焊接处。
　d. 管路尽量平行布置，减少交叉，力求最短、转弯最少，并考虑到能自由拆装。
　e. 安装软管要有一定的弯曲半径，不允许有拧扭现象，且应远离热源或安装隔热板。
②元件的安装。
　a. 应注意阀的推荐安装位置和标明的安装方向。
　b. 逻辑元件应按控制回路的需要，将其成组地装在底板上，并在底板上开出气路，用软管接出。
　c. 移动缸的中心线与负载作用力的中心线要同心，否则会引起侧向力，使密封件加速磨损、活塞杆弯曲。

d. 各种自动控制仪表、自动控制器和压力继电器等，在安装前应进行校验。

（2）气动系统的调试

①调试前的准备：要熟悉说明书等有关技术资料，力求全面了解系统的原理、结构、性能和操作方法，并准备好调试工具等。

②空载时运行一般不少于 2 h，注意观察压力、流量、温度的变化，如发现异常应立即停车检查，待排除故障后才能继续运转。

③负载试运转应分段加载，运转一般不少于 4 h，分别测出有关数据，记入试运转记录。

3. 气动系统的使用和维护及故障排除

（1）气动系统使用的注意事项

①开机前后要放掉系统中的冷凝水。

②定期给油雾器注油。

③开机前检查各调节手柄是否在正确位置，机控阀、行程开关、挡块的位置是否正确、牢固，对导轨、活塞杆等外露部分的配合表面应进行擦拭。

④随时注意压缩空气的清洁度，对空气过滤器的滤芯要定期清洗。

⑤设备长期不用时应将各手柄放松，防止弹簧永久变形而影响元件的调节性能。

（2）压缩空气的污染及防治方法

压缩空气的质量对气动系统性能的影响极大，它若被污染将使管道和元件锈蚀、密封件变形、堵塞喷嘴，使系统不能正常工作。压缩空气的污染主要来自水分、油分和灰尘三个方面，其污染原因及防治方法如下：

①水分：空气压缩机吸入的是含水分的湿空气，经压缩后提高了压力，当再度冷却时就要析出冷凝水，侵入到压缩空气中致使管道和元件锈蚀，影响性能。

防止冷凝水侵入压缩空气的方法是：及时排除系统各排水阀中积存的冷凝水，经常注意自动排水器、干燥器的工作是否正常，定期清洗空气过滤器、自动排水器的内部元件等。

②油分：这里是指使用过的因受热而变质的润滑油。压缩机使用的一部分润滑油成雾状混入压缩空气中，受热后引起汽化随压缩空气一起进入系统，将使密封件变形、造成空气泄漏、摩擦阻力增大，导致阀和执行元件动作不良，而且还会污染环境。

清除压缩空气中油分的方法有：较大的油分颗粒，通过除油器和空气过滤器的分离作用同空气分开，从设备底部排污阀排出；较小的油分颗粒则可通过活性炭的吸附作用清除。

③灰尘：压缩空气中的灰尘包括从大气中吸入的物质、因空气中的水分而生成的铁锈及因润滑油变质而生成的碳化物等，灰尘可以用空气过滤器滤除掉。

（3）气动系统的日常维护

气动系统日常维护的主要内容是冷凝水的管理和系统润滑的管理，这里仅介绍对系统润滑的管理。

气动系统中从控制元件到执行元件，凡有相对运动的表面都需要润滑。若润滑不当，则会使摩擦阻力增大，导致元件动作不良，因密封面磨损会引起系统泄漏等危害。

润滑油的性质直接影响润滑效果。通常在高温环境下用高黏度润滑油，低温环境下用低黏度润滑油。如果温度特别低，为消除起雾现象，可在油杯内装加热器。供油量会随润滑部位的形状、运动状态及负载大小而变化。供油量总是大于实际需要量，一般以每 10 m³ 自由空气供给 1 mL 的油量为基准。

还要注意油雾器的工作是否正常，如果发现油量没有减少，则需及时检修或更换油雾器。

（4）气动系统的定期检修

定期检修的时间间隔通常为三个月。其主要内容如下：

①查明系统各泄漏处，并设法予以解决。

②通过对方向控制阀排气口的检查，判断润滑油是否适度、空气中是否有冷凝水。如果润滑不良，则考虑油雾器规格是否合适、安装位置是否恰当、滴油量是否正常等。如果有大量冷凝水排出，则要考虑过滤器的安装位置是否恰当、排除冷凝水的装置是否合适、冷凝水的排除是否彻底。如果方向控制阀排气口关闭时仍有少量泄漏，则往往是元件损伤的初期阶段，检查后可更换受磨损元件以防止发生动作不良。

③检查溢流阀、紧急安全开关动作是否可靠。定期修检时，必须确认它们动作的可靠性，以确保设备和人身安全。

④观察换向阀的动作是否可靠。根据换向时声音是否异常，判定铁芯和衔铁配合处是否有杂质。检查铁芯是否有磨损、密封件是否老化。

⑤反复开关换向阀观察气缸动作，判断活塞上的密封是否良好。检查活塞杆外露部分，判定前盖的配合处是否有泄漏。

上述各项检查和修复的结果应记录下来，以作为设备出现故障查找原因和设备大修时的参考。

气动系统的大修间隔期为一年或几年，其主要内容是检查系统各元件和部件，判定其性能和寿命，并对平时产生故障的部位进行检修或更换元件，排除修理间隔期间内一切可能产生故障的因素。

（5）气动系统故障种类

由于故障发生的时期不同，故障的内容和原因也不同。因此，可将故障分为初期故障、突发故障和老化故障。

①初期故障：在调试阶段和开始运转的两三个月内发生的故障称为初期故障。其产生的原因主要有：零件毛刺没有清除干净，装配不合理或误差较大，零件制造误差或设计不当。

②突发故障：系统在稳定运行时期内突然发生的故障称为突发故障。例如，油杯和水杯都是用聚碳酸酯材料制成的，如果它们在有机溶剂的雾气中工作，就有可能突然破裂；在空气或管路中，残留的杂质混入元件内部，突然使相对运动件卡死；弹簧突然折断、软管突然爆裂、电磁线圈突然烧毁；突然停电造成回路误动作等。

有些突发故障是有先兆的，如排出的空气中出现杂质和水分，表明过滤器失效，应及时查明原因予以排除，不要引起突发故障。但有些突发故障是无法预测的，只能采取安全保护措施加以防范，或准备一些易损备件，以便及时更换失效的元件。

③老化故障：个别或少数元件达到使用寿命后发生的故障称为老化故障。参照系统中各元件的生产日期、开始使用日期、使用的频繁程度以及已经出现的某些征兆，

如声音反常、泄漏越来越严重等，可以大致预测老化故障的发生期限。

（6）气动系统故障排除方法

①经验法。

经验法是指依靠实际经验，借助简单的仪表诊断故障发生的部位，并找出故障原因的方法。经验法可按中医诊断病人的四字望、闻、问、切进行检查的方法。

a. 望：例如，看执行元件的运动速度有无异常变化；各测压点的压力表显示的压力是否符合要求，有无大的波动；润滑油的质量和滴油量是否符合要求；冷凝水能否正常排出；换向阀排气口排除空气是否干净；电磁阀的指示灯显示是否正常；紧固螺钉及管接头有无松动；管道有无扭曲和压扁；有无明显振动存在；加工产品质量有无变化等。

b. 闻：包括耳闻和鼻闻。例如，气缸及换向阀换向时有无异常声音；系统停止工作但尚未泄压时，各处有无漏气，以及漏气声音大小及其每天的变化情况；电磁线圈和密封圈有无因过热而发出的特殊气味等。

c. 问：即查阅气动系统的技术档案，了解系统的工作程序、运行要求及主要技术参数；查阅产品样本，了解每个元件的作用、结构、功能和性能；查阅维护检查记录，了解日常维护保养工作情况；访问现场操作人员，了解设备运行情况、故障发生前的征兆及故障发生时的状况，了解曾经出现过的故障及其排除方法。

d. 切：例如，触摸相对运动件外部的手感和温度、电磁线圈处的温升等。触摸 2 s 感到烫手，则应查明原因。另外，还要查明气缸、管道等处有无振动，气缸有无爬行，各接头处及元件处有无漏气等。

经验法简单易行，但由于每个人的感觉、实践经验和判断能力的差异，诊断故障会存在一定的局限性。

②推理分析法。

推理分析法是利用逻辑推理，步步逼近，寻找出故障的真实原因的方法。

a. 推理步骤。

从故障的症状推理出故障的真正原因，可按下面三步进行。

- 由故障的症状，推理出故障的本质原因。
- 由故障的本质原因，推理出故障可能存在的原因。
- 从各种可能的常见原因中，找出故障的真实原因。

b. 推理方法。

推理的原则是：由简到繁、由易到难、由表及里逐一进行分析，排除掉不可能的和非主要的故障原因；故障发生前曾调整或更换过的元件先查；优先查故障概率高的常见原因。

- 仪表分析法。利用检测仪器仪表，如压力表、压差计、电压表、温度计、电秒表及其他电仪器等，检查系统或元件的技术参数是否合乎要求。
- 部分停止法。暂时停止气动系统某部分的工作，观察对故障征兆的影响。
- 试探反证法。试探性地改变气动系统中部分工作条件，观察对故障征兆的影响。
- 比较法。用标准的或合格的元件代替系统中相同的元件，通过工作状况的对比，来判断被更换的元件是否失效。

中国气动技术领军人　　气动技术为中国产业转型升级保驾护航　　我国气动技术的智能发展

三、项目实施

（一）气源装置的使用

1. 参观机加工实训车间压缩空气供气系统

画出机加工车间压缩空气管路示意图，并探讨其合理及不合理之处。

2. 配管

使用剪刀剪切合适长度，连接快速接头，配管走向合理、长短合适。整理配管，放入工具箱。

（二）气动回路设计与装调

1. 设计出气动系统原理图（见图 5-39）

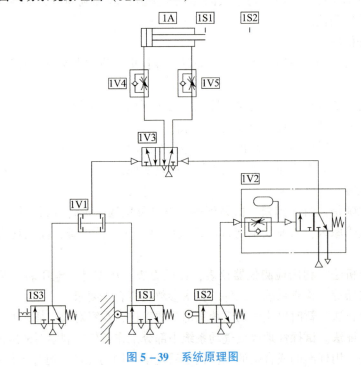

图 5-39　系统原理图

2. 画出位移—步进图（见图 5-40）

初始位置：假设气缸（1A）的活塞杆缩回到末端位置，滚轮杠杆式行程阀（1S1）被激活。启动的两个条件满足。

系统的工作原理及元件图如图 5-41 所示。

步骤 1~2：

如果行程阀（1S3）被触发，双压阀（1V1）工作的第二个条件满足，最终控制元件（1V3）进行切换。空气通过单向节流阀（1V5）排出，活塞杆伸出，进程时间 $t_1 = 0.6\ \text{s}$。在前进的末端位置，阀的凸轮触发行程阀（1S2），延时阀（1V2）开始工作。储气罐通过节流阀充气。在经过设定时间 $t_2 = 1.0\ \text{s}$ 后，延时阀中的二位三通阀进行切换。在延时阀输出端有信号输出，最终控制元件（1V3）回到初始位置。

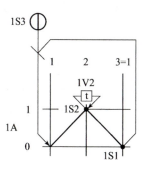

图 5-40　位移—步进图

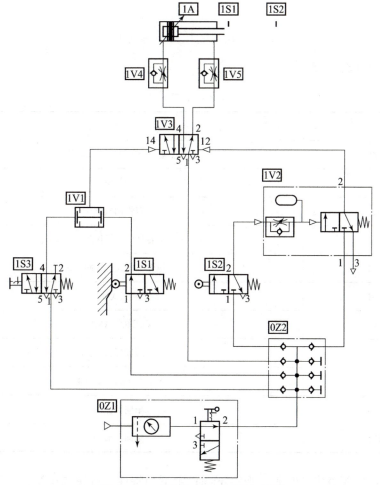

图 5-41　系统的工作原理及元件图

注：数字代表各气压元件接口

步骤 2~3：

换向阀（1V3）的切换使得活塞杆缩回。通过单向节流阀（1V4）设定回程时间 $t_3 = 0.4$ s。当滚轮杠杆式行程阀（1S1）再次被触发时，开始进行回程运动。

连续循环：如果按下手动阀（1S3）的按钮，并让其保持在激励状态下，活塞杆将进行连续的往复运动。只有当手动阀（1S3）回到初始状态时，循环运动才停止。

二位五通旋钮式换向阀（1S3）的输出端 2(B) 关闭，在阀上安装一个 T 型插头以连接导线，如图 5-42 所示。

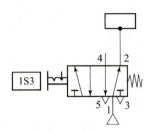

图 5-42 换向阀图形符号

1,2,4—通气口；3,5—排气口

元件清单见表 5-5。

表 5-5 元件清单

元件	名称
0Z1	过滤、调压组件（二联件）
0Z2	分气块
1A	双作用气缸
1S1	3/2 滚轮杠杆式行程阀，常闭
1S2	3/2 滚轮杠杆式行程阀，常闭
1S3	5/2 旋钮式换向阀
1V1	双压阀（AND）
1V2	气控延时阀，常闭
1V3	5/2 换向阀，双电控
1V4	单向节流阀
1V5	单向节流阀

用压力顺序阀替代延时阀，观察不同设定下的特性。过滤调压组件的工作压力先设定为 $p = 6$ bar($= 600$ kPa)，再将工作压力设为 $p = 1$ bar($= 100$ kPa)，观察并对比不同压力下的循环时间，会发现工作压力的大小由循环时间的长短来决定。

四、习题巩固

①一个典型的气动系统由哪几部分组成？
②气压传动的特点？
③气体的可压缩性会对气缸的运动造成怎样的影响？
④气动系统对压缩空气有哪些质量要求？
⑤气动系统主要依靠哪些设备来保证压缩空气质量？简述这些设备的工作原理。
⑥空气压缩机的分类方法有哪些？在设计气动系统时如何选用空气压缩机？
⑦什么是气动三联件？各起什么作用？
⑧气动三联件的连接顺序是什么？为什么这样连接？
⑨在压缩空气站中，为什么既有除油器又有油雾器？
⑩气动系统中常用的压力控制回路有哪些？其功用如何？
⑪供气节速回路与节流排气流调回路有什么区别？
⑫气缸产生爬行现象的原因是什么？
⑬气动换向阀与液压换向阀有什么区别？
⑭气动系统管道安装需要注意什么？
⑮气动系统调试前应做好哪些准备？
⑯气动系统有哪些主要故障？
⑰气动系统日常维护的重点在哪里？
⑱气动系统的故障诊断方法有哪些？

项目六　出料装置电气–气动系统调试

电气与气动技术在自动化生产线中得到广泛应用,是科技力量的重要组成部分。当前,我国发展面临新的战略机遇,研究利用好电气–气动系统,提升设备的生产效率,能有效助力科技革命和产业变革发展。本项目以继电器与气动控制相结合的方式引出基本的电气–气动系统设计、回路安装及调试任务。

我国自动线控制系统
企业逐步做大做强

一、项目引入

(一) 项目介绍

某自动线供料装置用两个气缸从垂直料仓中取料并向滑槽传递工件,完成装料的过程。图6–1所示为装料装置结构示意图,要求按下按钮后缸A伸出,将工件从料仓推出至缸B的前面,缸B再伸出将其推入输送滑槽进入装料箱后,缸A活塞退回,在缸A活塞退回到位后,缸B活塞再退回,完成一次工件传递过程。请根据要求完成气动系统方案设计。

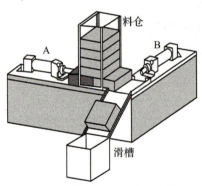

自动化线助力先进
制造事业部扬帆起航

图6–1　装料装置结构示意图

(二) 项目任务

①绘制位移—步进图;
②绘制气动和电气回路图;
③构建气动和电气回路;
④检查回路顺序;
⑤用 Automation Studio 软件绘制气路与电路图。

(三) 项目目标

①掌握带有辅助条件的运动控制;

②实现多缸联动控制；
③熟练操作 Automation Studio 软件进行回路设计。

二、知识储备

（一）电控阀

1. 单电控先导型滑阀

电磁控制换向阀可分为直动型和先导型两大类。按功率大小可分为一般功率和低功率电磁换向阀，按电流不同又可分为直流和交流电磁换向阀，按润滑方式可分为油雾润滑和不给油润滑电磁换向阀，等等。通常由电磁先导阀输出先导压力，然后再由此先导压力推动主阀阀芯使阀换向的气阀，称为先导型电磁换向阀，其基本结构和原理如图 6-2 所示。

气缸快速往复回路　行程开关控制的快慢速速度换接回路

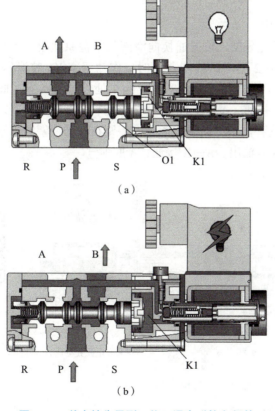

用单电控换向阀控制双作用气缸

图 6-2　单电控先导型二位五通电磁换向阀的
　　　　　基本结构及动作原理图
（a）无电信号时；（b）有电信号时

当电磁先导阀的激磁线圈断电时，图6-2（a）为无电信号时的情况，先导阀的控制信号气源关闭，使动活塞气压腔 K1 与泄压腔 O1 接通，K1 处于排气状态，此时，主阀阀芯在弹簧力及 P 腔气压的作用下向右移动，P→A 接通，A 有输出，B→S 接通，B 腔泄气；当电磁先导阀激磁线圈通电后，图6-2（b）为有电信号时的情况，先导阀的控制信号气源打开，电磁先导阀处于进气状态，作动活塞气压腔 K1 充气，由于 K1 腔内的气体作用于活塞上的力大于复位弹簧力及 P 腔气体作用于阀芯上的力之合力，因此在压差力作用下将活塞推向左边，使 P→B 接通，B 有输出，A→R 接通，A 腔泄气。

单电控先导式滑阀的特点是：
①控制的主阀不具有记忆功能；
②控制信号及复位信号均为长信号；
③控制力大，控制信号必须克服复位弹簧力及 P 腔气体作用于阀芯上的力的合力，阀芯才能切换方向；
④结构紧凑、尺寸小、重量轻；
⑤动作比较迅速；
⑥若采用它控式，则必须另加它控气源。

2. 双电控先导式滑阀图

图6-3 所示为双电控先导型二位五通换向滑阀的结构原理图。当电磁先导阀1的激磁线圈断电，电磁先导阀2的激磁线圈通电时，作动活塞 K1 腔泄压，作动活塞 K2 腔加压，电磁先导阀1处于排气状态，电磁先导阀2处于进气状态，此时作动活塞右移将阀芯推至右端，P→A 接通，A 有输出，B→S 接通，B 腔泄气；反之若电磁先导阀1的激磁线圈通电，电磁先导阀2的激磁线圈断电，则在作动活塞的推动下，活塞移至左端，此时 P→B 接通，B 有输出，A→R 接通，A 腔泄气。

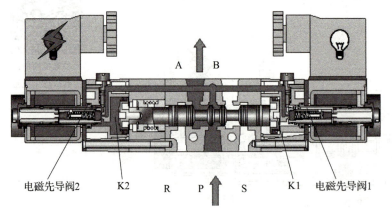

图6-3 双电控两位五通滑阀

双电控二位五通滑阀的特点是：
①控制的主阀具有记忆功能；
②控制信号为长、短信号均可；

③动作迅速、灵活；
④若采用它控式，则须另加它控气源；
⑤结构紧凑、尺寸小、重量轻。

（二）Automation Studio 辅助设计软件应用

Automation Studio 是一种创新的系统设计、模拟和文档编制软件，用于设计和支持自动化、液压、气动以及电气系统。该软件拟供各种相关领域的工程师、维修人员和支持人员使用。该软件由几个模块和库组成，这些模块也被称为工作室，而这些库可以根据用户的具体需要和要求进行添加。每个库包含数百个 SO、IEC、JIC 和 NEMA 兼容符号。因此，用户可以选择合适的组件并且将其拖拽至工作区，从而快速创建实际上可以为任何类型的系统。系统可由诸如液压、气动、电气之类的单一技术构成，或者由在模拟过程中实际上可以互相作用的多种技术综合构成。

1. Automation Studio 工作界面

Automation Studio 软件工作界面如图 6-4 所示。

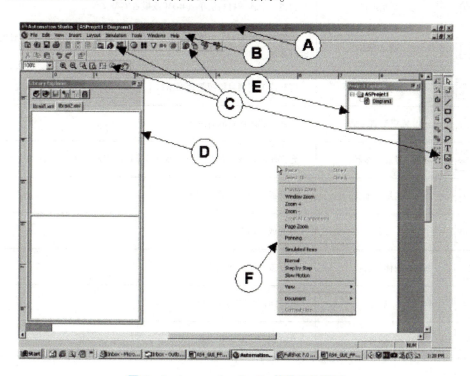

图 6-4 Automation Studio 软件工作界面
A—题目栏；B—菜单栏；C—工具条；D—元件库浏览器；
E—项目浏览器；F—弹出菜单

（1）"标准"工具栏
"标准"工具栏中包含以下命令。
表 6-1 详细给出了 Automation Studio "标准"工具栏的命令说明。

表6-1　Automation Studio "标准"工具栏命令说明

图标	命令	说明
	新建项目	创建一个新项目
	打开	打开一个已有项目
	保存	保存当前项目
	打印	启动打印序列
	新建图表	创建一个新图表（标准）
	新建电工技术图表	创建一个新的电工技术图表。这是一个非标准模块，仅当具有适当许可证时才可以使用
	新建报告	创建一个新的材料清单（BOM 或报告类型文件）
	新建 SFC	创建一个新的 SFC。这是一个非标准模块，仅当具有适当许可证时才可以使用
	项目资源管理器	打开或关闭项目资源管理器窗口
	库资源管理器	打开或关闭库资源管理器窗口
	目录管理器	允许使用目录管理器命令，参见目录模组用户指南
	变量管理器	打开或关闭变量管理器窗口
	图片	打开或关闭图片窗口
	液体仪表板	打开或关闭液体仪表板窗口
	后退	允许访问之前的超链接
	前进	允许访问下一个超链接

(2)"模拟"工具栏

图表编辑器中的"模拟"工具栏包含以下按钮，如图6-5所示，各命令功能说明见表6-2。

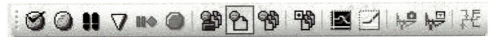

图6-5　"模拟"工具栏

表 6-2 Automation Studio "模拟" 工具栏命令说明

图标	命令	说明
	使用初始条件模拟	使用初始条件对电路进行模拟
	正常	以正常速度模拟电路
	步进	对电路进行逐步模拟，每一次鼠标单击对应一个环路
	慢动	以最低速度模拟电路
	暂停	中断模拟
	停止	停止模拟
	项目模拟	在启动模拟时选择所有当前项目的图表
	文档模拟	在启动模拟时选择当前图表
	选择模拟	在启动模拟时选择已选定的项目
	选择项目并模拟	打开当前项目中需要模拟的图表的对话框
	绘图仪	打开或关闭绘图仪窗口
	电工技术绘图仪	打开或关闭电工技术绘图仪窗口
	手动触发快照	在模拟中触发快照
	稳态设定	打开或关闭"稳态设定"对话框并配置所有参数
	打开路径检测工具	检测已打开的允许流动的电路路径

(3) "编辑" 工具栏

仅当图表为激活状态时，图表编辑器中的"编辑"工具栏在默认情况下出现，如图 6-6 所示，各命令功能说明见表 6-3。

图 6-6 "编辑" 工具栏

表6-3 Automation Studio "编辑" 工具栏命令说明

图标	命令	说明
✂	剪切	移除选定的对象并将其存储在剪贴板中
📋	复制	复制选定的对象并将其存储在剪贴板中
📋	粘贴	将剪贴板中的内容添加至图表中
↶	撤销	取消刚刚执行的动作
↷	恢复撤销内容	恢复刚刚取消的命令
🗔	属性	显示组件的属性对话框，显示选定项目的属性

(4) "视图" 工具栏

图表编辑器中的 "视图" 工具栏包含以下按钮，如图6-7所示，各命令功能说明见表6-4。

图6-7 "视图" 工具栏

表6-4 Automation Studio "视图" 工具栏命令说明

图标	命令	说明
100% ▾	缩放%	下拉列表允许选定一个预先定义的屏幕图像放大百分比
🔍	放大 +	放大图表，最大放大百分比为800%
🔍	缩小 -	缩小图表，最低缩小百分比为25%
🔍	窗口缩放	允许框架配合和选定区域的放大
🔍	页面缩放	全屏显示
⛶	缩放所有组件	所有组件的最大可能视图
🔍	缩放页面宽度	显示合适的页面宽度
✋	平移	进入平移模式
✦	组件快照	启用或禁用网格组件快照
○	连接端口	显示或隐藏连接端口
🔍	连接端口名称	显示或隐藏连接端口名称

续表

图标	命令	说明
 ◇	接触点	显示或隐藏接触点
abc	超链接	以超链接或普通文本形式显示标签名称
 ⋮⋮⋮	网格	显示或隐藏网格
▦	网格属性	打开"网格属性"对话框
(1, 1)	组件集成	允许基于"安装编号"和"电路编号"的组件识别和修改。详细信息参见液压、气动工作室用户指南。 警告：若使用两种具有不同液体的电路，则这两种电路的组件无法对接，编辑器会认为两种不同的油无法兼容

（5）"插入"工具栏

图表编辑器中的"插入"工具栏如图 6-8 所示，各命令功能说明见表 6-5。

图 6-8 "插入"工具栏

表 6-5 Automation Studio "插入"工具栏命令说明

图标	命令	说明
▶	选定	允许在工作区选定一个项目
╱	线条	绘制线条
 □	矩形	绘制矩形
○	椭圆	绘制椭圆
╲	弧形	绘制弧形
⬠	多边形	绘制多边形
T	文本	插入文本框
🖼	图像	插入图像
 <>	字段	插入项目信息字段
①	参考	插入与元素、组、组件或子组件关联的参考

(6) "布置"工具栏

图表编辑器中的"布置"工具栏如图6-9所示,各命令功能说明见表6-6。

图6-9 "布置"工具栏

表6-6 Automation Studio"布置"工具栏命令说明

图标	命令	说明
	自由旋转	允许使用图柄自由旋转所选项目
	向左旋转90°	将所选项目逆时针旋转90°
	向右旋转90°	将所选项目顺时针旋转90°
	垂直翻转	按垂直轴翻转所选项目
	水平翻转	按水平轴翻转所选项目
	布置	允许改变标记的定位和布置
	置于顶层	将所选的项目置于图表的第一层
	置于背层	将所选的项目置于图表的背层
	编组	对所有选定元素编组
	取消编组	将选定的编组取消

(7) 格式工具栏

"格式"工具栏如图6-10所示,各命令功能说明见表6-7。

图6-10 "格式"工具栏

表6-7 Automation Studio"格式"工具栏命令说明

图标	命令	说明
	颜色	修改选定图形对象的线条颜色以及图表中文本的字体颜色
	宽度	修改图表中所选图形对象的线条宽度
	线条样式	修改线条的图形样式
	能见度	使选定组件可见或不可见

(8)"文本"工具栏

"文本"工具栏如图6-11所示,各命令功能说明见表6-8。

图6-11 "文本"工具栏

表6-8 Automation Studio"文本"工具栏命令说明

图标	命令	说明
	缩小字体	缩小选定文本的字体
	增大字体	增大选定文本的字体
	加粗	将选定文本加粗
	斜体	将选定文本变为斜体
	下划线	给选定文本加上下划线
	文本左对齐	将选定文本框中的文本向左对齐
	文本居中对齐	将选定文本框中的文本居中对齐
	文本右对齐	将选定文本框中的文本向右对齐
	嵌入框	在选定文本框周围创建框
	格式刷	复制选定的文本格式并允许将此格式与其他文本框关联

2. 库资源管理器

库资源管理器包含了许多液压、气动、命令以及控制组件等的标记库。库资源管理器提供了建立功能电路所必需的元素,也允许根据要求创建与管理新库和新组件。为了满足新标记的所有要求,主库中开发了一种特征以避免标记的重复,这个功能简化了标记的检索和模拟模式的鉴别。这个特征在组件区被突出显示。对于库中所有具有蓝色背景的标记(主控标记)以及出现在5区的消息,用户可以通过双击接入一个包含类似主控/源标记的浮动窗口。类似标记具有与主控组件相同的模拟行为,可以取代主控组件或被添加至主库中。类似组件标记被加上了不同于主控标记的阴影颜色,不可以修改主库。库资源管理器和类似标记窗口如图6-12所示。

资源管理库和类似标记的窗口如表6-9所示。

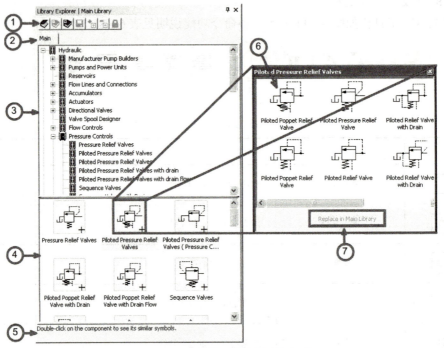

图 6－12 库资源管理器和类似标记窗口

表 6－9 资源管理库和类似标记的窗口

序号	区域	描述
1	工具栏	允许管理、选择并创建库和组件
2	选项卡	允许选择符合用户图表要求的库，以便促进电路的创建。主库选项卡对应于 Automation Studio 的标准库
3	库窗口	允许显示树、选择子组以及专用工作室家族，比如液压、气动，等等。各个库都包含对应的组件
4	组件窗口	允许显示并选择建立电路所必需的组件
5	消息区	显示是否有使用类似标记的可能
6	类似组件窗口	此窗口允许显示并选择组件以便创建电路
7	替换	"替换"按钮允许在主库中取代显示的组件

（1）"库资源管理器"工具栏

图表编辑器中的"库资源管理器"工具栏如图 6－13 所示，各命令功能说明见表 6－10。

图 6－13 "库资源管理器"工具栏

表6-10 Automation Studio "库资源管理器"工具栏命令说明

图标	命令	说明
	打开库	打开一个可用库、标准库或一个自定义库
	关闭库	关闭选定的库,无论是标准库还是自定义库,不可关闭主库
	创建库	创建一个基于项目要求的自定义库
	保存库	保存选定的基于项目要求的自定义库
	创建类别	创建一个可根据项目要求定制的自定义库中的组件类别
	删除类别	删除一个自定义库中的组件类别。仅由用户创建的类别可以被删除,Automation Studio 提供的类别不可以被删除
	锁定/解锁	锁定/解锁一个由密码保护的库,以防止意外删除

（2）快捷方式菜单——库窗口

个性化库窗口中具有快捷方式菜单,作用与工具栏相同,图6-14所示为快捷方式菜单——库窗口。

（3）快捷方式菜单——组件窗口

库组件窗口可提供快捷方式菜单,允许用户修改图标的大小。同时,这个快捷方式菜单允许打开一个包含类似标记的次级窗口并移除从类似标记窗口添加到主库中的标记。图6-15所示为快捷方式菜单——组件窗口。

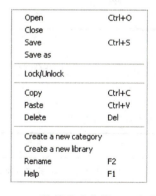

图6-14 快捷方式菜单——库窗口   图6-15 快捷方式菜单——组件窗口

3. 项目资源管理器

项目资源管理器控制所有与已经打开的项目以及其文档的管理相关的功能。与选定文档相关的快捷方式菜单使创建、显示、保存、导入/导出、发送、模拟文档以及全部和部分打印文档成为可能。图6-16所示为"项目资源管理器"窗口。

项目资源管理器允许用户从项目树中选择元素,并在选定元素上执行操作（打印、复制、重命名,等等）。为了将软件的优势发挥到极致,强烈建议使用主窗口中的"文件"菜单管理项目或文件,使用项目资源管理器中的快捷方式菜单管理文档。

4. 变量管理

当一个组件被置于图表上时,一个或多个与组件行为相关的变量被自动创建。变量管理器提供过滤、修改、查看和连接包含在激活的 OPC 项目中的所有变量。它也允许用户创建并删除内部变量。这些变量不可以直接连接到组件。如果变量赋值由群组的发送器和接收器完成,则这些赋值在用户复制群组的时候被保存,并将其发送至库或者从库里的图表中插入。它允许用户创建个性化的具有所需赋值的库。

图 6-16 "项目资源管理器"窗口

(1) 变量管理器

"变量管理器"的打开方式有多种,选择"显示"菜单→"变量管理器",或按 [F12] 键,或单击"变量管理器"图标,其窗口如图 6-17 所示。

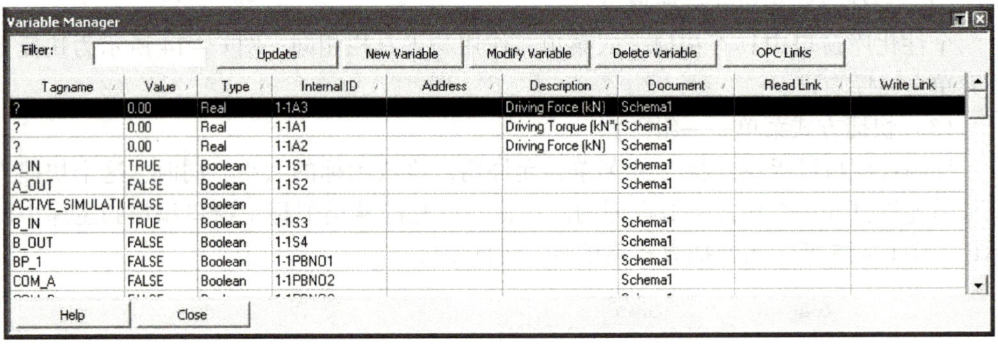

图 6-17 "变量管理器"窗口

右键单击选定的变量,将显示切换到图表中的相关组件,其组件功能如表 6-11 所示。

表 6-11 Automation Studio "变量管理器"命令说明

区域	说明
过滤器	基于特定字符链整理变量。整理并显示具有包含过滤器中定义的字符链的记忆存储器的变量
更新	在编辑模式,在增添或删除内部变量或组件后刷新变量列表。在模拟模式,允许用户更新变量的值
新建变量	创建一个新的内部变量
修改变量	修改变量的属性
删除变量	删除一个内部变量。不允许删除组件变量,若要删除一个组件变量,则组件本身也应从图表中删除

续表

区域	说明
OPC 链接	打开用于创建到 OPC 项目的读取/写入链接的对话框
标签名称	显示变量标签名称
值	显示变量值
类型	显示变量类型
内部 ID	显示变量内部 ID
地址	显示变量地址
说明	显示变量值
文档	显示变量链接的文档。若无显示内容,则此变量为全局变量
读取链接	显示相关的变量链接
写入链接	显示相关的变量写入链接
帮助	打开帮助
关闭	关闭变量管理器窗口

(2)添加变量

使用"添加变量"对话框创建内部变量,如图 6-18 所示。

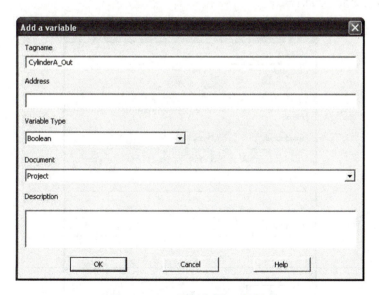

图 6-18 "添加变量"对话框

对于组成"添加变量"对话框的字段的说明,具体见表 6-12。

表6-12 Automation Studio "添加变量" 对话框命令说明

字段	说明
标签名称	显示变量的标签名称，并在字段不为灰色的状态时允许对此标签名称进行修改。变量的标签名称不能包含空格，且必须以字母或数字开头，至少必须包含一个字母。标签名称对于项目或基于变量的全局或局部链接的文档必须是唯一的，不可使用保留名（ABS，SQR，等等）
地址	如果是PLC变量，则允许用户键入变量地址
变量类型	该下拉列表允许选择以下类型中的一种变量： 通用布尔型； 整数类型（32位）； 浮点类型（32位）
文档	该下拉列表允许用户明确变量是当前项目的全局变量还是某个文档的局部变量： 项目（全局）； 图表名称（局部用于图表或者SFC）
说明	允许用户键入与变量相关的注释

添加内部变量的程序：可以单击"新建变量"按钮（"变量管理器"窗口中或者"SFC组件属性"对话框的阶梯上），填充各个字段，最后单击"确定"按钮。

（3）修改变量

只有发送器/接收器组件变量可以被修改。接收组件的变量字段为灰色。图6-19所示为"修改变量"对话框。

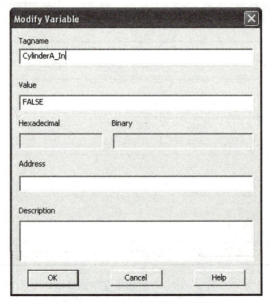

图6-19 "修改变量"对话框

对于"修改变量"对话框中可用字段的说明，具体见表6-13。

表6-13 Automation Studio "修改变量"对话框命令说明

字段	说明
标签名称	显示变量的标签名称并在字段不为灰色时允许其被修改
值	允许用户为变量键入一个初始值
十六进制/二进制	允许用户将整数转化为十六进制和二进制数
地址	若为PLC变量，则允许用户键入变量地址
说明	显示与变量相关的注解

修改内部变量的程序：

选定希望修改的变量并单击"修改变量"按钮或者双击包含变量的行，"修改变量"对话框打开。修改字段，单击"确定"按钮，"修改变量"对话框关闭，新的属性被保存和更新，出现修改变量的所有图表也被随之更新，可以修改变量的从属文档的链接。在"变量管理器"中，若双击变量行，则可以在模拟中直接修改全局或局部变量。

①对变量进行排序。

单击表中的标题栏，栏中的变量即按字母顺序进行排序；再次单击同一表中的标题栏，变量的顺序将被颠倒。

②对变量进行过滤。

对变量进行过滤，在"变量管理器"中，可以显示包含精确信息且具有说明字段的变量。在"过滤"字段中键入一个字符串，这个字符串必须以字母或数字开头，必须包含至少两个字符，其中之一必须是字母，不能包含空格，只有包含这个字符串的变量才会在表中显示。

③在模拟模式中监控变量值。

用户有时可能会发现电路的行为并不符合预期，为了解决这个问题，则可以通过变量管理器获取变量的状态或值（如果模拟也无济于事），然后便可确定异常的组件和变量。

如何查看变量的值：

a. 启动模拟；

b. 如有必要的话，可对变量进行过滤并排序；

c. 如有必要的话，可调整变量管理器窗口的大小；

d. 单击"更新"按钮刷新变量值。

只有变量才能被发送或接收，可以在变量管理器中查看其他变量（压力、流速等）。

5. 回路图创建示例

①打开AS软件，选择"File"下的"New Project..."选项，打开工作界面，如图6-20所示。

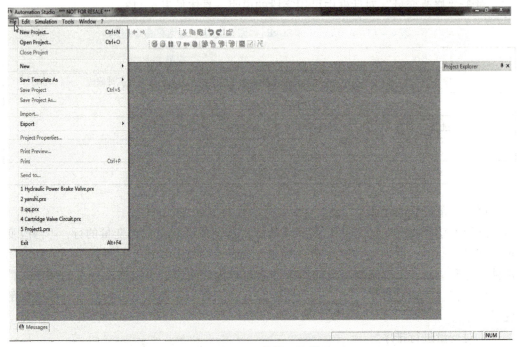

图 6-20 AS 软件工作界面

②在弹出的窗口中选择页面类型，这里选择为"None"，单击"确定"按钮，创建空白页面，如图 6-21 所示。

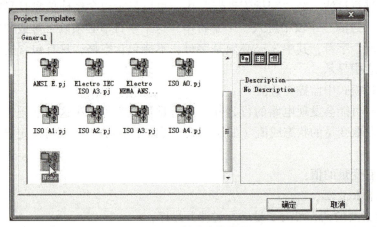

图 6-21 创建空白页面

③单击"Library Explorer"里的"Hydraulic"标签，显示如图 6-22 所示选择元件库界面。

④在元件列表里选择元件并拖放到编辑区，界面如图 6-23 所示。

⑤依次在元件列表里找到元件并拖放到编辑区，调整位置，如图 6-24 所示。

⑥将鼠标放置到元件连接端口创建连线，如图 6-25 所示。注意：连接到元件端口后要双击鼠标左键完成连线绘制。

项目六　出料装置电气-气动系统调试

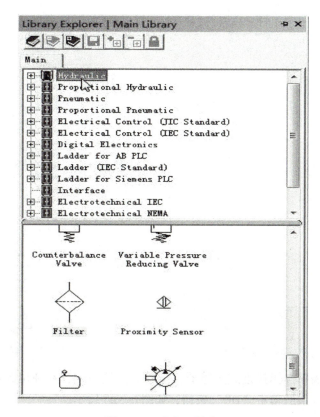

图 6-22　选择元件库

图 6-23　拖放元件

· 237 ·

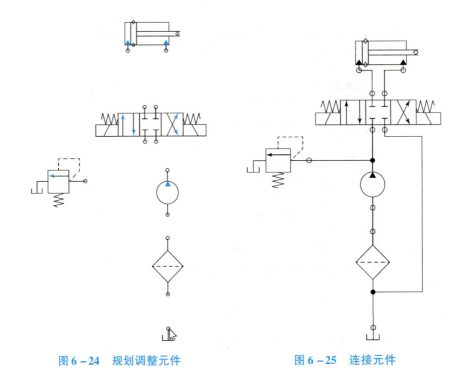

图 6-24 规划调整元件　　　　图 6-25 连接元件

⑦在元件列表中选择接近式传感器，拖放到图纸当中，在弹出的窗口中输入元件名称，定义变量，最后单击"OK"按钮，如图 6-26 所示。

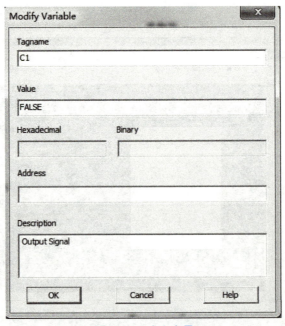

图 6-26 定义变量

⑧在原理图中选中接近式传感器，按住鼠标左键拖放到如图 6-27 所示位置。

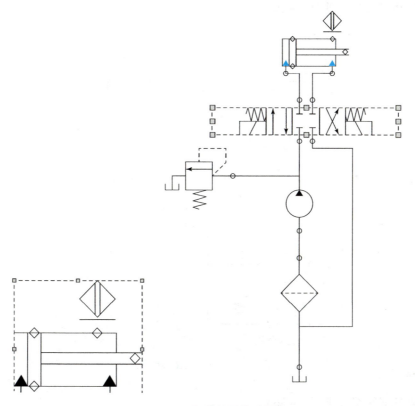

图 6-27 添加位置传感器

三、项目实施

（一）系统原理图

1. 位移—步进图（见图 6-28）

中专生成了自动化"专家"

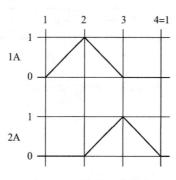

图 6-28 位移—步进图

2. 气动回路图（见图 6-29）

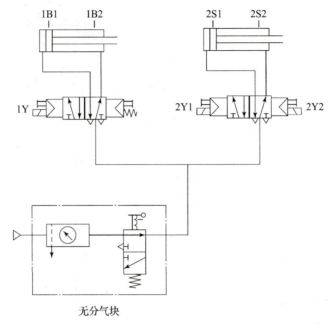

图 6-29　气动回路参照图

3. 电气回路图（见图 6-30）

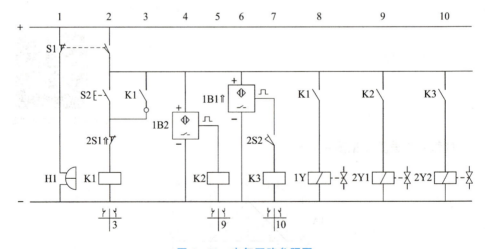

图 6-30　电气回路参照图

（二）实施方案

1. 操作步骤

当进行实际练习时，用电信号输入单元的闭锁按钮代替行程开关 S1。

①料仓空：当按钮 S1 没有被触发时，指示灯 H1 关闭，主回路被关闭。

②料仓满：当按钮 S1 被触发后，指示灯 H1 接通，主回路接通。

步骤 1：

按下按钮 S2 后，电气回路中的继电器 K1 闭合，当松开按钮 S2 后，继电器 K1 保持闭合。在带有触点 K1（23，24）的回路中，线圈 1Y1 闭合，二位五通电磁阀被触发，气缸 1A 的活塞杆前进到末端位置，并触发传感器 1B2。

步骤 2：

电气回路中的继电器 K2 闭合，线圈 2Y1 闭合，二位五通双电控电磁阀被触发，气缸 2A 的活塞杆前进到末端位置，并触发行程开关 2S2。当气缸离开末端位置时，继电器 K1 打开，线圈 1Y1 打开，二位五通电磁阀回到初始位置，气缸 1A 的活塞杆返回到末端位置并触发传感器 1B1。

步骤 3：

当气缸离开前进的末端位置后，继电器 K2 打开，电气回路中的线圈 2Y1 也打开，继电器 K3 闭合，线圈 2Y2 闭合，二位五通双电控电磁阀回到初始位置，气缸 2A 的活塞杆返回到末端位置，继电器 K3 打开，线圈 2Y2 也打开。

2. 回路与元件

（1）气动回路系统原理及元件图（见图 6-31）

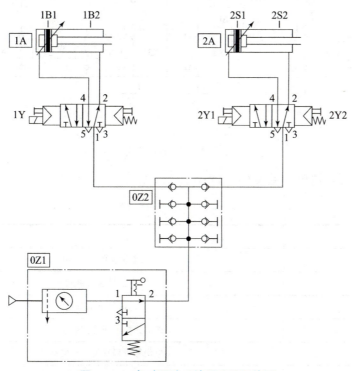

图 6-31　气动回路系统原理及元件图

注：数字为各气动元件接口；1B1、1B2 和 2S1、2S2 分别为左右气缸的左右极限位置；
　　0Z1 为过滤调压组件，0Z2 为分气块

(2) 气动元件清单（见表6-14）

表6-14 气动元件清单

数量	名称
2	双作用气缸
1	过滤调压组件（二联件）
1	分气块
1	二位五通单电控电磁阀
1	二位五通双电控电磁阀

(3) 电气接线图（见图6-32）

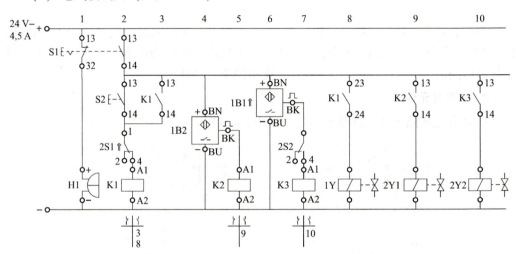

图6-32 电气接线图

注：圆圈表示元件的接线柱

(4) 电气元件清单（见表6-15）

表6-15 电气元件清单

数量	名称
1	继电器单元，3组
1	电信号输入单元
2	电信号指示单元
2	磁电式接近开关，带固定件
1	电信号行程开关，左接触式
1	电信号行程开关，右接触式
1	导线组
1	电源，24 V

四、习题巩固

①自动线运行中气动技术常与哪几种技术联合使用？
②举两种电—气动在其他自动线中的应用案例，并说明其工作流程。

附录 （FESTO 实训台元件库）

一、气动元件列表

编号	名称	订货号	实物图	型号	参数
1	二位三通按键式手动阀，常开	152861		TP101，BIBB－P	结构：座阀，直动式，弹簧复位；压力范围：0～800 kPa (0~8 bar)；额定流量：60 L/min
2	二位五通旋钮式换向阀	152862		TP101，BIBB－P	二位五通阀，由旋钮式开关控制。松开旋钮时，实验回路保持当时的状态；结构：座阀，直动式，弹簧复位；压力范围：0～800 kPa (0~8 bar)；额定流量：60 L/min
3	二位三通按钮式手动阀	152863		TP102	二位三通阀，由旋钮开关控制。松开旋钮时，实验回路保持当时状态，将旋钮旋至常规位置时，阀通过复位弹簧复位；结构：座阀，直动式，弹簧复位；压力范围：0～800 kPa (0~8 bar)；额定流量：60 L/min

续表

编号	名称	订货号	实物图	型号	参数
4	二位三通滚轮杠杆阀，常闭	152866		TP101，TP102，BIBB－P	压下杠杆（如通过气缸凸轮）可以驱动滚轮杠杆阀动作。当松开滚轮杠杆时，阀通过复位弹簧复位；结构：提升阀，直动式，单向，弹簧复位；压力范围：0～800 kPa（0～8 bar）；额定流量：80 L/min
5	接近开关，带气缸固定件	539775		TP201（from2005）	二位三通阀（常闭、磁控），安装方式使用快速推拉连接
6	延时阀	540694		TP101，BIBB－P（from2005），TP102	气动定时器，两阀口通过预设延迟时间接通
7	压力开关阀	152884		TP101，BIBB－P	结构：座阀，弹簧复位；工作压力范围：180～800 kPa（1.8～8 bar）；控制压力范围：100～800 kPa（1～8 bar）；额定流量：100 L/min

续表

编号	名称	订货号	实物图	型号	参数
8	二位三通单向气控阀	539768		TP101，TP102	标准阀（2005 年标准）
9	二位五通单向气控阀	538694		TP101，TP102，BIBB－P	标准阀（2005 年标准）
10	二位五通换向阀，双气控，先导式	538705		TP101，TP102，BIBB－P	标准阀（2005 年标准）
11	梭阀，或逻辑	539771		TP101，TP102，BIBB－P，TP111（from2005）	设计：阀门、门（航天飞机）； 压力范围：100～1 000 kPa（1～10 bar）； 公称流量：500 L/min
12	双压阀，与逻辑	539770		TP101，BIBB－P（from2005）	阀具有与逻辑功能，即只有在两个输入口都有信号，输出口才有信号； 结构：与门（双压阀）； 压力范围：100～1 000 kPa（1～10 bar）

续表

编号	名称	订货号	实物图	型号	参数
13	快速排气阀	539772		TP101，BIBB – P（从 2005 年开始）	结构：座阀；压力范围：50 ~ 1 000 kPa（0.5 ~ 10 bar）；额定流量：300 L/min
14	单向节流阀	193967		TP101，TP102，TP201，BIBB – P，TP111，FP1130（从 2005 年开始）	结构：单向节流阀；压力范围：20 ~ 1 000 kPa（0.2 ~ 10 bar）；额定流量：控制方向为 0 ~ 85 L/min，非控制方向为 100 ~ 110 L/min
15	单作用气缸	152887		TP101，BIBB – P，TP201，TP301	结构：活塞缸；最大工作压力：1 000 kPa（10 bar）；最大行程：50 mm；600 kPa（6 bar）时推力：150 N；最小弹簧回复力：13.5 N
16	双作用气缸	152888		TP101，BIBB – P，TP201，BIBB – EP，TP301	结构：活塞缸；最大工作压力：1 000 kPa（10 bar）；最大行程：100 mm；600 kPa（6 bar）时推力：165 N；600 kPa（6 bar）时回程推力：140 N
17	过滤调压组件	540691		TP101，BIBB – P，TP201，TP301（从 2005 年开始）	结构：带冷凝器的烧结过滤器柱塞控制阀；标准流量：120 L/min；调压范围：50 ~ 700 kPa（0.5 ~ 7 bar）；过滤等级：40 μm；接头：G1/8，QS – 6，用于气管 PUN6 × 1

续表

编号	名称	订货号	实物图	型号	参数
18	调压阀，带表	539756		TP101，BIBB－P（从2005年开始）	DMICRO 系列，尺寸更加完善
19	压力表	152865		TP101，BIBB－P，TP11	结构：管状弹簧；量程：0～1 000 kPa（0～10 bar）；精度等级：1.6
20	分气块	152896		TP101，BIBB－P，TP201，TP111，TP301	分气块含有8个带自锁功能的单向阀。一个常规分气块（QS－6用于气管 PUN6×1）允许通过8个分气口（QS－4用于气管 PUN4×0.75）向控制回路供气。接头：G1/8
21	气管	151496		TP201，TP111，FP1130，TP301 TP101，TP102，BIBB－P	PUN4×0.75：外径：4 mm；内径：2.6 mm。PUN3×0.5：外径：3 mm；内径：2.1 mm。PUN6×1

附录　（FESTO 实训台元件库）

二、电动元件列表

编号	名称	订货号	实物图	型号	参数
1	电信号开关单元	162242		TP 201，TP 202，BIBB－EP，TP 111，TP 601，TP 701，TP 301	触点：2 组常开，2 组常闭；触点允许电流：最大 1 A；功率消耗（灯泡）：0.48 W
2	继电器单元，三组	162241		TP 201，TP 202，BIBB－EP，TP 601，TP 602，TP 701，TP 702	触点：4 个转换触点；触点允许电流：最大 5 A；断开功率：最大 90 W；吸合时间：10 ms；断开时间：8 ms
3	限位开关电器，左接触式	183322		可能接触载荷，最大值：5 m	该微动开关可用作常开触点、常闭触点或转换开关
4	电信号行程开关，右接触式	183345		TP 201	该电信号行程开关由一个机械式微动开关组成。例如当气缸的控制凸轮将滚动杠杆压下时，微动开关被触发，通过触点的连接可以确定电路的打开或闭合。该微动开关可用作常开触点、常闭触点或转换开关

续表

编号	名称	订货号	实物图	型号	参数
5	近程传感器、光学、M12	572744		近程传感器对极性逆转与保护、过载、短路	M12 设计 LED；可 360°旋转，每 15°一个位置；通过 4 mm 快速接头接入系统；电源：10～30 V 直流电源；常开
6	电磁式接近开关，带固定件	540695		TP 201，BIBB-EP，TP 301（2005 年后产品）	电磁式接近开关，具有短路保护及错误连接保护功能
7	压力传感器显示	572745		相对硅压阻式压力传感器与 LCD 显示器，可自由设定切换函数，采集数据直接测量，模拟量输出可调	可 360°旋转，每 15°一个位置；通过 4 mm 快速接头接入系统；电源：15～30 V 的直流电；开关量输出 PNP；模拟量输出：0～10 V 交流电

附录 （FESTO 实训台元件库）

三、FESTO 液压系统元件柜布置图

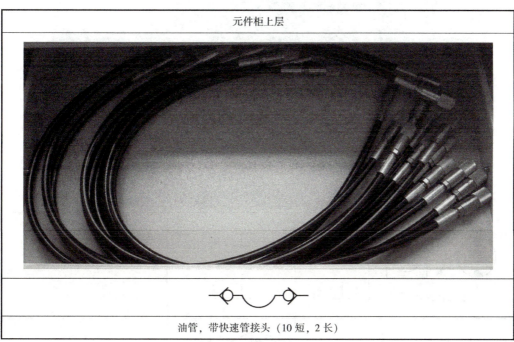

油管，带快速管接头（10 短，2 长）

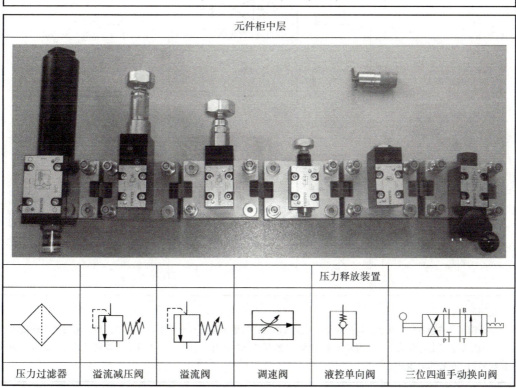

				压力释放装置		
压力过滤器	溢流减压阀	溢流阀	调速阀	液控单向阀		三位四通手动换向阀

· 251 ·

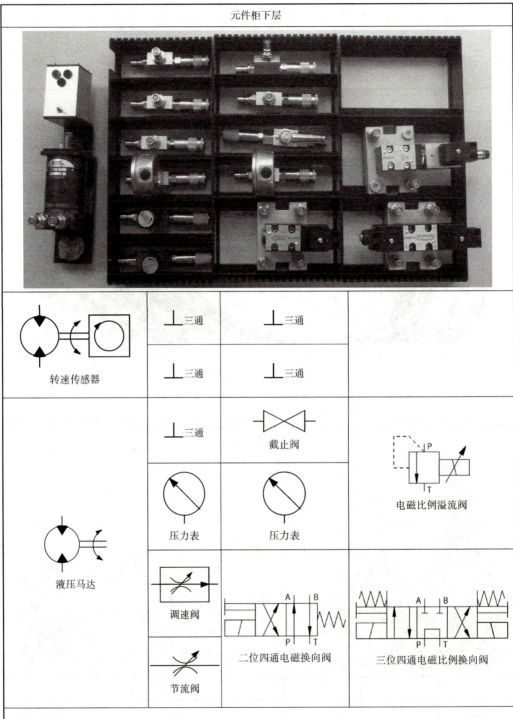

使用须知：
请按图示元件所占位置摆放；请擦除元件及盒内油渍；请按示范及资料介绍使用元件；如果出现接头插接困难，勿用猛力或斜向用力，可考虑先用压力释放装置释放元件内压力，接头与油管呈直线轻轻推入；加压后如出现漏油，应停机并报告老师

四、FESTO 气动元件柜布置图

元件柜最上层,主要以气动元件为主

· 253 ·

续表

二位五通换向阀，带锁定	滚轮杠杆阀，常闭式		滚轮杠杆阀，常闭式
二位三通按钮阀，常开式	滚轮杠杆阀，常闭式		单向滚轮杠杆阀，常闭式
二位三通按钮阀，常闭式	分气块	压力表	压力表
二位三通按钮阀，常闭式	延时阀，常闭式	带压力表的减压阀	压力表
	三通	三通	三通
二位三通按钮阀，常闭式			压力顺序阀
二位三通按钮阀，常闭式			双压阀
二位三通按钮阀，常闭式	梭阀	双压阀	双压阀
二位三通按钮阀，常闭式	梭阀	双压阀	双压阀
快速排气阀	两个可调单向节流阀	两个可调单向节流阀	两个可调单向节流阀
二联件		双气控二位五通	
单气控二位五通，弹簧复位	双气控二位五通	双气控二位五通	

附录 （FESTO 实训台元件库）

元件柜中间层，主要以电气气动元件为主

续表

		双作用气缸
		双作用气缸
		单作用气缸
带显示器的压力传感器	行程开关	行程开关
导线放置在本格内	注意梳理好导线	
三位五通电磁换向阀	单电控双二位三通阀，常开式，弹簧复位	单电控双二位三通阀，常开式，弹簧复位
二位五通电磁换向阀	单电控二位三通阀，常开式，弹簧复位	单电控二位三通阀，常开式，弹簧复位

附录 （FESTO 实训台元件库）

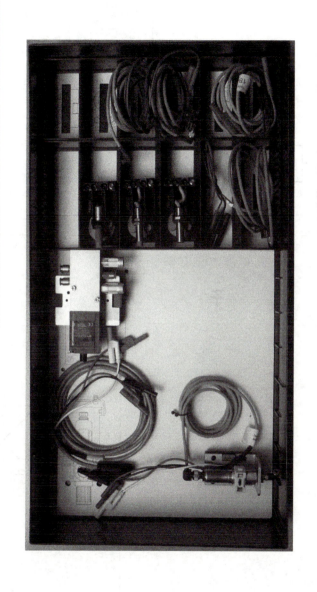

元件柜最下层，主要以传感器元件为主

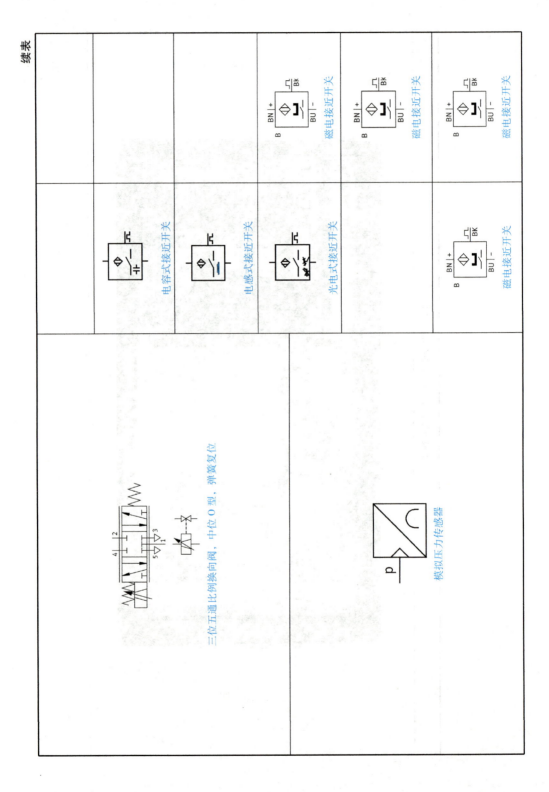

152860

3/2 – way valve with pushbutton actuator, normally closed

二位三通按钮阀，常闭

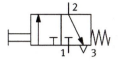

Design

The 3/2 – way valve with pushbutton actuator, normally closed is assembled in a polymer housing. The unit is mounted on the profile plate via a quick release detent system with blue lever（mounting alternative "A"）.

设计

二位三通阀装有按钮，常闭，组装在塑料盒体中。该单元通过带有蓝色手柄的快速释放扣紧装置安装于型材工作台面上（安装方案"A"）。

Function

The valve is actuated by pressing the pushbutton. Releasing of the pushbutton returns the valve to the normal position via a return spring.

功能

压下按钮，阀接通。释放按钮，通过回位弹簧作用，阀返回到正常位置。

Technical data		技术参数	
Pneumatic		气动	
Medium	Compressed air, filtered（lubricated or unlubricated）（or vacuum; port 1）	介质	压缩空气（润滑式过滤或非润滑式过滤）（或真空，孔1）
Design	Poppet valve, directly actuated on one side, with return spring	设计	提动阀，一侧直接驱动，弹簧回位
Actuation	Pushbutton	驱动方式	按钮
Pressure range	－90 to 800 kPa（－0.90 to 8 bar）	压力范围	－90～800 kPa（－0.90～8 bar）
Standard nominal flow rate 1…2	60 L/min	标准额定流量	60 L/min
Actuating force at 600 kPa（6 bar）	6 N	600 kPa（6 bar）时驱动力	6 N
Connection	QSM－4 fittings for plastic tubing PUN 4×0.75	连接管	QSML－4 配件为塑料管材 PUN4×0.75

152861

3/2 – way valve with pushbutton actuator, normally open

二位三通按钮阀，常开

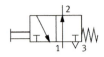

Design

The 3/2 – way valve with plug – in connections is assembled in a plastic housing. The unit is mounted on the profile plate via a quick release detent system with blue lever (mounting alternative "A").

设计

　　二位三通阀装有按钮，常闭，组装在塑料盒体中。该单元通过带有蓝色手柄的快速释放扣紧装置安装于型材工作台面上（安装方案"A"）。

Function

The valve is actuated by pressing the pushbutton. Releasing of the pushbutton returns the valve to the normal position via a return spring.

功能

　　压下按钮，阀换向接通气路。释放按钮，通过回位弹簧作用，阀返回到正常位置。

Technical data	
Pneumatic	
Medium	Compressed air, filtered (lubricated or unlubricated) (or vacuum; port 1)
Design	Poppet valve, directly actuated on one side, with return spring
Actuation	Pushbutton
Pressure range	– 90 to 800 kPa (– 0.90 to 8 bar)
Standard nominal flow rate 1…2	60 L/min
Actuating force at 600 kPa (6 bar)	6 N
Connection	QSM – 4 fittings for plastic tubing PUN 4 × 0.75

技术参数	
气动	
介质	压缩空气（润滑式过滤或非润滑式过滤）（或真空，孔1）
设计	提动阀，一侧直接驱动，弹簧回位
驱动方式	按钮
压力范围	– 90 ~ 800 kPa (– 0.90 ~ 8 bar)
标准额定流量	60 L/min
600 kPa (6 bar) 时驱动力	6 N
连接管	QSML – 4 配件为塑料管材 PUN4 × 0.75

152862

5/2 – way valve with selector switch

152862 二位五通旋钮阀

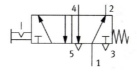

Design

The 5/2 – way valve with selector switch, is assembled in a polymer housing. The unit is mounted on the profile plate via a quick release detent system with blue lever (mounting alternative "A").

Function

The 5/2 – Way valve is actuated by turning the selector switch. The switching status is maintained after the selector switch has been released. If the selector switch is reversed, the valve resumes its normal position via the return spring.

设计

二位五通阀装有旋钮，组装在塑料盒体中。该单元通过带有蓝色手柄的快速释放扣紧装置安装于型材工作台面上（安装方案"A"）。

功能

二位五通阀通过转动选择开关，保持开关状态选择开关后已被释放。如果选择开关反转，则通过回位弹簧，阀门恢复其正常位置。

Technical data	
Pneumatic	
Medium	Compressed air, filtered (lubricated or unlubricated) (or vacuum; port 1)
Design	Poppet valve, directly actuated on one side, with return spring
Actuation	Selector switch
Pressure range	−90 to 800 kPa (−0.90 to 8 bar)
Standard nominal flow rate 1...2	60 L/min
Actuating force at 600 kPa (6 bar)	6 N
Connection	QSM – 4 fittings for plastic tubing PUN 4 × 0.75

技术参数	
气动	
介质	压缩空气（润滑式过滤或非润滑式过滤）（或真空，孔1）
设计	提动阀，一侧直接驱动，弹簧回位
驱动方式	选择开关
压力范围	−90 ~ 800 kPa（−0.90 ~ 8 bar）
标准额定流量	60 L/min
驱动力在 600 kPa（6 bar）	6 N
连接管	QSML – 4 配件为塑料管材 PUN4 × 0.75

152865

Pressure gauge

压力表

Design

The pressure gauge is screwed to the function plate which is fitted with two directly linked push – in fittings. The unit is mounted on the profile plate via a quick release detent system with the blue lever, (mounting alternative "A").

设计

　　压力表通过螺钉安装在功能底座上，功能底座装有两个并列挂钩。该单元通过带有蓝色手柄的快速释放扣紧装置安装于型材工作台面上（安装方案"A"）。

Function

The pressure gauge indicates the pressure in a pneumatic control system.

功能

　　压力表显示气动控制系统的压力。

Note

During continuous operation the pressure gauge must only be loaded to 75 % of maximum scale reading, and in the case of an alternating load, 66 % of maximum scale reading.

注意

　　在连续运行时，压力表承压为最大刻度读数的75%，在交变载荷时承压为最大刻度读数的66%。

Technical data	
Pneumatic	
Medium	Compressed air, filtered (lubricated or unlubricated)
Design	Bourdon tube pressure gauge
Indicating range	0 to 1 000 kPa (0 to 10 bar)
Connection	QSM – M5 – 4 fitting for plastic tubing PUN 4 × 0.75
Quality grade	2.5

技术参数	
气动	
介质	压缩空气（润滑式过滤或非润滑式过滤）
设计	波登管压力表
指示范围	0 ~ 1 000 kPa (0 ~ 10 bar)
连接管	QSM – M5 – 4 配件塑料管材 PUN4 × 0.75
质量等级	2.5

539756 (152895)

Pressure regulator with pressure gauge

带压力表的调压阀

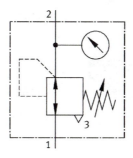

Design
The pressure regulator with pressure gauge and push – in elbow fittings is screwed on to a function plate. The unit is slotted into the profile plate via a quick release detent system with blue levers (mounting alternative "A").

Function
The pressure regulator adjusts the supply of compressed air to the operating pressure and compensates any pressure fluctuations. The direction of flow is indicated by arrows on the housing. The pressure gauge indicates the pressure set.

Note
The pressure regulator is fitted with an adjusting knob, which can be turned to set the required pressure. By sliding the adjusting knob towards the housing, the setting can be locked

设计
调压阀装有压力表和快插式弯管接头，通过螺钉安装在通用底座上。该单元通过带有蓝色手柄的快速释放扣紧装置顺槽安装于型材工作台面上。（安装方案"A"）。

功能
调压阀调节压缩空气到工作压力，补偿任何压力波动。气流的方向由阀体上的箭头表示。压力表显示压力设置。

注意
压力调节器装有一个调节旋钮，可以调至所需压力。向阀体推下调节旋钮，锁定调节数值。

Technical data	
Pneumatic	
Medium	Compressed air, filtered (lubricated or unlubricated)
Design	Diaphragm control valve
Standard nominal flow rate *	800 L/min
Upstream pressure max.	1 600 kPa (16 bar)
Operating pressure max.	1 200 kPa (12 bar)
Connection	QSL – 1/8 – 4 for plastic tubing PUN 4 ×0.75

技术参数	
气动	
介质	压缩空气（润滑式过滤或非润滑式过滤）
设计	膜式控制阀
标准额定流量	800 L/min
最大输入压力	1 600 kPa (16 bar)
最大工作压力	1 200 kPa (12 bar)
连接管	QSM – 1/8 – 4 塑料管 PUN4 ×0.75

152866

3/2 – way roller lever valve, normally closed　　二位三通滚轮杠杆阀，常闭

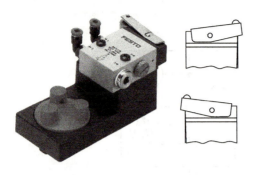
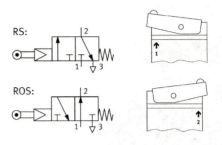

Design

The 3/2 – way roller lever valve with push – in elbow fittings is screwed onto a polymer base the unit is mounted on the profile plate via a rotary detent system with blue triple grip nut (mounting alternative "B").

Function

The valve is actuated by pressing the roller lever e. g. by means of cylinder trip cam. The valve is returned to the normal position via return spring after release of the roller lever.

Modification

This valve can be changed from "normally closed" (RS valve type) to "normally open" (ROS valve type).
Normally closed (RS valve type)
Actuator attachment at the left
(number 2 on the actuator attachment above number 1 on housing)
Normally open (ROS valve type)
Actuator attachment at the right
(number 2 on the actuator attachment above number 2 on housing)

设计

二位三通滚轮杠杆阀装有快插弯管接头，用螺钉安装在一个塑料底座上，本单元通过带有蓝色三爪螺母的旋转扣紧系统，安装在型材工作台面上（安装方案"B"）。

功能

压下滚轮杠杆，如气缸行程凸轮的压下动作，阀就换向接通气路。当滚轮杠杆释放后，通过回位弹簧作用，阀返回到正常位置。

修改

这个阀门可以从"常闭"（RS阀门类型）改变到"常开"（ROS阀门类型）。
　　常闭（RS阀门类型）：执行机构附件在左边（执行器附件上的数字2位于阀体上数字1的上方）。
　　常开（ROS阀门类型）：执行机构附件在右边（执行器附件上的数字2位于阀体上数字1的上方）。

Technical data		技术参数	
Pneumatic		气动	
Medium	Compressed air, filtered (lubricated or unlubricated)	介质	压缩空气（润滑式过滤或非润滑式过滤）
Design	Poppet valve, directly actuated on one side, with return spring	设计	提动阀，一侧直接驱动，弹簧回位
Pressure range	350 to 800 kPa (3.5 to 8 bar)	压力范围	350~800 kPa (3.5~8 bar)

Standard nominal flow rate 1...2	120 L/min
Actuating force at 600 kPa (6 bar)	1.8 N
Connection	QSML－1/8－4 fittings for plastic tubing PUN 4×0.75

标准额定流量	120 L/min
600 kPa（6 bar）时需驱动力	1.8 N
连接管	QSML－1/8－4 塑料管 PUN4×0.75

152867
3/2 – way roller lever valve with idle return, normally closed

152867 单向二位三通滚轮杠杆阀，常闭

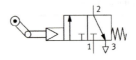

Design

The 3/2 – way roller lever valve with idle return and push – in elbow fittings is screwed onto a plastic base, the unit is mounted on the profile plate via a rotary detent system with blue triple grip nut (mounting alternative "B").

Function

The valve is actuated when the trip roller has been traversed by a cylinder trip cam passing in the positive direction. The valve is returned to the normal position via a return spring after the trip roller has been released. The trip roller flips down when traversed in the opposite direction.

设计

　　二位三通滚轮杠杆阀，装有单向作用头和快插弯管接头，用螺钉安装在一个塑料底座上，本单元通过带有蓝色三爪螺母的旋转的扣紧系统，安装在型材工作台面上（安装方案"B"）。

功能

　　当气缸的行程凸轮正方向经过阀时，越过行程辊，阀接通，滚轮杠杆释放后，通过回位弹簧作用阀返回到正常位置，当从相反的方向经过时，行程辊翻转向下。

Technical data	
Pneumatic	
Medium	Compressed air, filtered (lubricated or unlubricated)
Design	Poppet valve, directly actuated on one side, with return spring
Pressure range	350 to 800 kPa (3.5 to 8 bar)
Standard nominal flow rate 1…2	120 L/min
Actuating force at 600 kPa (6 bar)	12.5 N
Connection	QSML – 1/8 – 4 fittings for plastic tubing PUN 4 × 0.75

技术参数	
气动	
介质	压缩空气（润滑式过滤或非润滑式过滤）
设计	提动阀，一侧直接驱动，弹簧回位
压力范围	350~800 kPa (3.5~8 bar)
标准额定流量	120 L/min
驱动力在 600 kPa (6 bar)	12.5 N
连接管	QSML – 1/8 – 4 配件为塑料管材 PUN4 × 0.75

152884

Pressure sequence valve

顺序阀

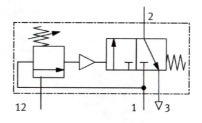

Design

The pressure sequence valve is screwed on to a function plates, which includes the required push – in fittings. The unit is mounted on the profile plate via a quick release detent system with blue lever (mounting alternative "A").

设计

双压阀装有快插式接头，组装在功能底座。该单元通过带有蓝色手柄的快速释放扣紧装置安装于型材工作台面上（安装方案"A"）。

Function

The pressure sequence valve (sequence valve) is reversed once the pilot pressure has been reached at port 12, and switched to the initial position via return spring after the signal has been removed. The pressure of the control signal is infinitely adjustable by means of a pressure adjustment screw.

功能

一旦12端口先导压力达到设置值，压力顺序阀（顺序阀）可以接通，泄压后通过回位弹簧的作用切换到初始位置。控制信号的压力通过压力调整螺钉调节。

Technical data	
Pneumatic	
Medium	Compressed air, filtered (lubricated or unlubricated)
Design	Poppet valve with return spring
Operating pressure range	180 to 800 kPa (1.8 to 8 bar)
Pilot pressure range	100 to 800 kPa (1 to 8 bar)
Standard nominal flow rate 1...2	100 L/min
Connection	QSM – M5 – 4 – I fittings for plastic tubing PUN 4 ×0.75

技术参数	
气动	
介质	压缩空气（润滑式过滤或非润滑式过滤）（或真空，孔1）
设计	提动阀，弹簧回位
工作压力范围	180～800 kPa（1.8～8 bar）
先导压力范围	100～800 kPa（1～8 bar）
标准额定流量	100 L/min
连接管	QSM – M5 – 4 I型配件塑料管材 PUN4 ×0.75

152887

Single – acting cylinder

单作用气缸

Design

The single – acting cylinder with trip cam and push – in fitting is mounted on a plastic retainer. The unit is mounted on the profile plate via quick release detent system with two blue trip grip nuts (mounting alternative "B").

Function

The piston rod of the single – acting cylinder moves into the forward end position through the supply of compressed air. When the compressed air is switched off, the piston is returned to the retracted end position via a return spring.

The magnetic field of a permanent magnet, which is attached to the cylinder piston, actuates the proximity switches.

设计

单作用气缸附带行程凸轮和快插接头，安装在一个塑料底座上。本单元通过带有两个蓝色三爪螺母的、可快速释放的扣紧装置，安装在型材工作台面上（安装方案"B"）。

功能

通过供应压缩空气，单作用气缸的活塞杆移动到前端位置；关闭压缩空气，在回位弹簧的作用下，活塞返回到收缩位置。

附着在气缸活塞上的永磁体的磁场能触发接近开关动作。

Technical data	
Pneumatic	
Medium	Compressed air, filtered (lubricated or unlubricated)
Design	Piston cylinder
Operating pressure max.	1 000 kPa (10 bar)
Piston diameter	8 mm
Max. stroke length	50 mm
Thrust at 600 kPa (6 bar)	139 N
Spring return force	13.6 N
Connection	QS – G1/8 – 4 fittings for plastic tubing PUN 4 ×0.75

技术参数	
气动	
介质	压缩空气（润滑式过滤或非润滑式过滤）
设计	活塞缸
最大工作压力	1 000 kPa (10 bar)
活塞直径	8 mm
最大行程长度	50 mm
600 kPa (6 bar) 时的推力	139 N
弹簧复位力	13.6 N
连接管	QSML – 1/8 – 4 配件为塑料管材 PUN4 ×0.75

152888

Double – acting cylinder

双作用气缸

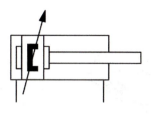

Design

The double – acting cylinder with trip cam and push – in fittings is mounted on a plastic retainer. The unit is mounted on the profile plate via a quick release detent system with two triple grip nuts (mounting alternative "B").

Function

The piston rod of the double – acting cylinder is reversed by means of alternating supply of compressed air. End position cushioning at both ends prevents a sudden impact of the piston on the cylinder housing. The end position cushioning can be adjusted by means of two regulating screws.

The magnetic field of a permanent magnet attached to the cylinder piston actuates the proximity switches.

设计

双作用气缸附带行程凸轮和快插接头，安装在一个塑料底座上。本单元通过带有两个蓝色三爪螺母的、可快速释放的扣紧装置，安装在型材工作台面上（安装方案"B"）。

功能

通过交替供应压缩空气驱动双作用气缸的活塞杆。气缸两端装有端部缓冲装置，能防止活塞对缸体的突然撞击，端部缓冲装置可以通过两个调整螺杆调整。

附着在气缸活塞上的永磁体的磁场能触发接近开关动作。

Technical data	
Pneumatic	
Medium	Compressed air, filtered (lubricated or unlubricated)
Design	Piston cylinder
Operating pressure max.	1 000 kPa (10 bar)
Piston diameter	8 mm
Max. stroke length	100 mm
Thrust at 600 kPa (6 bar)	189 N
Return force at 600 kPa (6 bar)	158 N
Connection	QS – G1/8 – 4 fittings for plastic tubing PUN 4 ×0.75

技术参数	
气动	
介质	压缩空气（润滑式过滤或非润滑式过滤）
设计	活塞缸
最大工作压力	1 000 kPa (10 bar)
活塞直径	8 mm
最大行程长度	100 mm
600 kPa（6 bar）时的推力	189 N
600 kPa（6 bar）时的返回力	158 N
连接管	QSML – 1/8 – 4 配件为塑料管材 PUN4 ×0.75

538694

5/2 – way valve, pneumatically actuated, one side

二位五通单气控换向阀

Design

The 5/2 – way single pilot valve with push – in fittings is screwed onto the function plate, which is equipped with supply port and silencers. The unit is mounted on the profile plate via a quick release detent system with blue lever (mounting alternative "A").

Function

The single pilot valve is actuated by applying pressure at port 14 (Z). When the signal is removed the valve is returned to the normal position via return spring.

设计

二位五通单气控换向阀装有快插式管接头，通过螺钉安装在功能底座上，还装有供气端口和消声器。该单元通过蓝色手柄快速释放的扣紧系统安装在型材工作台面上（安装方案"A"）。

功能

当端口 14（Z）施加气压时，单气控阀接通。当信号移除后，通过回位弹簧阀返回到正常的位置。

Technical data	
Pneumatic	
Medium	Compressed air, filtered (lubricated or unlubricated) or vacuum
Design	Spool valve, directly actuated on one side, with return spring
Control pressure range	300 to 1 000 kPa (3 to 10 bar)
Operating pressure range	– 90 to 1 000 kPa (– 0.9 to 10 bar)
Standard nominal flow rate 1...2	500 L/min
Response time at 600 kPa (6 bar)	On: 8 ms Off: 18 ms
Connection	QS – 1/8 – 4 – I, QSM – M5 – 4 – I fittings for plastic tubing PUN 4 × 0.75

技术参数	
气动	
介质	压缩空气（润滑式过滤或非润滑式过滤）或真空
设计	滑阀，单侧驱动，弹簧回位
控制压力范围	300 ~ 1 000 kPa（3 ~ 10 bar）
工作压力范围	– 90 ~ 1 000 kPa（– 0.9 ~ 10 bar）
标准额定流量	500 L/min
600 kPa 时的切换时间	开：8 ms 关：18 ms
连接管	QS – 1/8 – 4 – I, QSM – M5 – 4 – I 配件塑料管材 PUN4 × 0.75

539769

5/2 – way double pilot valve, pneumatically actuated, both sides

二位五通双气控换向阀

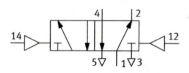

Design

The 5/2 – way double pilot valve with push – in fittings is screwed onto the function plate, which is equipped with supply port and silencers. The unit is mounted on the profile plate via a quick release detent system with blue lever (mounting alternative "A").

Function

The double pilot valve is actuated by applying pneumatic signals alternately to ports 14 and 12. It remains in its last switched position until a counter signal is received.

设计

二位五通双气控换向阀调压阀装有快插式管接头，通过螺钉安装在功能底座上，还装有供气端口和消声器。该单元通过蓝色手柄快速释放的扣紧系统安装在型材工作台面上（安装方案"A"）。

功能

当端口14和12交替施加气压时，双气控阀接通。它会保持最后切通位置，直到反向有气压信号。

Technical data	
Pneumatic	
Medium	Compressed air, filtered (lubricated or unlubricated) or vacuum
Design	Spool valve, directly actuated on both sides
Control pressure range	200 to 1 000 kPa (2 to 10 bar)
Operating pressure range	–90 to 1 000 kPa (–0.9 to 10 bar)
Standard nominal flow rate 1...2, 1...4	500 L/min
Response time at 600 kPa (6 bar)	6 ms
Connection	QS – 1/8 – 4 – I, QSM – M5 – 4 – I fittings for plastic tubing PUN 4×0.75

技术参数	
气动	
介质	压缩空气（润滑式过滤或非润滑式过滤）或真空
设计	滑阀，单侧驱动，弹簧回位
控制压力范围	200～1 000 kPa（3～10 bar）
工作压力范围	–90～1 000 kPa（–0.9～10 bar）
标准额定流量	500 L/min
600 kPa 时的切换时间	6 ms
连接管	QS – 1/8 – 4 – I，QSM – M5 – 4 – I 型配件塑料管材 PUN4×0.75

539778

5/2 – way double solenoid valve with LED

二位五通双电磁换向阀，带 LED

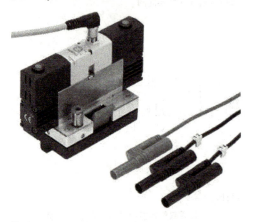

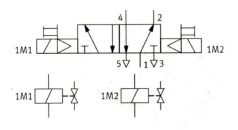

Design

The 5/2 – way double solenoid valve is mounted using push – in fittings onto the function plate, which is equipped with a supply port and silencer. The four electrical connections are equipped with safety connectors. The unit is mounted on the profile plate using a snap – lock system with a blue lever (mounting variant "A").

Function

The double solenoid valve is reversed when voltage is applied to a solenoid coil and remains in this switching position after the signal is removed until an opposed signal is applied. The presence of switching signals is shown by the LEDs in the terminal housings. The valve is equipped with a manual override.

Note

The solenoid coil is characterised by very low power consumption and low heat generation. The electrical connections incorporate protection against incorrect polarity for the LEDs and protective circuits.

设计

二位五通双电磁换向阀安装在功能板上，使用了快插式接头，配备一个气源端口和消声器。电气连接配备了安全插头。本单元通过带蓝色手柄弹簧锁紧系统安装在型材工作台面上（安装方案 "A"）。

功能

当电压施加到某个电磁线圈，双电磁换向阀切换，移除信号后一直保持在这个位置，直到另外一端施加电压信号。通断状态由阀体端部的 LED 显示。该阀配备了手动换向装置。

注意

电磁线圈的特点是功耗和发热量均很低。电气连接包含发光二极管和保护电路的极性保护。

Technical data	
Pneumatic	
Medium	Compressed air, filtered (lubricated or unlubricated)
Design	Spool valve, pilot – actuated
Pressure range	300 to 800 kPa (3 to 8 bar)
Switching time at 600 kPa (6 bar)	15 ms

技术参数	
气动	
介质	压缩空气（润滑式过滤或非润滑式过滤）
设计	滑阀，先导式驱动，弹簧回位
压力范围	300 ~ 800 kPa (3 ~ 8 bar)
600 kPa 时的切换时间	15 ms

Standard nominal flow rate	500 L/min
Connection	3 QS – 1/8 – 4 – I fittings for plastic tubing PUN 4 × 0.75
Electrical	
Voltage	24 V DC
Duty cycle	100%
Protection class	IP65
Connection	M8 × 1 central plug, cable with socket and 4 mm safety plugs

标准额定流量	500 L/min
连接管	QS – 1/8 – 4 – I 塑料管材 PUN4 × 0.75
电气	
电压	24 V 直流电
工作周期	100%
保护等级	IP65
连接线	M8 × 1 中央插头，电缆带插座和 4 mm 安全插头

167077

5/3 – way solenoid valve, mid position closed with LED

三位五通电磁换向阀，中位 O 型，带 LED

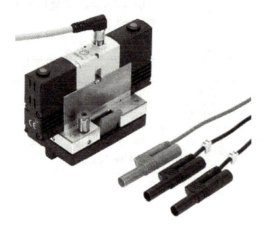
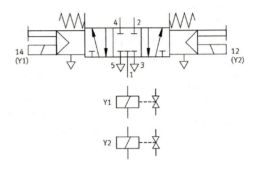

Design

This 5/3 – way solenoid valve with push – in fittings is attached to a function plate which is equipped with a P port and silencer. The unit is mounted on the profile plate using a quick release detent system with a blue lever (mounting alternative "A").

设计

二位五通双电磁换向阀安装在功能板上，使用了快插式接头，配备一个气源端口和消声器。电气连接配备了安全插头。本单元通过带蓝色手柄弹簧锁紧系统安装在型材工作台面上（安装方案"A"）。

Function

The solenoid valve is actuated in one direction when voltage is applied to coil 14 (1→4 and 2→3) and brought back to its closed initial position (1→0) by a return spring when the signal is removed. When voltage is applied to the other coil 12, the valve is actuated in the other direction (4→5 and 1→2). The switching status is displayed via an LED in the terminal housing

功能

当电压施加到电磁线圈 14，电磁换向阀切换到左位（1→4 和 2→3），移除信号后在弹簧作用下返回初始位置，当另一端 12 施加电压信号时，电磁换向阀切换到右位（4→5 和 1→2），通断状态由阀体端部的 LED 显示。该阀配备了手动换向装置。

Note

The solenoid coils are characterised by very low power consumption and low heat generation. The electrical connections incorporate LEDs with protection against incorrect polarity and a protective circuit.

注意

电磁线圈的特点是功耗和发热量均很低。电气连接包含发光二极管和保护电路的极性保护。

Technical data		技术参数	
Pneumatic		气动	
Medium	Compressed air, filtered (lubricated or unlubricated)	介质	压缩空气（润滑式过滤或非润滑式过滤）

附录 （FESTO实训台元件库）

Design	Spool valve with pilot – actuated return spring	设计	滑阀，先导式驱动，弹簧回位
Pressure range	300 to 800 kPa (3 to 8 bar)	压力范围	300～800 kPa (3～8 bar)
Switching time at 600 kPa (6 bar)	On：15 ms Off：40 ms	600 kPa 时的切换时间	开：15 ms 关：40 ms
Standard nominal flow rate	250 L/min	标准额定流量	250 L/min
Connections	QS for plastic tubing PUN 4×0.75	连接管	QS 塑料管材 PUN4×0.75
Electrical		电气	
Voltage	24 V DC	电压	24 V 直流电
Power consumption	1.5 W	功耗	1.5 W
Duty cycle	100%	工作周期	100%
Connections	For 4 mm plug and 2 – way jack plug	连接线	4 mm 插头和 2 插口插头

· 275 ·

167078

5/3 – way proportional valve

三位五通比例换向阀

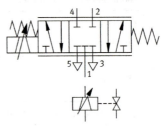

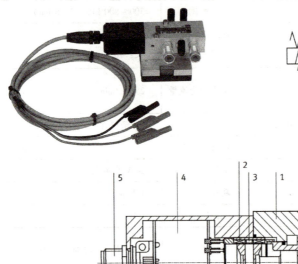

1. 5/3 – way valve
2. Plunger – armature drive
3. Sensor
4. Valve electronics
5. Electrical connection
6. Valve cover cap

1—三位五通换向阀；
2—柱塞电枢驱动器；
3—传感器；
4—集成阀电子块；
5—电气连接；
6—阀盖

Design

The proportional valve MPYE – 5 – 1/8 is assembled on a base which incorporates the quick release detent system (mounting alternative "A") suitable for profile – plate mounting. The valve is equipped with LCU push – in fittings and two silencers. The major internal components of a proportional directional control valve are:

A pneumatic 5/3 – way valve of spool design, closed in its mid – position (1)

A plunger – armature drive (2) to position the valve spool

A sensor (3) to measure the valve spool position

Integrated valve electronics (4) to control the valve spool position.

设计

二位五通双电磁换向阀 MPYE – 5 – 1/8 安装在功能板上，通过快速释放手柄的扣紧系统安装在型材工作台面上（安装方案"A"）。该阀配备了 LCU 快插式接头及两个消声器。

比例方向控制阀的内部主要组件是：

气动三位五通阀，中位封闭（1）；

柱塞电枢驱动器（2），用于定位阀芯；

传感器（3），用于测量阀芯位置；

集成阀电子块（4），用于控制阀芯位置。

Function

The proportional directional control valve converts an analogue electrical input signal into appropriate cross-section openings to the outputs. At half the nominal voltage, i.e. 5 V, the valve assumes its pneumatic mid-position, in which all control edges are closed, so that no air apart from minimal leakage passes through the valve. At 0 and 10 V respectively, the valve assumes one of its end positions, with maximum opening cross-section.

A plunger-armature drive acting directly on the pneumatic spool valve acts as an electromechanical transducer. An integrated electronic control for the valve-spool travel (subordinate position control loop) allows good static and dynamic characteristics to be obtained, which are reflected in the low hysteresis (below 0.3%), short actuating time (typically 5 ms) and high maximum frequency (approx 100 Hz). The valve is thus particularly suitable for use as a final control element in conjunction with a higher-level position controller for the positioning of a pneumatic cylinder.

If the valve spool jams, for example due to dirt, the valve cover cap (6) can be removed and the valve spool freed by hand.

Electrical connection

The pin assignment of the housing socket and the colour-coding for the plugs of the cable are shown in the following table.

功能

比例方向控制阀把模拟量电气输入信号转换成适当的横截面开口输出。在额定电压的一半，即5 V时，阀门设定在其气动中间位置，关闭所有控制边缘，因此，除了最小泄漏外没有空气通过阀门。在0 V和10 V，阀门处于终点位置，设定为最大开放的横截面。

柱塞衔铁驱动器直接作用于气动阀完成电与机的转换。集成电子控制阀阀芯行程（从属地位控制回路）保证了良好的静态和动态特性的获得，这反映在滞后低（低于0.3%）、启动时间短（一般为5 ms）和高的最大频率（约100 Hz）。因此，特别适合作为最终控制元件在一个气缸的定位与更高级别的位置控制器一起使用的阀门。

如果阀芯堵塞（例如，由于污垢堵塞），则可以移除阀盖（6），手动释放阀芯。

电气连接

阀体插座和电缆插头颜色编码的针脚分配如下所示。

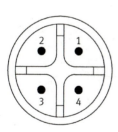

Pin	Connections	Plug
1	Power supply +24 V	Red
2	Power supply 0 V	Blue
3	Signal voltage	Black
4	Signal ground	White

针	连接	引脚
1	24 V 正极	红
2	0 V	蓝
3	信号电压	黑
4	接地	白

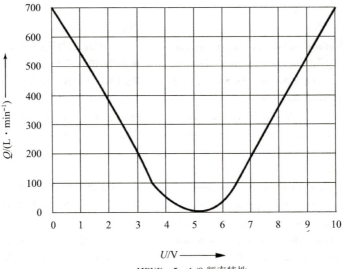

MPYE-5-1/8 频率特性

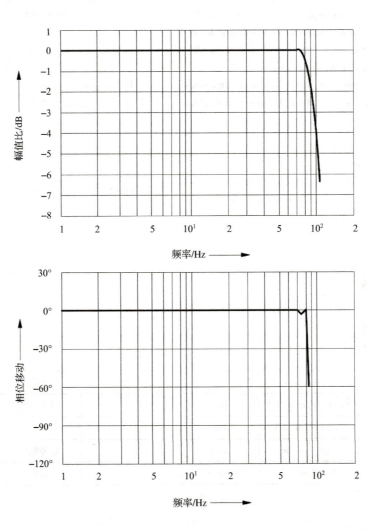

Flow characteristics MPYE-5-1/8		MPYE-5-1/8 流量特性	
Technical data		技术参数	
Pneumatic, Electrical		气动,电动	
Medium	Compressed air, microfiltered (un-lubricated)	介质	过滤压缩空气(未润滑)
Temperature range of medium	+5 ~ +40 ℃, non-condensing	介质温度	5℃~40℃,未冷凝
Nominal bore	6 mm	公称通径	6 mm
Operating pressure, nominal/maximum value	6 bar/10 bar	工作压力(正常/最大值)	3 bar/8 bar
Flow rate at nominal pressure, maximum	700 L/min	标准额定流量	700 L/min
Maximum normal leakage (in new condition)	20 L/min	正常泄漏最大值(新环境下)	20 L/min
Operating voltage, nominal value	24 V DC	工作电压,标称值	24 V 直流电
Power consumption, piston mid-position	2 Watt	功耗,阀芯中位	2 W
Power consumption, maximum value	20 Watt	功耗,最大	20 W
Analogue setpoint voltage	0 ~ 10 V DC	模拟设定值电压	0 ~ 10 V 直流电
Nominal value at pneumatic mid-position	5 V DC	阀芯中位时的标称值	5 V 直流电
Input resistance	70 kΩ	输入电阻	70 MΩ
Duty cycle in accordance with VDE 0580	100%	根据 VDE 0580 的占空比	100%

Degree of protection in accordance with DIN 40.050 in conjunction with plug SIM – GD 18.494	IP 65	插头 DIN40、05 标准	IP 65
Limit frequency (–3 dB) at Pmax and with valve spool stroke 20% to 80%	100 Hz	满载或阀芯 20% ~ 80% 冲击的极限频率（–3 dB）	100 Hz
Actuating time at pmax and with valve spool stroke 20% to 80%	5 ms	阀芯行程 20% ~ 80%、压力最大时的启动时间	5 ms
Hysteresis relative to valve position	0.4 %	阀门位置滞后度	0.4 %
Linearity relative to valve position	1.0%	阀门位置线性度	1.0%
Connections, pneumatic	G 1/8, QSL for plastic tubing PUN 4×0.75	气管	G 1/8, QSL 塑料管材 PUN4×0.75
Connections, electrical	polarity – safe, for 4 mm safety connector plug	电线	安全电极，为 4 mm 的安全连接插头
Electromagnetic compatibility	CE	电磁兼容性	欧共体认证
Emitted interference	tested to EN 500 81 – 1	辐射干扰	通过 EN 500 82 – 1 测试
Noise immunity	tested to EN 500 82 – 1	允许噪声	通过 EN 500 82 – 1 测试

539770

Dual – pressure valve (AND)

双压阀（与阀）

Design

The dual – pressure valve with push – in elbow fittings is mounted on a function plate. The unit is mounted on the profile plate via a quick release detent system with blue lever (mounting alternative "A").

设计

双压阀装有快插式弯管接头，组装在功能底座。该单元通过带有蓝色手柄的快速释放扣紧装置安装在型材工作台面上（安装方案"A"）。

Function

The dual – pressure valve is switched through (AND function) when signals are applied to both inputs 1. If different pressures are applied to the two inputs, then the lower pressure reaches the output 2.

功能

当两个输入口1都有压力信号时，双压阀切换通过（与功能）。如果对两入口施加不同的压力信号，则压力低的信号到达出口2。

Technical data	
Pneumatic	
Medium	Compressed air, filtered (lubricated or unlubricated)
Design	AND – Gate (Dual – pressure valve)
Pressure range	100 to 1 000 kPa (1 to 10 bar)
Standard nominal flow rate 1, 1/3…2	550 L/min
Connection	QSL – 1/8 – 4 fittings for plastic tubing PUN 4 ×0.75

技术参数	
气动	
介质	压缩空气（润滑式过滤或非润滑式过滤）
设计	与门（双压阀）
压力范围	100 ~ 1 000 kPa (1 ~ 10 bar)
标准额定流量	550 L/min
连接管	QSML – 1/8 – 4 配件为塑料管材 PUN4 ×0.75

539772

Quick exhaust valve

快速排气阀

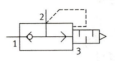

Design

The quick exhaust valve with built – in silencer and push – in elbow fitting is screwed on to the function plate, which includes a straight push – in fitting. The unit is mounted on the profile plate via a quick release detent system with blue lever (mounting alternative "A").

Function

The compressed air flow via port 1 to port 2. If pressure drops at port 1, then the compressed air from port 2 escapes to atmosphere via the built – in silencer.

设计

快速排气阀内置消声器和快插接头，组装在功能底座。该单元通过带有蓝色手柄的快速释放扣紧装置安装在型材工作台面上（安装方案"A"）。

功能

压缩空气经端口 1 流到端口 2。如果端口 1 失压，则压缩空气从端口 2 通过内置消声器扩散到大气中。

Technical data		技术参数	
Pneumatic		气动	
Medium	Compressed air, filtered (lubricated or unlubricated)	介质	压缩空气（润滑式过滤或非润滑式过滤）
Design	Poppet valve	设计	提动阀
Pressure range	50 to 1 000 kPa (0.5 to 10 bar)	压力范围	100 ~ 1 000 kPa (1 ~ 10 bar)
Standard nominal flow rate 1...2 2...3	300 L/min 550 L/min	标准额定流量	300 L/min 550 L/min
Connection	QSL – 1/8 – 4 fittings for plastic tubing PUN 4 × 0.75	连接管	QSML – 1/8 – 4 配件为塑料管材 PUN4 × 0.75

539771

Shuttle valve (OR)

梭阀（或阀）

Design

The shuttle valve with push – in elbow fittings is mounted on a function plate. The unit is mounted on the profile plate via a quick release detent system with blue lever (mounting alternative "A").

设计

梭阀装有快插式弯管接头，组装在功能底座。该单元通过带有蓝色手柄的快速释放扣紧装置安装在型材工作台面上（安装方案"A"）。

Function

The shuttle valve is switched through to output 2 by applying a signal either to input 1 (OR – Function). If both inputs are pressurised simultaneously, then the higher pressure reaches the output.

功能

当任一个输入口1有压力信号时，梭阀切换通过（或功能）。如果对两入口同时施加压力信号，则压力高的信号到达出口。

Technical data	
Pneumatic	
Medium	Compressed air, filtered (lubricated or unlubricated)
Design	OR – Gate (Shuttle valve)
Pressure range	100 to 1 000 kPa (1 to 10 bar)
Standard nominal flow rate 1, 1/3…2	500 L/min
Connection	QSL – 1/8 – 4 fittings for plastic tubing PUN 4 × 0.75

技术参数	
气动	
介质	压缩空气（润滑式过滤或非润滑式过滤）
设计	或门（梭阀）
压力范围	100 ~ 1 000 kPa (1 ~ 10 bar)
标准额定流量	500 L/min
连接管	QSML – 1/8 – 4 配件为塑料管材 PUN4 × 0.75

· 283 ·

539773

One – way flow control valve

单向节流阀

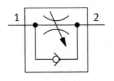

Design

The adjustable one – way flow control valve is screwed into the function plate, incorporating a straight push – in fitting. The unit is slotted into the profile plate via a quick release detent system with a blue lever (mounting alternative "A")

设计

可调单向节流阀和快插接头组装在功能底座上。该单元通过蓝色手柄快速释放的扣紧系统顺槽安装在型材工作台面上（安装方案"A"）。

Function

The one – way flow control valve consists of a combination of a flow control valve and a non – return valve.
The non – return valve blocks the flow of air in one direction, whereby the air flows via the flow control valve. The throttle cross section is adjustable by means of a knurled screw. The setting can be fixed by means of a knurled nut. Two arrows indicate the direction of flow control on the housing. In the opposite direction, the air flow is unrestricted via the non – return valve.

功能

单向流量控制阀由一个流量控制阀和单向阀结合而成。
单向阀阻塞了一个方向的空气流动，因此空气流动通过流量控制阀。节流面积通过一个滚花螺钉调节。该设置可以通过一个滚花螺母固定。阀体上两个箭头指示了流量控制方向。在相反的方向通过单向阀时空气的流动不受限制。

Technical data	
Pneumatic	
Medium	Compressed air, filtered (lubricated or unlubricated)
Design	One – way flow control valve
Pressure range	20 to 1 000 kPa (0.2 to 10 bar)
Standard nominal flow rate	in throttled direction: 0 to 110 L/min free flow direction: 110 L/min (Throttle open) 65 L/min (Throttle closed)
Connection	QSM – M5 – 4 for plastic tubing PUN 4 × 0.75

技术参数	
气动	
介质	压缩空气（润滑式过滤或非润滑式过滤）或真空
设计	单向流量控制阀
压力范围	20 ~ 1 000 kPa（0.2 ~ 10 bar）
标准额定流量	在节流方向：0 ~ 110 L/min 自由流动的方向：110 L/min（节气口打开），65 L/min（节流口关闭）
连接管	QSM – M5 – 4 配件为塑料管材 PUN4 × 0.75

540691

Start – up valve with filter control valve

二联件

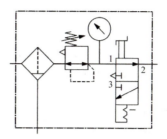

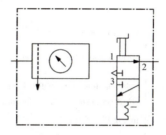

Design

The filter regulator with pressure gauge, on/off valve, push – in fitting and quick coupling plug is mounted on a swiveling retainer. The filter bowl is fitted with a metal bowl guard. The unit is mounted on the profile plate by means of cheese head screws and T – head nuts (mounting alternative "C"). Attached is a quick coupling socket with threaded bush and connector nut for plastic tubing PUN 6 × 1.

Function

The filter with water separator cleans the compressed air of dirt, pipe scale, rust and condensate.

The pressure regulator adjusts the compressed air supplied to the set operating pressure and compensates for pressure fluctuations. An arrow on the housing indicates the direction of flow. The filter bowl is fitted with a filter drain screw. The pressure gauge shows the preset pressure. The on/off valve exhausts the entire control. The 3/2 – way valve is actuated via the blue sliding sleeve.

Note

When constructing a circuit, please ensure that the filter regulator is installed in the vertical position. The pressure regulator is fitted with an adjusting knob, which can be turned to set the required pressure. By sliding the adjusting knob towards the housing, the setting can be locked.

设计

过滤减压阀装有压力表、开/关阀、快插接头和一个装在可旋转支撑上的快速接头。该过滤器装有金属保护罩。该单元通过圆柱头螺钉和T型螺母安装在型材工作台面上（安装方案"C"）。附件是一个快速接头插座，带螺纹衬套和接头螺母，用于塑料管材PUN6×1。

功能

过滤器装有水分离器，以清除压缩空气中的污物、管垢、铁锈和凝析油。

调压阀可调节压缩空气到工作压力，并补偿压力波动。气流的方向由阀体上的箭头表示。压力表显示压力设置。过滤杯装有一个过滤器螺钉。压力表显示预设的压力。开/关阀控制整个排气，二位三通换向阀通过蓝色滑套接通。

注意

当连接回路时，应确认过滤减压阀处于竖直状态安装，压力调节器装有一个调节旋钮，可以调至所需压力。向阀体推下调节旋钮，锁定调节数值。

Technical data	
Pneumatic	
Medium	Compressed air
Design	Sintered filter with water separator, diaphragm control valve
Assembly position	Vertical ±5°
Standard nominal flow rate	110 L/min
Upstream pressure	100 to 1 000 kPa (1 to 10 bar)
Operating pressure	50 to 700 kPa (0.5 to 7 bar)
Connection	Coupling plug for coupling socket G1/8 QS push–in fitting for plastic tubing PUN 6×1

技术参数	
气动	
介质	压缩空气
设计	烧结过滤器，水分离器，隔膜控制阀
安装位置	竖直±5°
标准额定流量	110 L/min
最大输入压力	100~1 000 kPa（1~10 bar）
工作压力	50~700 kPa（0.5~7 bar）
连接管	与耦合母接头配合的公接头 G1/8 QS 塑料管材 PUN6×1

540694

Time delay valve, normally closed 时间延迟阀，常闭

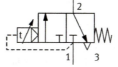

Design

The time delay valve is mounted on a function plate which has been equipped with the required push – in fittings. The unit is mounted on the profile plate via a quick release detent system with blue lever (mounting alternative "A").

Function

The time delay valve is actuated by a pneumatic signal at port 12 after a preset time delay has elapsed. It is returned to the normal position via return spring when the signal is removed. The time delay is infinitely adjustable by means of a regulating screw. The time delay is reset automatically within 200 ms.

Note

设计

时间延迟阀装有快插式接头，组装在功能底座上。该单元通过蓝色手柄快速释放的扣紧系统安装在型材工作台面上（安装方案"A"）。

功能

当气压信号作用在端口12，经过预设的时间延迟后，时间延迟阀接通，移除信号后，通过复位弹簧返回到正常位置。采用调节螺钉，延迟时间能无级可调。时间延迟在200 ms 内可自动复位。

注意

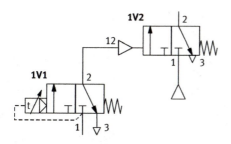

Switch-on delay

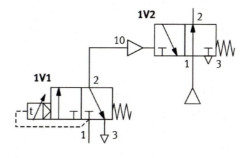

断开延时

延时开

The valve ports are identified by numerals:
1—Air supply port
2—Working port
3—Exhaust port

Switching variants for the time delay valve: combination of time delay valve and 3/2 – way pneumatic valve.

延时闭

阀门的端口由数字定义：
1—供气口；
2—工作端口；
3—排气口

结合延时阀和二位三通气动阀，可实现时间延迟阀接通功能变型。

Technical data	
Pneumatic	
Medium	Compressed air, filtered (lubricated or unlubricated)
Design	Poppet valve with return spring
Pressure range	200 to 600 kPa (2 to 6 bar)
switch – on pressure	>160 kPa (1.6 bar)
Standard nominal flow rate	50 L/min
Delay time	0.2 to 3 s (adjustable)
Setting accuracy	±0.3 ms
Time delay to reset	>200 ms
Connection	QSM – M5 – 4 – I fittings for plastic tubing PUN 4 × 0.75

技术参数	
气动	
介质	压缩空气（润滑式过滤或非润滑式过滤）
设计	提动阀，弹簧回位
压力范围	200～600 kPa（2～6 bar）
开关压力	>160 kPa（1.6 bar）
标准额定流量	50 L/min
延迟时间	0.2～3 s（可调）
设置精度	±0.3 ms
时间延迟重置	>200 ms
连接管	QSM – M5 – 4 – I 配件为塑料管材 PUN4 × 0.75

五、使用须知

①请严格按图示元件所占位置摆放；
②请按图示方向放置元件；
③请按图示理顺信号线；
④请按示范及资料介绍使用元件；
⑤分气块为单向阀接头，接气管时应插到底，否则不通气；
⑥勿用猛力拔接头，应一手按下气管接头蓝色护套，一手轻轻拉出气管，如遇阻碍，说明接头内防脱卡已刺入气管，强行拉出必损伤元件，此时宜先加力插管将倒刺退出，后轻拉气管，如不能拉出应报告老师；
⑦电磁换向阀、传感器与信号线间的连接接头比较脆弱，已装好，勿拧动；
⑧气压正常工作压力为 3~5 bar，不宜小或大；
⑨电气接线应由老师检查后通电；
⑩双电磁铁换向阀勿同时带电，以防烧毁线圈；
⑪气缸使用完毕后应收缩进缸体。

六、安装技术

实际操作过程中，元器件安装在 Festo Didactic 培训系统的铝合金底板上。铝合金底板共有 14 条间距 50 mm 的 T 型平行凹槽。

铝合金底板主要用于安装下列 A~D 四种不同类型的元器件：

A：卡座式安装系统，固定时无须使用其他元件。元件固定在卡座上，夹紧卡座两侧的手柄就可以在铝合金底板的 T 型槽内移动卡座，松开手柄则固定卡座。用于轻质、无负载的元器件。

B：旋转式安装系统，固定时无须使用其他元件。带有锁紧圆盘，通过旋紧元件底座上的螺帽和底座下面的 T 型螺钉来垂直或水平固定元件。用于较重、带负载的元器件。

C：螺钉固定式安装系统，固定时需使用其他元件。通过内六角螺钉和 T 型螺母垂直或水平固定元件。用于重型、带较重负载的元件或无须经常取下的元器件。

D：快插式安装系统，固定时需要接头。元件通过定位栓固定，可以沿着凹槽方向移动。用于轻质、无负载的元件。

电信号开关单元、电信号指示单元和继电器也可以安装在 ER 电器安装支架上。

使用 A 型卡座式安装系统时，卡座中有一滑片与铝合金底板的凹槽咬合，滑片通过弹簧拉紧。压下卡座的蓝色手柄，滑片缩回，可以在铝合金底板的凹槽中取出或安装元件。元器件在凹槽内移动并通过凹槽对齐。

使用 B 型旋转式安装系统时，通过旋紧元件底座上的蓝色螺帽和底座下面的 T 型螺钉固定元件。锁紧圆盘可以以 90°的角度旋转来固定元器件，因此可以与凹槽平行或垂直安装元件。

当锁紧圆盘位于需要的位置时，元件放置在铝合金底板上，顺时针旋转锁紧螺帽，T 型螺钉在铝合金底板凹槽中以 90°旋转，继续旋转螺帽，则将元件固定。

C 型螺钉固定式安装系统用于安装重型元件，或一旦固定就很少移动的元件。此时，使用内六角螺钉和 T 型螺母固定元件。

使用 D 型快插式安装系统时，ER 单元可以插入到带定位栓的实验板上，并通过套管接头与铝合金实验板相连，每个定位栓都带有一个黑色塑料接头。T 型槽上每隔 50 mm 要有一个接头，将接头旋转 90°即可固定，然后 ER 单元的定位栓便可插入到接头的穿孔中。

参 考 文 献

[1] 牟志华. 液压与气动技术 [M]. 北京：中国铁道出版社，2012.
[2] 左健民. 液压与气动技术 [M]. 北京：机械工业出版社，2007.
[3] 谢仁明. 液压与气动技术 [M]. 北京：人民邮电出版社，2007.
[4] 朱梅. 液压与气动技术 [M]. 西安：西安电子科技大学出版社，2009.
[5] 侯会喜. 液压传动与气动技术 [M]. 北京：冶金工业出版社，2009.
[6] 张宏友. 液压与气动技术 [M]. 大连：大连理工大学出版社，2008.
[7] 陈立德. 机械设计基础 [M]. 北京：高等教育出版社，2011.
[8] 吕景全. 自动化生产线安装与调试 [M]. 北京：中国铁道出版社，2019.